農業保護政策の起源

佐々田博教
Sasada Hironori

近代日本の農政
1874~1945

勁草書房

目次

目　次

※　文語体の引用では、読みやすさの便宜を図るため、原文のカタカナをひらがなに修正し、適宜漢字に振り仮名をつけた。また、適宜、現代語訳を併記した。

第1章　いつから農業は保護されるようになったのか

戦後日本の農業政策の根幹は、農産物に対する価格維持政策や補助金制度や保護関税などといった保護政策であり、その主な対象は中小規模農家であった。したがって、効率性向上や市場競争の促進や国際競争力の強化といった政策目標は重視されず、中小規模農家の経営安定が最優先課題とされてきた。農業保護政策は、食糧の安定供給や都市・農村間の所得分配に一定の効果をあげた。しかし長期的には農家の政府への依存傾向を強め、農業全体の弱体化につながった。その結果として、戦後日本は工業部門においては経済復興と高度成長を果たした一方で、農業部門は輸入農産物に対する競争力を失い、食料自給率は年々低下を続けた。そして日本農業が経済グローバル化や農村の高齢化といった深刻な問題に直面するなか、農業政策の転換が急務とされているが、いまだに抜本的な政策転換は行われていない。なぜ日本では、こうした保護政策が、何十年にもわたって維持されてきたのだろうか。そもそもそのような政策は、いつどのようにして生まれたのだろうか。

日本農政の研究において保護主義政策は、自民党・農水省・農協の三者による「鉄の三角同盟」と称される利益誘導体制の産物であるという説明が定説とされている。しかしこの定説は、はたして正しいのであろうか。実は、中小規模農家を対象とした保護主義政策が農政の大勢を占めるようになったのは、この利益誘導体制が形成されるよりも、はるか以前のことであった。だとすれば、「鉄の三角同盟」は保護主義政策が形成された要因とはなり得ない。では保護主義政策の導入を誘引した要因は、いったい何であったのだろうか。またこの政策には、どのような人物や集団の意向が反映されていたのだろうか。

もう一つ興味深いことに、農業の機械化・大規模化・合理化や農業製品の海外輸出促進を目指した政策が、日本農政の中核をなしていた時期があった。しかもそれは、貿易自由化や経済グローバル化の影響を受けた近年の話ではなく、明治維新の直後から明治中期にかけてのことである。言い換えれば、日本が近代国家を構築して導入した初めての農業政策は、きわめて市場志向型の政策であった。そして、当時は政府による中小農家への保護措置などはほとんど存在しなかったのである。明治前・中期の日本は、なぜそうした政策を推進していたのだろうか。そしてなぜその後、保護主義政策へと政策方針が転換されたのだろうか。

本書は、明治から戦時期にかけての主要な農業政策の形成過程を検証することを通じて、こうした問いに対する答えを探り、日本農政における政策・制度の起源と発展過程を明らかにすることを主な目的としている。従来、政治学における農政研究では、政党や圧力団体の利益や政治的影響力、そして制度的制約などから、農政の説明がなされてきた。このような観点から制度や政策を分析する理論的枠組みは、「合理的選択制度論」と呼ばれる。後で詳しく述べるように、「鉄の三角同盟」論はその一例である。しかし上述のようにこうしたアプローチでは、日本農政の政策・制度発展過程を適切に説明することができない。

そこで本書では、政策アイディアや政治理念などといった概念的要因（ideational factors）に注目した「構成主義制度論」と呼ばれる理論を応用して、日本農政の分析を試みる。中小農家に対する保護政策を立案した人々の政策アイディアは、どのように形成され、それがどのように彼らの選好を形成し、政策立案にどのような影響を与えたのか。なぜ中小農保護政策が、日本農政の中心となったのか。なぜ保護主義政策は、一〇〇年以上の長い期間にわたって維持されてきたのだろうか。以下では、こういった点を明らかにしていく。

1　本書の概要

農政の転換点

戦後日本の農政を理解するにあたって、なぜ明治期にまでさかのぼる必要があるのだろうか。明治から戦時期にかけての農政を分析する意義は、主に二つある。第一に、日本の農業政策の方向性が大きな転換点を迎えたのが、明治中期（一九〇〇年前後）であったからである。当時形成された政策が、その後きわめて長い期間にわたって日本農政に甚大な影響を与えているという意味で、この時期が日本農政の一つの「重大局面（critical juncture)」と考えられるのである。したがって、この時期にどのような理由から政策の転換や、新しい政策の立案・決定が行われたかといった点を詳しく検証することは、日本農政の研究にきわめて重要な意味を持っていると言える。

明治初期の農業政策は、欧米（とくにイギリスとアメリカ）の農法を導入し、農場の機械化や大規模化を通じて生産力・競争力を高め、稲作中心の農業から生産の多角化（いわゆる「商品作物」[1]の生産）を行い、それらの農産物を積極的に輸出していくことを目標にしていた。これらの目標を達成するために、政府は欧米の学者や技術者などを招聘したり、札幌や駒場などに農学校を設立したり、大規模農場を作るための開墾事業などを推進したりした。

ところが明治中期に入って、政府の農業政策は大きく方針を転換する。明治三〇年代（一九〇〇年前後）ごろから導入されるようになった新しい政策は、稲作中心の日本古来の農業に重点をおき、農家の経営を安定化させることを目標とするものであった。そして、中小農の支援を目的とした産業組合という制度が一九〇〇年に設立され、大正時代に入ると資金融資・農産物の販売・資材の販売・技術指導などを通じて農家の経営を支援するといったことが本格的に行われるようになった。戦時期になると、食糧や肥料などの統制システムが導入されたり、農村経済の「更生」を目指した運動が展開され、そうした政策の実行機関として産業組合の機能が大幅に強化されることとなった。そして戦後に行われた農地改革を経て、小規模な自作農の数が急激に増えたこともあって、保護主義的な農業政策は維持され、産業組合は農協に姿を変えたものの、戦前と同じように小規模農家の経営支援を行ってきた。明治期に起きた政策転換の結果生まれたこれらの政策や制度は、一〇〇年以上経った現在でも農業政策の基盤となっている。

現在との共通点

本書が日本農業政策の初期形成過程に注目する第二の理由は、今日みられる農政に関する議論と明治期の農政論争が驚くほど似通ったものだからである。民主党政権下の「食と農林漁業の再生実現会議」（二〇一〇年設置）や、第二次安倍政権の「規制改革推進会議」（二〇一三年設置）などといった諮問会議や審議会の中では、経済成長政策のあり方の一つとして、農業政策の今後のあり方について活発な議論が行われてきた。そして最近は新聞紙上や経済雑誌などにおいても、日本農業の将来についてさまざまな提言がなされている。このような議論でよく取り上げられるテーマとして、「農業市場の開放」、「農業の競争力強化」、「農業の六次産業化」、「農協制度の改革」、「農業製品の輸出促進（攻めの農政）」、「農業法人や企業参入に対する規制緩和」などがある。

たとえば、「農業の競争力強化」に関連して、民主党政権が設置した「食と農林漁業の再生実現会議」では、競争力強化のために農地の集約化を進めて大規模化を進め「平地で20～30ha、中山間地で10～20ha規模の経営体が大宗を占める構造を目指す」と提言している。また読売新聞の社説（読売新聞二〇一一年一〇月一二日）では、一戸あたりの農地面積が平均二ヘクタール程度しかないにもかかわらず、耕作放棄地が埼玉県の広さに匹敵する約四〇万ヘクタールにものぼる状況を指摘し、「これでは、広大な農地で生産性が高い欧米の農業国には対抗できない。改革には、農地の売買や賃貸借を進めたり、眠っている農地を有効活用したりして、農地を集約する仕組み作りが必須だ」として、迅速な農地の集約と大規模化を主張している。そして農業経営の大規模化以外にも、貿易自由化に耐えられる競争力強化や輸出促進、農業の六次産業化（多角化）、生産調整を通じた価格維持政策の撤廃、農協制度の改革による保護主義政策からの脱却などといった提案がみられる。

実は一〇〇年以上前の明治初期にも、こうした提案と非常に似通った政策提言が、政治家や官僚から出されており、現在政府が目指しているようなものと同じような方向性を持った政策が模索されていたのである（本書第2章参照）。しかし上述の通り、こうした農地統合・大規模化、競争力強化、多角化、輸出促進などを標榜した市場志向型の政策は、その後保護主義的な政策に替えられてしまうのである。明治期の市場志向型政策はどのような結果をもたらしたのだろうか。そして当時の政策決定者は、なぜ市場志向型の政策を廃止し、保護主義政策を導入したのか。現在と明治期には長い時間の隔たりがあるが、市場志向型政策と保護主義政策の間で重要な選択を迫られている状況を考えると多くの重要な共通点が存在する。したがって日本農業の将来を論究する上でも、明治期の政策論争やその後（大正期・昭和初期・戦時期）の政策転換・制度維持の背景といったものを振り返ることは、きわめて重要な意義を持っていると言えるだろう。

農業政策はどのように説明されてきたか

（a）利益誘導体制に注目した説明（鉄の三角同盟論）

次に、農業政策に関する既存研究を概観し、これまで農政研究がどのように行われてきたのかといった点について述べてみたい。政治学において、戦前の農政に関する研究は限定的で、主な焦点は戦後の一九五五年体制下における農業政策の決定過程にあてられてきた。こうした研究によく見られるのは、農政が一九五五年体制（自民党一党支配体制）を形成した利益誘導型政治の典型的な例であるという捉え方で、いわゆる「鉄の三角同盟」や「農政トライアングル」といった官僚・政党・圧力団体（農協）の利益誘導関係についての分析が大勢を占めている。これらの研究の多くは、「鉄の三角同盟」を形成する三者の利益を反映した合理的選択の結果として価格維持や補助金などといった保護主義政策が維持されてきたと主張する（George-Mulgan 2000; 神門 二〇〇六、山下 二〇〇九、本間 二〇一〇、斉藤 二〇一〇、ローゼンブルース&ティース 二〇一二、川野辺・中村 二〇一三）。

ここでいう合理的選択とは、複数ある選択肢の中で、自らの利益や効用（満足度）を最大化するもの（最適解）を選択することを指す。逆に、より良い選択肢があるにもかかわらず、その選択肢を選ばないことは、非合理的選択であるとされる。政治学の主要な理論の一つである合理的選択論は、すべてのアクター（行為者）は合理的な選択を行うと想定し、政治行動や政策形成などといった政治的・社会的現象は、アクターの合理的選択行為によって決定されると考える。そして「鉄の三角同盟論」も合理的選択論に基づいた仮説であるといえる。

鉄の三角同盟論によると、日本の農業政策が主に小規模農家を対象とした保護主義的な政策を中心としていた理由は、以下の通りとされている。まず全国の農家（そのほとんどが中小規模農家）が農協によって政治的に組織され、与党自民党に票の見返りとして農業保護政策を求めた。そして自民党は、農村部選挙区における重要な支持層である農家の利益を守るために、価格維持や補助金や関税などといった政策の導入を促進した。また保護政策の見直しや貿易自由化を志向する法案に対しては、

図 1.1　鉄の三角同盟論

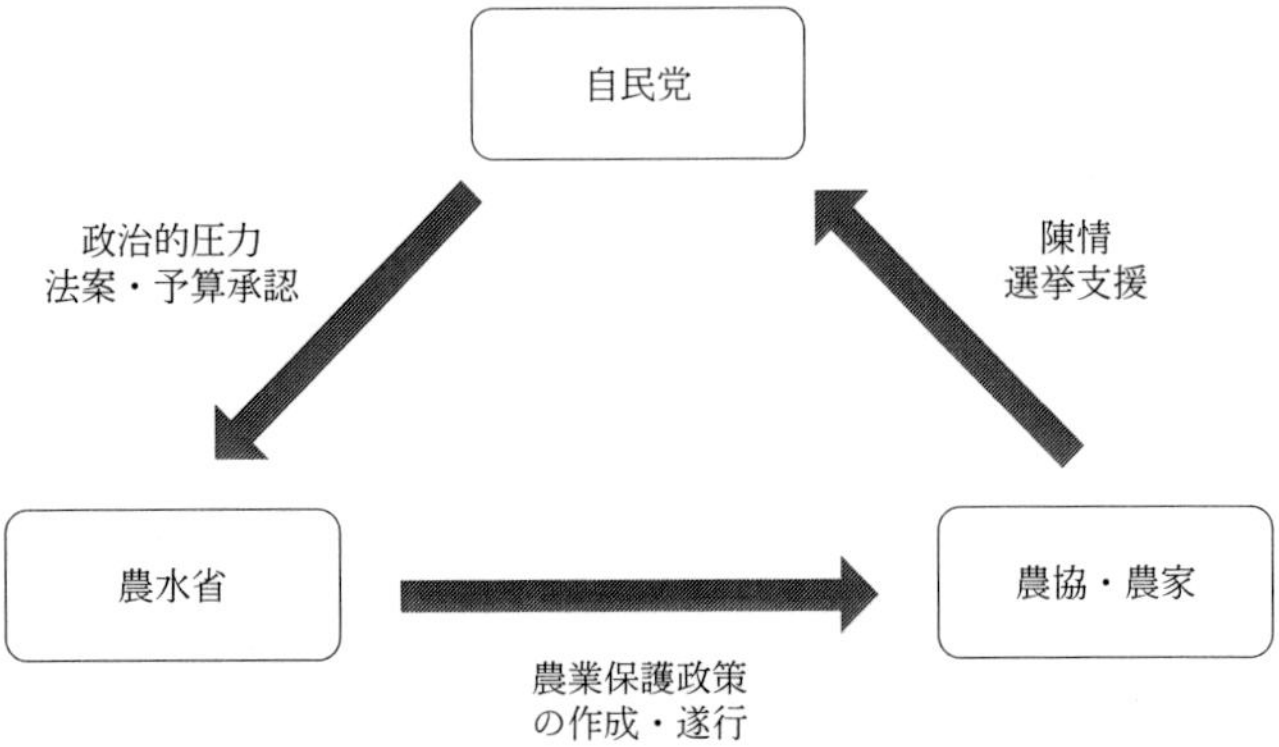

いわゆる農業族議員といった自民党議員らが党の政務調査会の農業部会などにおいて廃案に追い込むなどした。さらに、法案の可決や予算配分に関して自民党議員（とくに農林族議員）の政治力に依存していた農水省は、自民党とその支持団体である農協の利害を反映した政策の立案を行った。つまり小規模農家を保護する政策は、鉄の三角同盟の構成者の利害を反映したものであったと考えられている（図1・1を参照）。

　こうした既存研究の問題点としては、次の三つの点があげられる。第一に、こうした研究は政策・制度の起源や発展過程に関する理論的な分析を欠いているという点がある。合理的選択論に基づいた分析では、ある時点における利害関係や制度的制約によって生じるアクター（行為者）の利益や選好をスナップショット的に切り取って政策や制度を検証する手法が使われる。しかしこうした手法では、長期的なスパンに広がる因果関係を捉えることが非常に困難になる（Pierson 2004）。日本の農業政策に関して言えば、鉄の三角同盟と呼ばれる利益誘導体制が生まれたのは、保護主義政策が導入されるようになった時期よりかなり後のことである。とくに小規模農家を優遇する農政の基本姿勢に関しては、その起源は後述するように明治中期にまでさかのぼる必要がある。合理的選択論に基づく研究の多くでは、戦後農政とその制度は占領期の政策（農地改革など）によって生まれたものとして、その存在自体は所与のものとして捉える傾向がある。しかしケースによっては因果関係に大きな時間差が生じる場合もあり(2)（Pierson 2004）、そうしたケースでは歴史的要因に注目する長い時間的視野を持った検証が必要となる。

第二に、合理的選択論に基づいた日本農政の既存研究においては、アクターの選好に関して十分な分析が行われておらず、鉄の三角同盟を形成するアクターの選好は、それらを取り巻く環境的要因から自明のもの、あるいは所与のものとして扱われていることが多い。本書では、既存研究においてブラック・ボックスとして扱われてきたアクターの選好の形成過程に関して踏み込んだ分析を行い、こうした制度の「内生的要因」の形成・変化の過程を明らかにすることで、制度変化を説明することを試みる。

制度の内生的要因とは、ある制度の構造や規定や構成員などといった制度の内部に存在する要因のことを指す。これに対して制度の「外生的要因」は、ある制度を取り巻く国内的・国際的な政治・経済情勢（またはその変化）や他の制度や法律との関係などといった、制度の外部に生じる要因のことを意味する。政治や経済の制度発展を分析する研究の多くは、制度の変化が外生的要因によって生じると想定している。これに対して本書では、農業政策の決定過程に影響力のあったアクターの選好がどのようにして形成され、変化してきたかといった点を明らかにし、そのような農業政策・制度の内生的要因といえる要素（本書ではアクターのアイディア）の変化が、政策・制度の発展過程に与えた影響を分析する。

第三に、合理的選択論に基づいた農政研究においては、上述のように政策・制度の起源についての分析を欠いているために、因果関係の論考において精緻さ・正確さに問題がある。合理的選択論に基づいた研究においては、既存の制度は所与のものとされ、それらが構築された背景については分析されない場合が多い。鉄の三角同盟論も、保護主義的農業政策が導入された歴史的背景については考慮せず、保護政策はアクター間の利益誘導体制に起因すると指摘するだけにとどまっている。この場合には、鉄の三角同盟が原因（独立変数）で、保護政策とそれを支える諸制度が結果（従属変数）となる因果関係が推定されている。ところが、上記のように保護主義政策のほうが鉄の三角同盟よりも先に出現していることを考えると、この因果推論には大きな矛盾が存在する。

さらにアクターの利益・選好の形成過程を詳しく検証すると、因果効果の方向は、鉄の三角同盟論が想定するものとはむしろ逆なのではないかと考えられるのである。つまり鉄の三角同盟が保護政策の原因なのではなく、保護政策が制度化されたことによって、アクターの利益・選好が形成され、その結果として鉄の三角同盟が形成されたと言えるのではないか。そして鉄の三角同盟が生まれたことで、保護政策が再生産され・長期間維持されやすくなったとも考えられる（28頁の図1・2を参照）。では、そもそも日本で保護政策が導入されるようになった原因は何か。これらのパズルを解くためには、アクターの利益・選好の形成に影響を与えた要因に目を向ける必要があると考えられる（合理的選択論には、鉄の三角同盟論以外にも、官僚の利益・選好に注目した議論があるが、これについては本章の後半で詳述する)。

(b) 階級闘争史観的説明

農業政策の歴史的展開についての研究は、農業経済学、農業史、農学、政治史の分野ではかなりの蓄積があり、明治・大正・昭和と長い時間的視野を持った歴史分析が行われている。そこでは、日本農政の形成に大きな影響を与えたのは、日本における資本主義システムの発展とそれに伴う社会階級間の対立であったとする見方がある(大内 一九五二、大内 一九六〇、庄司 二〇〇三)。このアプローチをとる研究者らによると、農業保護政策の起源は日露戦争(一九〇四～〇五年)時の保護関税(米穀輸入関税)導入であるとされる(大内 一九六〇)。日露戦争時に戦費調達の一環として農産物に対する関税が非常措置として導入され、その後日本の関税自主権回復(一九一一年)に伴って保護関税が恒久化し、第一次世界大戦後(一九一四～一八年)になるとこうした政策が本格化したとされている(詳しくは第3章を参照)。日露戦争や第一次世界大戦を保護政策の契機とする見方の背景には、日本における資本主義システム(あるいは帝国主義やファシズム)の台頭が、領土拡大を目的とした戦争につながり、農業保護政策もその結果として導入されたという仮定がある。つまり農業保護政策は、地主層と小農・小作層(もしくは都市部の産業資本と農村部の農民)との間の階級闘争の副産物であると考えられているのである。

たとえば、経済学者の大内力《おおうちつとむ》は日露戦争後になると「農業政策は明らかに帝国主義的な小農保護政策、いいかえれば農業問題を緩和し、農民を社会主義勢力からきりはなすための社会政策という性格をおびてくる。それとともに農業政策は、むしろ直接に生産的農民を対象とするものに変化してくるのである」と言い、日露戦争以前は「帝国主義的とはいいきれない性格のものにとどまっていた。それは社会政策というよりはむしろ生産政策であり、産業政策だったのである」と主張している(3)（大内一九六〇：一〇七）。そしてさらに保護政策が本格化するのは、第一次世界大戦後のことであるという。

こうした見解においては、保護主義的な農業政策は、農業問題への対応策というだけではなく、資本主義体制を脅かす社会主義勢力の台頭を未然に防ぐための政策であったとされている。大内は「独占資本は、その独占利潤の基盤の維持のためにも、また社会主義にたいしてみずからの支配を確保するためにも、中産階級の維持育成をはからざるをえなくなるという一般的な傾向のあらわれでもある」と述べている（大内　一九六〇：一四五）。つまり農村における貧困が深刻化することで、貧しい農民が現体制に不満を持ち社会主義を支持するようになることを防ぐための保護政策であったというのである。言い換えれば、農業保護政策は、地主層と小農・小作層との間の階級闘争の副産物であったというのである。

しかし本書では、農業保護政策の起源はそれよりも早い段階に、萌芽的発展がみられたと主張する。一八九〇年代にはすでに小農保護を目的とした信用組合法案の立案が行われ、一九〇〇年には同法案に修正を加えた産業組合法が制定され、限定的ながらもその後の小農保護政策の基盤となるものが形成されたと言える。そして第一次世界大戦後の保護関税政策は主に地主層の要望に応えたもので、中小農の利益を守るためのものではなく、戦前・戦後の農政の特徴とも言える小農保護政策とは一線を画すものである（これは、経営体制が脆弱な中小農は価格が一番下がる収穫期に売らざるを得なかったため、関税による価格の上昇は、農産物を備蓄する力を持つ地主にしか恩恵を与えなかったからである。詳細は本書第3章を参照)。したがって、農業保護政策の出現が、資本主義システムの発展の帰結であるとする説明は妥当性を欠いていると言える。

2　政策アイディアに注目して農政を分析する方法

構成主義制度論とは

本書では、政策・制度の発展過程に重要な影響を与えた要因として、アクターの政策アイディアに注目している。アイディアに注目する理由は、以下の通りである（ここからしばらく政治学の理論的な議論が続くので、こうした議論に興味のない読者は25頁の「本書の主張」まで読み飛ばしてもらってもよい)。

いわゆる「新制度論」への批判の一つとして、制度変化を満足に説明できていないという指摘がある。ここでいう「新制度論」とは、比較政治学や行政学などの分野における主要な潮流の一つを指す。新制度論は一九八〇年代以降に構築された理論の集合体で、制度の形成・発展過程、あるいは制度が政策決定に与える影響などを研究対象とする諸理論であり、一般的に合理的選択制度論、歴史的制度論、社会学的制度論の三つの理論が知られている[4]。多くの既存研究において幅広く応用されている新制度論のアプローチである。

従来、合理的選択制度論や歴史的制度論は、制度変化の説明に関して、(国外情勢の変化や戦争や経済恐慌などといった）制度の外生的要因に大きく依存してきた（いわゆる「断続平衡モデル」)。しかし、近年では制度構成の形態やアクターの戦略やアクターの性質などといった制度の内生的要因に注目して制度変化を説明する試みが提示されている（Mahoney and Thelen 2010）。政策アイディアもそうした内生的要因の一つとされており、それが変化することによって、政策や制度に変化がもたらされることが明らかにできれば、新制度論研究における制度変化の説明の発展に大きな貢献をすることができる。

ここで言う「政策アイディア」とは、政策に関する理念や方針などを指す概念であり、主に世界観・道義的信念・因果的信念の三つの要素によって構成されている（Goldstein and Keohane 1993）。世界観とは、アクターが持つ、自分自身や自分が所属する組織・国家がおかれている環境に対する理解である。道義的信念は、物事の善悪や倫理に関する見解を意味する。そして因果的信念は、因果関係（原因と結果の間の関係）に関する理解のことである。[5] 政策アイディアは、多くのアクターの間で共有されることで、それらのアクターの行動や政策・制度の発展過程に大きな影響を与えると考えられている。

アイディアがもたらす因果効果については、さまざまな研究が行われている（小野編 二〇〇九、Gofas and Hay 2010; Béland and Cox eds., 2011 などを参照）。政治学者などによる近年の研究の例としては、以下のようなものがあげられる。ジョンズ・ホプキンス大学教授の Robert Lieberman によるアメリカの人種政策の研究では、人種の違いを明確にして特定の人種を優遇するアイディア（race-consciousness）と、人種の区別を撤廃するアイディア（color-blindness）といった二つのアイディアが、人種政策に関するさまざまなアクターの利益や政策目標や政治行動などを形成したとされている。そして、一九六〇年代から七〇年代に前者のアイディアを支持する政治勢力が政治連合を結んだことで、「積極的格差是正措置政策（affirmative action）」が導入されたと主張する（Lieberman 2011）。バーミンガム大学教授 David Hudson とロンドン大学教授 Mary Martin によると、一九九五年に発生したイギリスのベアリングス銀行の破綻は、新自由主義に基づいた経済・金融システムの危険性や限界を露呈した事件であった。しかし主要メディアのほとんどは、破綻の原因がシステムの問題ではなく、デリバティブ取引で巨額の損失を出した一人のトレーダーの個人的な問題によるものであるとの報道を行った。Hudson と Martin は、同銀行の破綻が新自由主義システムに何の影響も与えなかったのは、こうしたメディアの言説によるものであると指摘している（Hudson and Martin 2010）。またオレゴン州立大学教授の Craig Parsons は、一九五〇年代のフランスの政治エリートらの「共同体主義」というアイディアが、超国家的組織の形成を目指した欧州統合の基盤となり、その後の制度発展にも大きな影響を与えたと主張している（Parsons 2011）。

さらに最近の日本の政治学者の研究をみてみると、木寺元《きでらはじめ》の市町村合併に関する研究では、ヨーロッパで提唱されてきた「補完性の原理」というアイディアが日本に移入され、自治体の最適規模に関する研究が普及したことで、市町村合併が正当化され、合併政策が強力に推進されたと指摘されている（木寺 二〇一二）。また加藤雅俊のオーストラリアの福祉国家制度の研究では、「国内的保護の政治」というアイディアに基づき、市民に社会保護を提供することを目的とする従来の「賃金稼得《かとく》者モデル」から、「戦略的介入戦略」というアイディアに基づいた「強調モデル」へと変化し、さらに「市場化戦略」に基づいた経済合理主義的な「交換モデル」へと再編されていったプロセスが示されている（加藤 二〇一二）。そして千田航《ちだわたる》のフランス家族政策の発展過程の分析では、従来のフランスの政策は「家族主義」という理念に基づいて形成されていたが、「自由選択」という新しいアイディアが広まったことで、従来のものと新しいアイディアが結合する形で生まれた政治理念に基づいて発展するようになったと主張されている（千田 二〇一六）。また筆者が行った日本の政治経済システムの発展過程の研究では、計画経済と自由経済の両方の特徴を併せ持つ開発型国家システムが戦時期に構築され、その制度が戦時期から戦後の長期間にわたって維持され続けた背景を分析した。そこでは、戦時期の経済官僚らの「統制経済論」のアイディアが、後の世代の経済官僚らにも受け継がれ、他のアクターにも普及したことで、経路依存が生じ、同システムが長期にわたって維持されることとなったことを明らかにした（佐々田 二〇一一 a、Sasada 2012）。

このように、さまざまな因果効果をもたらす要因として考えられている政策アイディアであるが、本書ではとくにアイディアがアクターの政策選好を形成する効果に焦点を当てて政策・制度の発展過程を分析していく。アクターの選好が形成され、変化していくメカニズムや過程については、これまで政治学の研究の中では、ある意味ブラック・ボックス化されており、詳しく分析されてこなかったと言える。そのため、アクターの利益や選好は多くの場合、所与のものとして扱われてきた。

こうした点を問題視する研究者の間では、アクターの選好を所与のものとみるのではなく、選好が構成され、変化するメカニズムや過程にまで踏み込んで分析しようとするものもある（Katznelson and Weingast eds., 2007）。また近年、アクターの利益や選好が構成される過程を、構成主義論の手法を使って解明しようとするアプローチとして、「構成主義制度論（constructivist institutionalism）」

(Hay 2008) や「言説的制度論 (discursive institutionalism)」(Schmidt 2008) などとも呼ばれる分析手法が提唱され、これらを合理的選択制度論、歴史的制度論、社会学的制度論に次ぐ「第四の新制度論」と位置づける向きもある (小野編 二〇〇九)。こうした研究においては、「とりあえず『所与の現象』として『政治学の分析対象』に設定されていた (利益や選好などの) 政治的諸契機は、その形成過程がさらに検討されるべき対象として再設定される」のである (小野編 二〇〇九：一〇)。本書も、この構成主義制度論のアプローチを応用した分析手法で、農業政策の立案・発展過程を分析する。つまり、環境的要因や制度的制約などからアクターの利益や選好を推論し、それを前提として因果関係を議論するのではなく、実際にアクターがどのように自身の利益や選好を理解しているかを検証し、アクターがそうした理解を持つようになった背景 (利益・選好の形成過程) を明らかにした上で、農業政策の因果推論を行うのである。

政策・制度の構築におけるアイディアの因果効果、つまり結果に与える影響については、①不確実性の低減、②既存制度の脱正当化、③集団行為・連合形成の促進などがあげられる。第一に、将来の見通しが非常に不確実な状況では、政策決定者は政策効果や将来の展望に関して何らかの答えを与えてくれるアイディアを政策指針として受け入れることで、不確実性を低減させようとする。その結果、彼らの利益・選好が政策指針としてのアイディアに依拠する形で構成され、彼らのアイディアを強く反映した政策が立案されていくと考えられる。第二に、あるアイディアが政策指針として広く受け入れられた状況では、それと矛盾するアイディアに依拠して作られた制度の正当性が否定されることで、制度変化が促されることになる。第三に、政策指針として受け入れられたアイディアは、それを享受するアクター同士が政治的な連合を形成し、集合的に行動することを可能にする。その結果、彼らの政治的影響力が強化され、政策形成過程に大きく影響を与え、彼らのアイディアを反映した政策が形成されると考えられる（Blyth 2002; 佐々田 二〇一一 a、Sasada 2012）。

そしてアクターの選好の形成過程は、構成主義制度論の根幹を成す「社会構築（social construction）」の概念を応用することで体系的な分析を行うことができる。社会構築という概念は、もともと社会学の分野で生み出された概念であり、この概念を理論的基盤とした「社会構成主義[6]（social constructivism）」は、社会学のみならず政治学、経済学、歴史学、文化人類学、心理学、哲学といった他の多くの分野においても広く使われ、さらには生物学、医学などといった自然科学の分野の研究においても応用されている理論である。構成主義制度論は、社会構成主義を政治学の制度研究に応用したものである。社会構築という概念は、現実の世界における物事や現象を、人々の頭の中で共通の理解として作り上げる（つまり社会的に構築する）行為を意味する（ガーゲン 二〇〇四、中河・赤川編 二〇一三）。社会構成主義は、あらゆる物事や現象が人間の行動に影響を与えるには、それらが客観的・物理的に存在しているだけでは不十分であり、それらの意味や重要性が人々に理解され、共有されて初めて因果効果をもたらすと考える。また人々が物事や現象をどのように理解するかによって、それらの因果効果は変わってくると考える（こうした研究の具体的な例については、本書第6章で詳述する）。

この概念を応用すると農政の政策過程について、次のような仮説を導出することができる。農村が重大な危機に瀕し、不確実性が非常に高い状況で政策立案を迫られる場合において、政策立案者たちは、農村がどのような問題に直面しているのか、農村問題の原因は何かという問いに対して、何らかの政策アイディアに依拠して答えを導きだし、それが彼らの問題認識（および政策選好）を形成し、不確実性を低減させようとする。この問題認識は他のアクターとの間で共有（社会構築）され、問題解決のための集団行動を行うことを可能にする。そして彼らの問題認識の中において、既存の政策や制度が農村問題の原因となっているとされた場合には、既存の政策・制度の正当性を損なわせることで、新しい政策や制度の導入を容易にし、政策・制度の変化につながる。つまり、政策立案者がどの政策アイディアに依拠して、どのように問題を認識し、それを共有したかが、政策決定過程の重要な要因となる。第2章以降では、明治から戦時期の農政の事例を研究し、この仮説の妥当性を検証する。

本書の分析手法（リサーチ・クエスチョン・デザイン）

本書におけるリサーチ・クエスチョンは、以下の通りである。日本の農業政策は、なぜ非効率的で脆弱な小規模農家を手厚く保護し、生産性や競争力に優れた大規模農業経営体（農業法人や株式会社など）の発展を阻害する形で発展してきたのか。この問いに対する答えを探るために、以下では明治から戦時期にかけての農業政策の発展過程を、五つの事例研究（勧農政策、産業組合法制定、小作関連法、米価政策、農山漁村経済更生計画）を通じて検証する。各事例の詳細については本章の最後で後述するが、ここでは事例研究の方法について述べておきたい。

事例研究にあたっては、「過程追跡（process tracing）」と呼ばれる分析手法を使って、政策アイディアの因果効果の解明を試みる。過程追跡とは、原因となる要素（独立変数）が、結果となる現象

（従属変数）を生じさせる過程を、段階を追って詳細にたどっていく手法である（Beach and Pedersen 2013; Bennett and Checkel eds., 2014）。その中で最も重要となるのは、原因と結果の間の因果メカニズムを明らかにすることである。因果メカニズムの解明が重要である理由は、原因か結果と思われる要素の関係が実は単なる相関関係（一方が変化すれば他方も変化する関係）ではなく、確固とした因果関係を結ぶ原因と結果であることを示すために不可欠だからである。さらに因果メカニズムの分析を通じて、原因と結果を媒介するような要素（中間媒体変数）などの存在の有無、また因果関係の時間的なスパンの長さなども明らかにすることができる。

しかし過程追跡は、ただ単に原因と結果の間の流れをたどっていくだけの単純な作業ではない。因果過程を追跡する作業の中で、同時に別の要素が原因であるとする説明（対抗仮説）の妥当性を検証し、当該の結果が他の原因によって生じたものではないことを確認する必要がある。また、因果関係の反証可能性[7]（falsifiablity）を証明したり、その妥当性の堅牢さ（robustness）を示すために、反実仮想を使った検証を行う。反実仮想とは、史実とは別の状況を想定し、因果関係がどのような影響を受けるかを考察する思想実験である。たとえば、「もし終戦後にＧＨＱが農協の設立を認めなかったら、農業政策はどのようなものになっていたか」というような想定を通じて、原因となる要素（農協）が結果（農業政策）に与えた影響を探る検証法である。本書の事例研究では、以上のような検証を通じて、小農論が保護政策の導入につながった過程とそのメカニズムをさまざまな角度から解明していく。

官僚の選好

本書の主張をまとめる前に、既存研究との違いをより明確にするために、官僚の利益と選好に関して、もう少し踏み込んだ議論を行いたい。アクターの利益と選好の捉え方の違いは、既存研究と本書の重要な相違点の一つである。合理的選択論はアクターの利益と選好を所与のものとして仮定するが、本書はアクターの利益と選好が形成される過程を明らかにすることを試みる。本書の第2章以降で示すように、戦後農政につながる政策の立案や制度の構築は、農林官僚の主導の下に行われた。したがって、明治から戦時期にかけての農政の主要なアクターとして注目されるのは農林官僚である。そこで、ここでは官僚の利益と選好に関する理論的な議論を展開し、官僚研究の分野に対して本書がどのような理論的貢献を提示することができるかについて議論する。

官僚を分析対象とした研究の多くにおいては、官僚の特性や制度的要因（その他のアクターとの関係など）に関する普遍的な前提から、官僚の選好が演繹的に（つまり一般論を個別に適用する形で）導き出されている。その意味では、こうした研究の多くは合理的選択論的なアプローチをとっていると言える。しかし官僚の選好に関しては、研究者の間でも統一された見解はなく、議論の分かれるところである。なかでも主要なものをあげるならば、以下の三つの仮定があげられるだろう。①予算の拡大、②行政権限の拡大、③政治家の選好を反映したもの[8]、の三つである。

まず①の仮定は、官僚が自身の行政機関の予算を可能な限り拡大しようとするというものである。これはアメリカの経済学者 William A. Niskanen の「予算極大化モデル」にみられる議論である（Niskanen 1971; 真渕 二〇〇九、二〇一〇、飯島 二〇一三）。予算拡大を通じて、組織が拡大し、ポストの数が増えると、昇進の機会が高まったり、より優秀な人材を引きつけたり、組織強化にもつながるとされる（真渕 二〇一〇：八七）。したがって予算の維持・拡大は、雇用保障にもつながるため、安定を志向する官僚には好ましいものと考えられる。また、イギリスの政治学者であるPatrick Dunleavyは、上級官僚と下級官僚に分類し、下級官僚が給与や手当などを含む中核予算の拡大に関心を持つ一方で、上級官僚は補助金や交付金などといった政策遂行に関する組織予算・政策予算の拡大に関心を持つとしている（Dunleavy 1991）。さらに飯尾潤は、「自らの予算を減らさず、少しでも増やすことを第一目的とする行動を生む。これは官僚制の一般的な特質で、どこの国でもあることである」（飯尾 二〇〇七：四九）と述べている。

次に②の仮定は、官僚が自身の所属する行政機関の権限を、可能な限り拡大しようとするというものである。飯尾は日本の官僚組織においては「所轄権限がきわめて重要な意味を持ったため、いわゆる『権限争議』という、自ら所轄権限を確保しようという省庁間の争いが一層激しくなる傾向がある。こうなると仕事の中身よりも、予算枠や権限を確保することに関心が集中し、獲得した予算の使い道や権限の行使には、あまり関心がないという倒錯的な現象すら起きる」という（飯尾 二〇〇七：四九）。さらに上述のDunleavyのモデルでは、上級官僚が政策遂行に関する組織予算・政策予算の拡大に関心を持つ理由として、「権力・威信などを重視し、自分が所属する官僚組織以外の組織との関係に関心を示す」（飯島 二〇一三：一六五）ためであるとされ、上級官僚の権限拡大志向が示唆されている。

③の仮定は、官僚の選好が政策決定の実権を持つ政治家の選好を反映したものであるというもので

ある。この見解は、政策過程が議員や首長などの政治家によって主導されていると考える研究者に多い。こうした研究者らは、多元主義的な観点から、官僚の政策選好は「政治の産物」であると主張する（Ramseyer and Rosenbluth 1993, 1995; 村松 二〇一〇）。そして「プリンシパル・エージェント理論」をもとに、政策過程において意思決定をするプリンシパル（本人）は議員や首長であり、官僚は決定された政策を単に遂行するエージェント（代理人）であるとされる。このため「官僚制にどのような政策選好と能力を持たせ、どの程度の権限を与えるかが、政治家にとっての関心事であり統制の中心となる」（曽我 二〇一六：二九）。こうした見解を持つ研究者の例として、アメリカの政治学者であるJ. Mark Ramseyer と Frances M. Rosenbluth があげられる。彼らは、戦前日本の官僚が、明治初期は元老らに、大正期では政党政治家らに、そして戦時期は軍の将校らによって支配されていた「代理人」でしかなかったと主張している（Ramseyer and Rosenbluth 1995: 9）。こうした研究者らは、官僚独自の政策選好というものはあまり考慮せず、いかに政治家が自らの選好に沿う形で官僚をコントロールできるかといった点に焦点をおいて議論を展開する。

以上のように、官僚の政策に関する選好については、官僚制度を研究する研究者の間でも議論が分かれており、統一した見解は存在しない。これは官僚と政治家の関係性（政官関係）をどのように理解するかによって、異なる結論が導引されるためである。しかし合理的選択論に基づいた農政研究では、これら三つの仮定のいずれかをもとに議論が展開されている。たとえば「鉄の三角同盟」論においては、上述の①と③の仮定が前提とされていると言えるだろう。農水官僚が保護政策を立案するのは、政治家の意向を受けたものであるとする見方は、官僚の選好が政治家の選好を反映したものであるとの仮定に基づいていると言える。また、国会での予算案承認という見返りを期待して保護政策を立案するという見方は、予算の維持・拡大のための行動であるとも言える。

日本農政の研究者として知られる Aurelia George-Mulgan は、②の仮定（行政権限の拡大）を前提とした議論を展開している（George-Mulgan 2005, 2006）[9]。たとえば、George-Mulgan によると、農水官僚の行動を規定するものは、自己の利益（self interest）であり、「農水省は行政介入権限（intervention）の最大化を追求する。そして、この目標（権限最大化）が、農水省の政策選択を決定する最大の要素なのである」（George-Mulgan 2005: 2）と主張する。また権限最大化は、職員数や予算や天下り先の維持・拡大といった省益および個人的利益につながる（ibid., 105–126）。そのため、時に自民党や農業団体からの要求や世論の圧力によって政治的な妥協を余儀なくされることもあるが、「（農水）官僚の政策選択における決定的な判断要因は、農水省の行政介入権限拡大に有益であるか否かという点である」と主張している（George-Mulgan 2006: 12–15）。

官僚の選好を演繹的推論によって仮定する既存研究に対して、本書は歴史的分析を通じて官僚の選好が形成された過程を明らかにすることを目的としている。言い換えれば、本書は官僚の選好を所与のものとして捉えるのではなく、官僚がある特定の選好を持つようになった背景を検証し、いかにそれが政策決定過程に影響を与えたかといった点を探る。こうした分析が重要となる理由は、以下の通りである。第一に、上述のように官僚の選好そのものにさまざまな見方があり、誤った仮定に基づいた推論は、間違った結論を導きだすことになるからである。第二に、アクターの選好を一般化しすぎることによる弊害を避けるためである。

本書が示すようにアクターの選好は、歴史的背景や政策アイディアなどといったさまざまなものの影響を受け、時とともに変化するため、一般化することは適切ではない。また同じ環境・組織・制度制約のなかにある同様のアクターでも、異なる選好を持つことがある。それゆえ、同様のアクターは同じ選好を持つと仮定する合理的選択論では、本書の事例研究にみるような省庁内における意見対立や政策転換を説明することができない。したがって本書では、アクターの選好を所与のものとして捉えるのではなく、政策アイディアがアクターの選好を形成した過程を明らかにし、それがどのように政策決定過程に影響を与えたかといった点を分析する。

本書の主張

以上の議論をもとに、ここでは本書の主張をまとめたい。本書では、日本の農業政策の基本方針に多大な影響を与えた要因として、明治から戦時期の農業政策に関する政策アイディアに注目して分析を行う。明治期の政治家、官僚、学者、知識人などの間では、農政のあり方について、主に二つの異なる政策アイディアが存在していた。一つは、欧米の進んだ農業技術の移入を通じて農業経営体の商業化・大規模化を発展させる農政を志向する、いわゆる「大農論」である。もう一つは、日本古来の家族経営による稲作を農業の中心とし、産業化・都市化の影響から農村を守るべきとする「小農論」である。

これら二つの農業思想の間で政策論争が起こり、その趨勢が農業政策に大きな影響を与えることとなった。明治初期には文明開化の大きな流れもあって、大農論への支持が小農論への支持を上回り、政府は大規模農業経営を志向する政策を採用した。しかし、その後明治中期に入って大農論の信頼性を揺るがす事態が起き、小農論に親和的な新しい政策アイディア（協同主義）が海外からもたらされたことや、在来農法の研究・改良が進んだことで、徐々に小農論への支持が強まり、その後中小農の保護・育成を主な目的とする政策が漸進的に導入されるようになった。

中小農保護政策の先駆けとなったのは、一九〇〇年に制定された産業組合法であった。産業組合制度は、ドイツなどで協同主義に基づいた信用組合制度を学んだ官僚らが創設に携わった。中小農向けの金融機関として設立された産業組合は、大正期に入ると農産物の価格安定政策などにおいて、政府の行政執行機関的な権限を付与され、より広範な活動を行うこととなった。大正期には、主に農林省の官僚の間で、協同主義や自作農主義などといったアイディアを小農論に融合させる形で、小農論の理論発展が進んだ。

そして農林官僚の政策指針となった小農論は、彼らの問題認識と政策選好の形成に重大な影響を与えた。明治中期から昭和前期にかけて、日本農業はかつて経験したことのないような深刻な危機に何度も直面した。明治中期には多くの中小農が貧困から田畑を手放して小作農へと没落する事態が起こり、大正期には地主層と小作農の間の紛争（小作争議）が全国的に拡大し、また大正期には農作物（とくにコメ）の価格が乱高下したり、昭和前期には金融危機や世界恐慌のあおりを受けて農村経済が深刻な打撃を受けた。これらの事態は、明治維新以降に新しく導入された土地制度や市場経済の発展に伴って生じたもので、当時の施政者たちにとっては全く未経験の事態であった。そのような未曾有の危機の中で解決策の立案を迫られることとなった農林官僚のリーダーたちは、小農論に依拠して農村危機の本質と原因を探り、自らの問題認識を形成した。そしてそれは農林官僚の間で共通の理解として共有され、彼らの政策選好を形作った。

その結果として政府は、小作農の保護を目的とした小作調停法（一九二四年）を制定したり、自作農創設維持政策を導入するなどし、農政の保護主義的性質が強まることとなった。戦時期に入ると、政府による食糧統制や農山漁村経済更生運動などといった政策が推進された。また、これらの政策においては、産業組合が政策執行機関となり、その権限が大幅に強化され、農村の組織化・一体化などといった面で大きな役割を果たすこととなった。そして産業組合（戦後は農協）を中心とした食糧統制システムは、戦後になっても維持され、日本農政の根幹の一部を占めることとなる。

こうした農政の発展過程において、農村において大きな影響を持っていた地主層や、地主層とつながりが深かった政党も、政策過程に影響を及ぼした。地主層は農会と呼ばれた組織を通じて政治活動を行い、政党（とくに政友会）は農会の意向を反映した政策を支持した。たとえば、日露戦争のころには、保護関税が導入されたり、政府による買い上げによって農産物の価格を引き上げる政策が模索されたりした。

しかし、こうしたアクターが希求した政策は、必ずしも中小農の保護を目的としたものではなく、主に地主層の利益を拡大するものであり、戦前の農村コミュニティは一体的ではなく、地主と中小農・小作農などの間で利益・選好に大きな違いがあった。大正期に入ると、小作争議が全国的に広がり、農村内の対立はより深刻なものとなった。そして政党と強いつながりを持っていた地主層に対して、中小農・小作農は国政に対する政治的手段をほとんど持っていなかった。また、農林官僚も、政

図 1.2　農業政策における因果関係

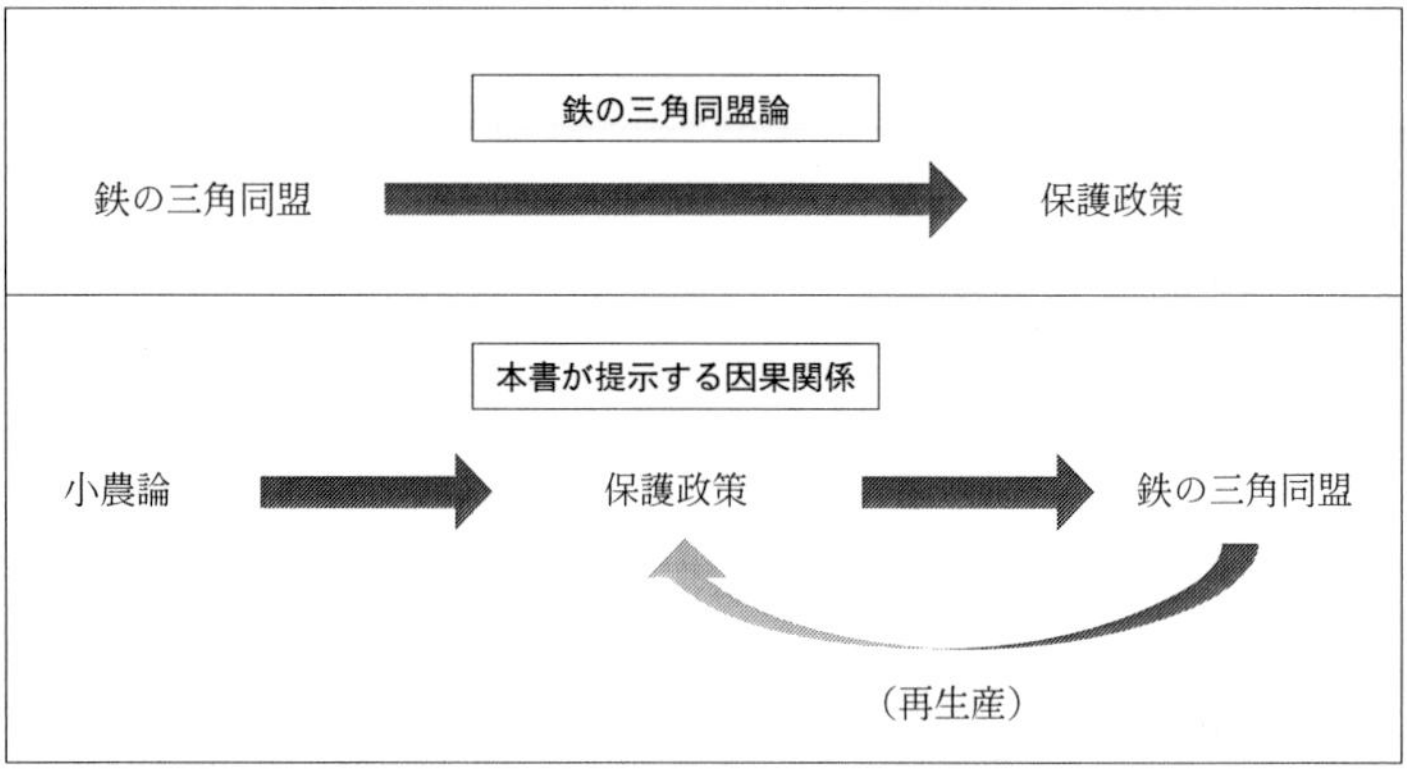

党や地主層とは大きく異なる選好を持っており、その結果として政党や地主層と対立することも多かった。農林官僚は中小農保護政策を志向していたが、中小農と政治的つながりを持っていたわけではなく、自らの政策アイディアに基づいた政策立案を行っていた。こうした意味で、戦前・戦時期に形成された中小農保護政策を中心とした農政は、鉄の三角同盟によって誘引されたものではなく、農林官僚の政策アイディアによるところが大きかったといえる。

戦後の占領期に入って、連合軍の主導で農地改革が行われ、地主制の解体や自作農創設や農地の均一化が進められたことで、農村コミュニティの一体化が実現した。産業組合は、農協として再組織され、小規模自作農によって構成された農村の組織化・保守化に大きく貢献することとなる。そして一九五五年に保守合同で自民党が生まれ、農協を通じて農村との政治的つながりを深化させていった。また戦前は政治的に独立していた農林官僚も、自民党と農村の利益誘導体制に組み込まれ、鉄の三角同盟が構築されたのである。この利益誘導体制においては、保護政策を維持することが前提となっていたため、政策転換は非常に困難となり、戦前・戦時期に形成された中小農を対象とした保護政策が、戦後の長きにわたって農政の根幹を占めることとなったのである。

つまり日本における保護主義的な農業政策は、もともとは鉄の三角同盟によってもたらされたものではなく、戦前の農林官僚の小農論という政策アイディアがもたらしたものであった。小農論に基づいた政策が導入されたことで、産業組合などの制度化が進み、農村の一体化・組織化につながって、アクターの利益・選好が形成され、その結果として鉄の三角同盟という利益誘導体制が生まれ、さらにそれが保護政策の再生産・維持を容易にしたと考えられる（図1・2を参照）。

これまで鉄の三角同盟論に基づく農政研究は、主に図1・2にある「再生産」の矢印で示された政策過程だけに注目してきた。しかしそれは、非常に複雑な政策過程のほんの一部でしかない。したがって本書では、農業保護政策が導入されることになった本来の因果関係にまでさかのぼることで、より大局的かつ長期的な視点から農政の発展過程を解明していく。

3　本書の構成

本書第2章以降の構成は、以下の通りである。第2章では、明治期における農政の検証を通じて、日本に小規模農家を対象とした農業保護政策が導入された背景を分析する。そこでは明治初期から中期にかけて農業の大規模化・近代化を目指した勧農政策、小規模農家を対象とした保護政策の先駆けとなった産業組合法（一九〇〇年）の二つの政策に注目して分析を行う。そして、欧米の農業技術を導入して農業の大規模化・近代化を志向する勧農政策がなぜ導入されたのか、その後なぜ政策が転換されることとなったのか、なぜ小規模農家を対象とした保護政策が導入されたのかといった点について、当時の政策立案者らの政策アイディアに注目しながら説明を試みる。

第3章では、一九一〇年代から二〇年代の農政の展開について、当時全国的な広がりをみせた小作争議の解消を目的とした小作関連法案（小作法案・小作調停法案）の政策決定過程に注目して、当時の農政を検証する。大正期に入り、農業政策の立案にあたって、農林官僚が主導的役割を果たすようになった。ここでは、当時の農林官僚らがどのような政策アイディアや政治理念を持っていて、それらが彼らの選好をどのように形成したのか、小作関連法案の政策過程を通じて明らかにする。

第4章から第5章では、戦時期における農政の展開を検証する。まず第4章では、食糧統制制度の構築に焦点を当て、一九三一年の米穀法改正、一九四二年の食糧管理法制定などといった食糧統制のための法整備が行われた過程を検証する。そしてこの時期に食糧統制の実行機関として進められた産業組合の大幅な機能強化の背景も探る。こうした検証を通じて、これらの農政の展開に、農林官僚らの政策アイディアが与えていた影響を分析する。

続く第5章では、戦時期のもう一つの重要な農業政策であった「農山漁村経済更生計画」という政策に焦点を当てる。同計画は、その立案から実行まで農林官僚が主導し、世界恐慌のあおりを受けて疲弊した農村経済を立て直すために、農村の組織化・合理化を目指した政策であり、戦前・戦時期の日本農政の集大成とも言えるものであった。ここでは、農村疲弊の解消を託された農林官僚が、どのような政策アイディアをもとに農山漁村経済更生計画を立案し、どのような手段で農村経済の立て直しを図ったのかといった点を明らかにする。

そして、第6章では本書における事例研究から得られる、日本農政の政策・制度起源、政策アイディアの因果効果、アクターの選好形成過程などについての知見を簡潔に総括し、構成主義制度論をもとにした農政分析の妥当性について検証する。そして、こうした明治から戦時期にかけての農政の展開が戦後農政に与えた影響や、戦前・戦中・戦後にわたる農政の制度的な連続性について議論を展開する。

注

(1) 自己消費のためではなく、商品として市場で販売し現金収入を得るために生産される作物。たとえば、茶や生糸や綿花や羊毛など。「換金作物」とも言う。
(2) アメリカの政治学者Paul Piersonの「因果的連鎖論」によると、原因と結果の間にいくつかの中間媒体変数が存在する場合には、因果関係に大きな時間差が生じることがあるとされている(Pierson 2004)。
(3) 大内は、一九〇〇年に制定された産業組合法に小農保護主義的性質があったことは認めるものの、当時産業組合の活動はまだ本格化していなかったため、保護主義的農業政策の起源はそれより後の時期の日露戦争後であると主張している。
(4) このうち合理的選択制度論は、前述の合理的選択論を応用して制度を分析するアプローチで、政治や経済の諸制度はアクターの利益・効用の最大化行動や戦略的行動の帰結であると捉える理論である。
(5) これは、何らかの要素が特定の現象を引き起こすとする信念である。たとえば、市場競争が経済成長をもたらすといったものや、自由貿易が協調的・平和的な国際関係をもたらすといったようなものである。

(6) 「社会構築主義」とも言う。

(7) 反証可能性とは、検証しようとしている仮説が実証的な検証によって否定される（反証される）可能性のことを指す。反証可能性を欠いた仮説（間違っているということを示す方法がない仮説）は、理論的な欠陥があり、非科学的な仮説であるとされる。たとえば、「人間の行動は無意識の欲求を反映したものである」というのが反証可能性を欠いた仮説である。これは無意識の欲求というものは検証することができないからである。

(8) このほかにも、「人事権の自律を維持する」という点が考えられる。これは、人事における官僚の自律性を維持し、政治による干渉を防ぐというものである（飯尾 二〇〇七、曽我 二〇一六）。歴史的に官僚が人事権を独占してきた日本においては、この点はとくに顕著なものであるが、本書のテーマとは直接関連しないものであるため、ここでは詳しくは触れない。

(9) George-Mulgan は、自身のアプローチを合理的選択論に対して批判的なものであると位置づけているが、George-Mulgan のアプローチは一般化したアクターの利益と選好をもとにした議論であり、分析手法としては合理的選択論の範疇に入るものと言える。

第2章

大農か小農か

●明治期の農政をめぐる対立

本章では、明治期の農業政策の歴史的展開を検証する。ここで注目するのは、明治初期の農業政策の基礎となった「勧農政策」と、明治中期になって政策転換の嚆矢となった「産業組合法」(一九〇〇年)の二つの事例である。これらの事例を選択する理由としては、以下の点があげられる。まず勧農政策は、明治初期に明治政府の産業政策の一端を担う政策として立案・採用され、地方経済や農業の近代化・発展を進めていく上で、最も重要な基本方針とされたものだからである。勧農政策の主な目的は、欧米(とくにイギリス・アメリカ)の進んだ農業技術を導入して、日本農業の近代化・大規模化を推し進め、農業の競争力を強化し、将来的な農産物の輸出促進を目指し、日本の国力強化につなげるというものであった。

そして産業組合法は、農業者の経営支援、収入安定、自立援助などを目的として産業組合という制度を設立することを目的として一九〇〇年に制定された法律である。この産業組合制度は、戦時期にその他の農業団体などと統合され、そして戦後になって農業協同組合（農協）として再編された。その意味では、農協の制度的起源とも言える法律である。産業組合制度は（現在の農協と同様に）、小規模農家への支援を目的として作られたもので、この法律が制定された後に、小規模農家（小作農・自作農）の保護を目的とした政策が漸進的に導入されるようになり、農政の政策転換につながった。その意味で、この法律の制定は歴史的な重大局面（critical juncture）であったと考えられる。

一九〇〇年の産業組合法の制定から一九〇〇年代半ばごろの期間にかけて、勧農政策は廃止され、伝統的な稲作を中心とし、在来農法をもとにした技術改良を通じて生産拡大を政策目標とする「明治農政」と呼ばれた政策へと転換されていった。これによって、欧米の技術導入や農業経営の大規模化といった政策目標は、その後の農政においては考慮されなくなっていく。

本章では勧農政策と産業組合法の事例研究を通じて、明治期の農政過程を分析し、主に以下の二つのパズルに対する答えを探る。①明治政府の農業政策はどのように形成されたのか。②明治中期に根本的な政策転換が起きたのはなぜか。まず次節では、勧農政策が導入された背景を検証し、当時の施政者の決定に影響を与えた要因を探る。次に、勧農政策とは明確に性質を異にした産業組合法が導入された過程を検証し、この時期に新しいタイプの政策が生まれた要因を分析する。最後に、勧農政策から明治農政へと政策転換が行われたメカニズムについても検証を行う。これらの事例研究においては、合理的制度論と構造主義的制度論の二つの視点から分析を行い、アクターの政策アイディアが、彼らの選好と政策決定にどのような影響を与えたかといった点について検証する。

1　勧農政策

明治維新と農業の近代化

明治新政府の設立後、政府は「殖産興業」を標榜し、市場経済の発展や産業の近代化を推し進め、国力強化を図った。こうした基本姿勢は農業分野にも同様に反映され、殖産興業政策の一つとして、欧米から技術者を招き近代農業技術の移転が進められた。欧米農法導入のきっかけとなった出来事としてあげられるのが、岩倉使節団（一八七一～七三年）の欧米視察である。同使節団の一員として参加した大久保利通らの報告書には、先進諸国の技術導入と日本農業の近代化の必要性が強調されている。

殖産興業政策は、明治六年（一八七三年）に設立された内務省が統括することになり、農業政策に関しては、翌年（一八七四年）に同省内に創設された「勧業寮」（後に勧農局）が主導することになった。この時期の農業政策は、「勧農政策」と呼ばれた。勧農政策の主な目的は、水田稲作に偏重していた日本の農業を根本的に一新し、国際市場において需要の高い麦等の畑作や茶・生糸などといった商品作物の生産や畜産を中心としたものに移行し、大規模農業経営体の形成・育成を通じた国力増強を目指すことであった。さらには農業の生産力・競争力を強化して農産物の輸出を促進し、そうして獲得した外貨で鉱工業を興し、さらなる産業化・近代化を進めるという殖産興業政策の一端をなすものでもあった。

さらに海外の最新農業技術を積極的に取り入れることを目的として、内藤新宿試験場が明治五年（一八七二年）に設立され、畜産、養蚕、製糸、製茶などの研究や実験が行われた。また農業技術を指導するために下総牧羊場や三田育種場などが創設され、そのほかにも官営の試験研究機関や大規模農場や農具製作所などが各地に作られた。そして農業教育機関として、札幌農学校（北海道大学の前身）が明治九年（一八七六年）に、駒場農学校（東京大学農学部・東京農工大学の前身）が明治一〇年（一八七七年）に設立された。こうした農学校では、アメリカやイギリスやドイツから外国人教師を招き、欧米農業技術の指導や実習が行われ、将来の日本農業をリードする農業技術者の育成が進められた。また北海道や東北などにおいては、大規模農場を展開することを目的に、開拓・開墾事業が奨励された。このように勧農政策においては、欧米農業技術をもとにした農業の近代化と大規模化が推奨され、稲作を中心とした伝統的な日本農法からの脱却が図られたのである。

勧農政策の形成過程と政策アイディア

（a）暗中模索の政策立案

では勧農政策の導入にはどのような背景があったのだろうか。ここでは同政策の形成過程について検証してみたい。まず当時の農業政策形成過程の特徴として考えられるのは、政策決定者を取り巻く環境が、非常に不透明性の高い状況であったということである。これはイギリスの政治学者Mark Blythが「ナイト的不確実性」と表現する環境に近かったと言える。ナイト的不確実性とは、「同時代のアクターにとって、状況が、利益の実現方法はもちろん、利益それ自体が何であるかわからないような特殊な事態」で、そうした状況下では「アクターの利益は、想定や構造的配置によっては与えられず、アクター自身がもつ不確実性の原因に関するアイデアによってのみ定義される」と考えられている（Blyth 2002: 8; 加藤 二〇一二：一七二―七三）。

ではなぜ当時の政策形成過程において、ナイト的不確実性が高かったと考えられるのか。二六五年間続いた江戸幕府による幕藩体制が崩壊し、新政府が設立され、「文明開化」という急速な西洋化の波が押し寄せ、それまでの政治体制・社会・経済構造に未曾有の大転換が起こり、富国強兵のスローガンの下で迅速な産業近代化が求められていた。こうした社会変動の結果、下級武士出身で施政経験の少ない若い人材の多くが、政策の立案の大役を担うようになっていた。彼らを縛るような既得権益が少なかった反面、政策立案に参考になるような前例や専門知識の蓄積もほとんどない状況であった。また、こうした人物の多くが農業に関する知識を欠いており、近代化政策や農業政策の立案にあたって、暗中模索の状態であったと言える。このように不確実性が高い状況にあって、政策アイディアが政策立案に強く反映されやすかったと考えられる。

（b）勧農政策アイディア

それでは、勧農政策にはどういった人物のどのようなアイディアが反映されているのか。勧農政策の立案・形成に深くかかわった当時の政策決定者の言説を検証してみよう。まず、一八七三年から一八七八年にかけて内務卿を務め[(1)]、勧農政策の導入に大きな役割を果たした大久保利通の言説をみてみよう。大久保は、岩倉使節団の一員として欧米を視察し、欧米諸国の進んだ農業経営に感銘を受け、先進諸国の農業技術導入の必要性を主張したと言われている。大久保本人の言説ではないが、岩倉使節団の公式報告書である『特命全権大使米欧回覧実記』は、「水田・水稲偏重的の農業のあり方には批判的」で、海外市場での小麦価格の高いことを理由に麦作の利益を説き、生糸や茶などの輸出振興が必要であると主張している（友田 一九九五：五一―五二）。つまり大久保ら使節団は、稲作中心であったこれまでの日本農業を抜本的に変革し、海外市場で求められる農作物（商品作物）の生産を行い、それらを海外輸出し、外貨を稼ぐことを日本農業の将来像と考えていたのである。

農学者の伝田功《でんだいさお》によると、「大久保（利通）による農政は、欧米模倣の勧農政策の色彩が極めて強いものであり、前述の試験研究機関においては、外国農産物の輸入、栽培実験が行われ、輸入農機具の実用化がはかられており、農業教育機関においては、外国人教師による、泰西（西洋）農学が講じられていた。それらはいずれも西欧農法の導入と結びつく諸政策であったといえよう。さらに彼の農政を特徴づけるものは、当時の主要輸出品であった生糸、繭、蚕卵紙、茶などに対する奨励策および取締策であり、それがとくに輸出振興と結びつけて考えられていたことである」（伝田 一九六九：六一）という。また大久保の農政観について、農学者の武田共治《たけだきょうじ》は「植物や家畜などの優良品種を欧米から購入し、それを各県に配布し、稲作偏重を是正し、農業機械化を図ることで省力化を実現し、開墾を促進する路線であった。それに対応できるとすれば、豪農であろう。だから、この路線は、日本農業の近代産業化路線であり、欧米農法移植による大農化路線なのである」（武田 一九九九：一〇四）と評している。また大久保は、農業も工業と同じ国民経済の一環であると捉えており、農業を特別扱いすることには否定的であったとも指摘されている(2)（同上）。

次に一八七九年に勧農局長、一八八〇年に内務卿に就任し、大久保の勧農政策を引き継いだとされる松方正義についてみてみよう。松方が勧農局長時代に著した『勧農要旨』には、「時を省き費を省くために耕耘、打穀、摩碓、灌漑、運搬等の器械を改良しもしくは泰西の新器に換用する事」、「耕作、運搬、力役、乳用、毛用の為に牛馬羊豚の種類を改良繁殖する事」、「海外の有益なる植物動物を購得して我物産の欠乏を補う事」などとあり、欧米の進んだ技術や耕作機械などを導入することの必要性を強調している（松方 一八七九：五二六）。そして農業製品の輸入を削減し、海外市場への農産物輸出を促進すべきであるとし、「新に海外輸出の物産を起こせし者」や「外人の嗜好に適せしもの（を生産する者）」、「海外輸入の物産に代用すべきものを作り出せし者」を奨励すべきであるとしている。こうした点は、いわゆる重商主義的な考えに近いが、松方は保護政策には否定的な立場をとっていた。松方は、政府が農民の経済的独立の方向を示さずに資金を貸与すれば、「人民は益々政府の力に倚頼（依頼）せんことを希望するは自然の勢いなり」（同上：五二七）と評して、保護主義的な政策の妥当性を疑問視している。この意味で、松方は市場原理に基づいた農業政策を志向していたと言えるだろう。また日本農業不振の理由の一つとして、「各自農業の会社を営て一般の公益を謀るもの甚だ稀なり」（同上：五二二）として、企業による農業経営を促進する必要があると考えていた。松方が推進していた農業政策は、以下のようにまとめることができるだろう。①欧米の農業技術・知識などの積極的な導入、②農業の機械化（蒸気機関・水力・家畜などの活用）、③商品作物の生産と海外市場への輸出促進、④綿花などの国内栽培を通じた輸入代替、⑤民間経営による企業設立の促進、の五つである。

さらに一八八八年から八九年（明治二一～二二年）にかけて農商務大臣を務めた井上馨の政策理念も大久保や松方らの考えと多くの共通点を持っていた。たとえば、明治一九年（一八八六年）に井上が福島県で行った演説では、わが国における農業発展の障碍について「小農分裂して、土地統合せざる事」、「労働不規則にして間断ある事」の二点をあげている。とくに農業経営体の規模が零細であることに関して、「耕地は総て一反二反の小区画となりて分裂し、農民大抵各々小許の土地を有し、地主の所有地と雖も此処彼処に散在して飛地となり、其一筆限り数町歩若しくは数百町歩を統合するものは殆んど絶無僅有」であるとしている。そのため、「今日我邦の農に於て改良すべき」点として、「犬牙錯雑たる耕地を交換し、各々一所に集むるにあり、是《こ》れ相互の利益を謀るものなり、然れども其地は自ら地味地質を異にし従て地価を異にし、又先祖伝来の地なるを以て交換の事俄に行われ難けれども、到底今日の儘にては農家の経済立たず農家の経済立たざれば、国亦《また》立つことを得ざるなり、故に今日之に着手し、直に其効果を見る能わざれば子孫を期するも可なり、行ひ難しとして放棄し去るは最も不可なり（点在する小さな耕地は、交換することで一カ所に集約したほうがお互いの利益につながる。もちろんそれぞれの土地は地質も地価も違うし、先祖伝来の土地を手放すのは難しいだろう。しかしこのままでは農家の経営は成り立たないし、ひいては国家の存続にもかかわる。この問題は解決しなければ子孫を養うこともできなくなるのだから、避けることはできない）」としている。[3]

このように井上は零細農地の統合による農業経営の大規模化・経営効率の向上を訴えている。しかし、井上は大久保や松方らとは少し違って、欧米農法の直輸入、すなわち日本農業の欧米化については否定的であった。

大久保や松方や井上らのこうした政策アイディアは、後に「大農論」と呼ばれるようになり、後述するように施政者だけではなく当時の知識人や農学者などにも普及していった。大農論の要点をまとめると、以下のようになる。

明治期の大農論
- 大規模農業経営体（豪農、農業企業、英米型の大規模経営）
- 経済合理性・近代化の追求（農業と工業を同一視）
- 独立自立した農業経営、保護政策の撤廃
- 資本主義的商品経済と一体化した経営、自由貿易政策（輸出促進）
- 稲作中心の農業からの脱却、畜産・商品作物生産の奨励

（c）外国人学者による大農論

大農論が施政者の間に広く普及した背景には、外国から招かれた学者や技術者らによって、欧米の農学や農業経営に関する理論が紹介されたことがあった。彼らは資本集約や商業化を進め大規模化した欧米の農業経営を理想とし、日本においても同様の改革を促した。こうしたいわゆる「お雇い外国人教師」らの言説は、日本における大農論の理論発展に貢献し、大農論のさらなる普及を促した。このころの大農論的観点から農業政策を説いた外国人の中でとくに影響力があった人物に、マックス・

フェスカ（Max Fesca）とウドー・エッゲルト（Udo Eggert）がいる。

フェスカはドイツの農学者で、一八八二年に農商務省に招かれ来日し、駒場農学校の教師を兼任しながら、同省の地質調査所で技術者として勤務した。フェスカは日本各地を訪れて、地質調査や農家の経営分析などを行い、日本農業に関する著書を出版した。フェスカは一八九四年に帰国するまでこうした活動を通じて、ドイツの近代的な農学や農業技術を日本に伝えた。フェスカが日本滞在中に執筆した著書の一つに、『日本地産論』がある。同書は一八九〇年に、農商務省地質調査所の手によって翻訳・出版された。

同書の中でフェスカは、日本農業の近代化を妨げている要因として、農地が狭小であること[4]、農業経営が物品経済に基づいていること、家畜の利用が進んでいないこと、小作料が過重であることなどをあげている。そしてフェスカは、日本農業の近代化を進める方策として、低利の農業向け金融機関や購買組合などを整備して、農業経営における資本集約や農地の大規模化を進める必要があると説いた。フェスカは同書の中で、「日本の農業をして資本に集約なる大農組織に改め、将来永く外国の農業と競争せしめんとせば、小農を変じて大農と為すは太だ緊要なりとす」と指摘している（フェスカ一八九〇：二一〇）。

エッゲルトはドイツの経済学者で、一八八七年に来日し、東京帝国大学教授として財政学などを教え、一八九〇年からは大蔵省の顧問も務めた。一八九一年に『日本振農策』を著し、日本における農業の振興策を経済学的見地から説いている。同書の中で、エッゲルトも日本における農地の狭小性と家畜や機械の利用の少なさを問題視している（エッゲルト一八九一：二四―二五）。そこで、エッゲルトは「細分されある耕地を結合し、大地所として耕す」ことが必要であると指摘し（同上：三九）、「田地結合の結果として、益々洋式に近き耕作法を採用し、且《か》つ北部地方、就中《なかんずく》北海道に於ける未墾の大土地を開拓耕耘するに至るべきを以て、大田園の起こらんことを望む」とし、大規模経営化を日本農業の目指すべき道であると大農論を展開している。そのほかにも、エッゲルトは農業の商業化や資本経済への順応、農業保険制度や農事信用組合の創設などを説いている。

岩倉使節団や外国人学者らによってもたらされた欧米式の大農論は、官僚や政治家だけではなく、国内の知識層の一部にも浸透していった。たとえば、農学者の津田仙《つだせん》によって東京麻布に開設された農学校である「農学社」が出版した『農業雑誌』（一八七六年創刊）は、大農論に基づいた議論を展開し、大農論を農学者や地主や豪農の間に紹介する役割を果たした。『農業雑誌』は、欧米の実利的・合理的な農学や農法を導入することで、科学的な素地を欠いた日本の伝統的農法から脱却する必要があるとして、大農論を支持する立場をとっていた。そして、農民を「自給自足的、伝統的な経済生活から、営利的、合理的な経済生活へ脱皮」させることで、農民の経済的自立を促進すべきであるという主張を展開した（伝田　一九六九：六五）[5]。

こうした外国人学者や国内の農学者らの言説は、当時の施政者らが大農論の妥当性を主張するにあたって理論的な支えとなり、勧農政策を推し進めることに大きな貢献を果たした。言い換えれば、大農論を支持する施政者らは、国内外の専門家のお墨付きを利用して、自らの政策の正当性を主張し、欧米をモデルとした農業の近代化、商業化、大規模化を推進したのである。

明治初期の「ナイト的不確実性」が高く非常に不透明な状況にあって、当時の政策決定者らは海外の既存政策・政策理念に政策立案の手がかりを求めた。その結果、欧米農法の影響を強く受けた大農論を政策指針として受け入れ、それによって彼らの政策選好が形成された。その結果として、勧農政策が導入され、大農論が理想とする市場経済・資本主義システムに即した農業の発展を目指す農政が展開されたと考えられる。

2　産業組合法と農政の転換

産業組合法の概要

このような背景から勧農政策が導入され、大規模化・競争力強化が農政の基本方針となったわけであるが、明治中期に入るとこうした基本方針に修正が加えられるようになり、その後漸進的にではあるが基本方針が転換されることになる。この方針転換の先駆けとなったと言えるのが、一九〇〇年の産業組合法の制定である。

産業組合法は、中小農民向けの信用・販売・購買・生産といった業務を行う協同組合の設立を認める法律であった。農村における金融組織としては、江戸時代から無尽講《むじんこう》、頼母子講《たのもしこう》、五人組、報徳社、義倉《ぎそう》などといったものがあり、明治に入って信用組合という形で自主的に組織された相互扶助的金融組織も生まれていた。また共同販売・購買の組織としても、同業者組合が茶や生糸などの分野では存在している。しかし経済の近代化に伴って、農業経営に貨幣経済が導入されたことで、農民の間に資金獲得や貯蓄・借入の必要性が高まり、協同組合の全国的な展開を促進するためにも法整備・制度構築が必要だと考えられるようになった。

一九〇〇年の産業組合法施行を受けて、「その年に21の組織が産業組合としての認可を地方長官から受けている。その後組合数は急速に増加し、5年後には2000組合、さらに大正初期には1万組合を超えている。(中略)大正から昭和戦前期にかけての産業組合の普及は目覚ましく、組合数は約1万5000組合に、組合員数も1940年頃には全農家の9割以上をカバーするに至っている」(川越 一九九三:二五四)。昭和期になると産業組合は、いろいろな農業政策の実施機関として機能するようになり、政府の行政システムの一端を担うようになった。

また産業組合とは別に、「農会」と呼ばれる農業団体も存在し、それらは「老農」と呼ばれた篤農家や地主の一部などによって組織され、主に在来農法をもとにした生産技術や経営方法の指導等を行っていた(農会については、本章の最後で詳述する)。

戦時期に入ると、農会と産業組合が「農業会」に統合され、さらに生産・出荷に対する統制、農業労働の組織化、政府の生産計画の作成・遂行などといった業務を担うようになる。この農業会は、戦後GHQによって解散させられるのであるが、一九四七年制定の「農業協同組合法」に基づいて、農業協同組合(農協)として再編された。GHQは、農協を政府の干渉を受けない自主的な農民の組織にするつもりであったが、実際には農業会の「資産や事業、職員はほとんどそのまま新農協に引き継がれ」ることとなり、「新農協は戦前の農会、産業組合からその統制機関としての性質を含め、多くを引き継いで発足した」(同上:二五八)。こういった背景から、産業組合は農協の制度的起源の一つとされている。

産業組合の発足当初から、その活動目的は零細農家を資金面・経営面から支援することにあり、こうした零細農家の保護・育成を目的とした制度と保護的かつ統制的な政策の遂行機能は、現在の農協制度にも受け継がれている。こうした制度の下で、零細農家・兼業農家の所得安定・経営支援が長期間にわたって行われてきた（神門 二〇〇六、山下 二〇〇九、本間 二〇一〇）。その意味で一九〇〇年の産業組合法制定は、日本農政が保護主義政策に転換する重要な一つのきっかけとなった重大局面（critical juncture）と言える。

産業組合法の形成過程

（a）前田正名の勧農政策批判

それでは、どのような背景から勧農政策とは趣を異にする産業組合法が立案・制定され、日本農政の方針転換が行われるようになったのであろうか。松方正義が内務卿として勧農政策を主導していたころ、農商務省・大蔵省の大書記官を務めていた前田正名《まえだまさな》という人物がいた。前田は一八六八年内務省に入省し、勧農局に配属された。その後フランスに国費留学をし、フランス農商務省で行財政を学んだ。一八七九年に開催されたパリ万博では、日本館の事務官長を務めている。その後、一八八一年に農商務省と大蔵省で大書記官に就任した前田は、フランス滞在中の経験をもとに『興業意見』（一八八四年）という著書を編纂する。この『興業意見』の中で、前田は松方の勧農政策を厳しく批判している。

前田は『興業意見』(6)の中で、当時の日本経済の窮状について「我国の経済を察するに人民生活の有様は衣食住共に十分ならず、人にして未だ人と称す可からざる者多し。負債有て貯蓄無く、非常の備欠けて凶荒の蓄乏し」と述べている（前田 一八八四：三三）。そして日本における農工商業が停滞している原因の一端として、「資本と事業の釣り合はざる事」、「不慣れなる事業を為せる事」、「固有の妙所を措き、漫《みだ》りに外風を模倣する事」、「海外の機械を取り扱ふに不慣れなる事」などさまざまな問題点をあげている。

農政に関しては、「地租改正は実に前古無比の盛挙たり。而《しか》して尚ほ之に継ぐに地券の発行あり、減租の大詔あり」と地租改正やその後の地券の発行や地租軽減を非常に高く評価しつつも、「此時を界線として農業の進歩は一層の速力を加へ、生産力は当に前日に倍蓰すべきに、其結果の却て反対に出でたるは実に千古の遺憾と云ふべし」と農業生産性が停滞している現状を厳しく糾弾している（同上：一二一―一二三）。前田は、こうした状況を招いた原因の一つとして、欧米農法の直輸入・模倣を基本とした勧農政策があったと考えていた。『興業意見』の一部として編纂された「付・農政計画図表解説」[7]という文書の中で、前田は「回顧すれば数年前に於ては勧業試験場の設各地至る処にこれあり。然るに其目的とする処は農業の全体若くは其地に固有せる重要物産の改良を図るにあらずして、往々新奇に馳せ好事に渉るの弊ありたりき（振り返ってみれば、数年前には各地に勧業試験場が設置された。しかし、農業全体もしくは各地固有の重要物産の改良を図ることを目的とするのではなく、新しいものや珍しいものに飛びつくだけだった）」と従来の農政（つまり勧農政策）を批判している。また「各地試験場の第一に主眼とすべきは、動植物の新種を養成するに在らずして、日本農法の良範適例たるを以て自ら任ずるに在り、故に或は外国の農具を用ひ或は外国の耕作法に従ひ、以て日本の耕作法に改進の道あることを指示せざるべからず、且試験場は日本の農具に用ふるものに比すれば好巧なる農業を営み良好なる結果を得ることあらざれば、農民をして意を試験に注ぎ信をヨーロッパの耕作法に置かしむることを企望すべからず（各地の試験場が主眼とするべきは、動植物の新種を養成するのではなく、日本農法の模範となることである。したがって時には外国の農具や耕作法を用いて、日本の耕作法に改良の道があることを示さなければいけない。だが日本に導入することで良好な結果をもたらさないものであれば、農民にヨーロッパの耕作法［の有益性を］信じさせようと望むべきではない）」（前田　一八八四：三〇七）として、盲信的な欧米農法の導入・模倣を戒めている。だが前田は、海外技術の移入に全面的に反対であったわけではなく、それぞれの技術が日本において実用可能か、もしくは在来手法に比べてより優れたものであるかといった検証を行い、実用性があり有益なものを取捨選択して導入するべきであるという実践主義的な立場をとっていた。

重工業を中心とした急速な産業発展を目標とし、農業も商工業と同様の大規模化・競争力強化を図る松方の産業政策に対して、前田は「生糸・茶・砂糖・陶器・漆器・織物などの在来産業を振興して民力を養い、民富を形成して日本経済の安定的発展を図り、その健全な底辺の上に紡績その他の近代的機械工場工業を育成すべき」であると考えた（原口　二〇〇九：一八八）。また「財政緊縮による施策の消極化と自由民権論者の政府不干渉論とが結合して農政担当者の意気が甚だ低調であったとき、前田正名は農業の振興をはかるには、自由放任は不可であって、奨励と規制による政府の積極的干渉が必要である」(8)と主張している。

松方の勧農政策を厳しく批判した前田は、一八八五年に松方（当時は大蔵卿）によって農商務省を追われてしまう。前田は、その後一八八九年に農商務省農務局長に復帰し、一八九〇年には農商務次官にまで上り詰めるが、今度は当時の農商務大臣の睦奥宗光と衝突し、再び農商務省を追われることになる。その後も地方振興運動などを通じて農家の地位向上・農業団体の組織化などに尽力する。大農論が大勢を占めた当時の農商務省では、前田の主張は封じられ、勧農政策が維持されていくことになるが、官僚・政治家の中には前田に共感する人物も現れ、彼らが農政の転換を図ることになる。

(b)品川弥二郎と平田東助による政策立案

前田と同様に勧農政策に批判的な立場をとり、小規模農家の保護を目的とした政策を推進した人物に、品川弥二郎《しながわやじろう》と平田東助《ひらたとうすけ》がいる。品川と平田はともに一八七〇年ごろドイツに国費留学をし、帰国後品川は内務省に入省し、その後設立された農商務省に異動する。そして農商務大輔などを務め、一八九一年には第一次松方内閣で内務大臣に就任するが、警察を利用した選挙干渉を批判され翌年辞任する。平田は大蔵省に入省し、翻訳課長、法制局専務などを歴任し、第二次山県内閣では法制局長官(一八九八年)、第一次桂内閣では農商務大臣(一九〇一年)を務めた。

品川は、雑誌『日本人』[9]に寄稿した文章の中で、欧米式の大農法について「空論にして到底日本国内に行はるべきことに非ず」と批判し、伝統的な小規模家族経営による農業の重要性とその保護を訴えている。また当時の経済情勢の悪化のあおりを受けて中小農民が経済的困窮に瀕していたこと、また彼らに対して経営資金を供給する制度がないことを問題視していた。こうした情勢の解決策として、二人はドイツ留学中に研究した産業組合制度の導入を考えていた。

二人が留学していた当時、ヨーロッパでは急速に工業化と貨幣経済の発展が進展するにつれて、農村の疲弊が深刻化していた。当時の様子は、『平田東助伝』によると「明治初年の頃西洋諸国は科学の応用益開け、同時に産業の自由競争盛に行はるる時代となり、筋力は動力に圧倒せられ、道具は機械に駆逐せられ、茲《ここ》に産業上の一大変動起り、貧富の懸隔益々甚だしく、各国斉しく其の弊は堪へざるに至れり」と描写されている。こうした中、「二人は欧州諸国殊に独逸に行はれたる産業組合制度を見て、大に覚る所あり、此憂を除くの道は、此制度に頼るに如《し》かじと思惟し、心を潜めて之を研究した」（加藤　一九二七：一八二）とされ、同制度を日本に導入することを志すようになった。

一八九一年に平田が出版した『信用組合論』（杉山孝平との共著）で、当時の農民の多くが「八反以下を有する細農」であるとし、中小農の貧困対策・経営改善の必要性を訴えている。平田らは、農村疲弊の原因として、「我が邦農民の大半はきわめて少許の田地を所有し、且つ土地の分画狭小にして、生産の規模も亦た大ならざれば、小資本の需要従て多きに拘らず之が供給者なきを以て、其経済の概ね皆困難の地位に在る」と分析し、経営規模の小ささと、中小農を対象とした金融機関の欠如が、一番の問題であると指摘している（平田・杉山　一八九一：六二―六三）[10]。こうした状況を克服する方策として、「中産以下人民に於て奮起して、貨幣を利用し信用を振活するの機関を設立し、其生産力を発達し、自由競争の経済界に処するの道を開くに非ざれば、他日の悔を招くや鏡を見るが如し。其機関とは何ぞ、信用組合是なり」として、信用組合設立の必要性を主張した（同上：六二―六三）。また平田らは、信用組合設立がもたらす利益として、以下のような点をあげている。①社会の下層に信用経済を普及する、②貧富懸隔の弊を防ぐ、③利子を低下ならしむる、④地方経済独立、⑤貯蓄の精神を鼓舞する、⑥中産以下人民の徳義心を涵養する、⑦自助自治の精神を養成する（同上：六六―七一）。

そして一八九一年に山県有朋内閣で内務大臣に就任した品川は、当時法制局部長であった平田とともに「信用組合法案」を作成し、これを同年一一月第二回帝国議会に内務省提案として提出する。この時、品川は議会において法案の提出理由として、「日本銀行より以て国立私立に至るまで銀行の数少なからず、株券の制、為替の法等略ほ備はれりと曰《のたま》うといえども、是概ね都市中産以上の人民の利便を為すに止まり、地方の小民に至りては其便を享くること甚だ少な」いと述べ（伝田 一九六九：八六）、中小農民への資金融資のための信用組合制度の整備を訴えた。しかし政党と政府が激しく衝突したあおりを受けて議会が解散されたために、同法案は未成立に終わる。また品川も選挙干渉への批判を受けて、内務大臣を辞任し、同法案の成立の見通しは立たなくなってしまう。しかし、品川と平田はその後も信用組合制度の導入に奔走し、信用組合の設立運動を展開し、民間有志者の援助を募り、各地で信用組合を設立させることに成功する。産業組合法が設立する前に設立された信用組合の数は、一七一にも上ったとされている（同上：八九）。

それから九年後の一九〇〇年二月に、第二次山県有朋内閣の下で、信用組合法案に修正を加えた「産業組合法案」が第一四回帝国議会に提出される。(11) 議会の法案審議においては、貴族院議員の末松《すえまつ》謙澄《けんちょう》が「社会主義的組織を日本に現出する目的にあらすや」と産業組合を疑問視する見解を表明するなど、懐疑的な意見も出たものの、法案に多少の修正を加えた後、一九〇〇年二月一七日に衆議院にて可決、同二二日に貴族院で可決され、同年九月一日の施行が決定された。

その後、一九〇六年に産業組合法の改正が行われ、信用事業と他の事業（農産物の販売や肥料・機械などの共同購入）との兼業が認められたことで、産業組合が総合事業を展開することが可能になり、った。

農村経済においてさらに重要な役割を果たすようになった。さらに、一九〇八年に全国の産業組合を統括・監査する中枢組織として大日本産業組合中央会（後に産業組合中央会に改称）が作られ、後に各県連や全購連や全販連なども整備され、今日の農協の基礎となった組織形態が構築されることとなった。

昭和初期から終戦時にかけて農林省の要職を歴任し日本農政を主導した石黒忠篤は、品川や平田らが産業組合法の立案・制定を目指した主な目的は、中小農の保護にあったと指摘し、以下のように述べている。明治維新以降の経済発展に伴って元来自給自足的な生活をしていた農民が市場経済に取り込まれ、「中等以下農民の商人或は金貸への従属は不可避」となった。そのため政府は同法を制定し「中小農民の斯くの如き商人に対するハンディキャップを除き、商取引に於ける実力を与へんとしたのである」（石黒 一九三四：一八八）。また、「高利貸付から農民を解放し、より完全にして低利なる資金の融通を図る」（同上：一九八）ことも、品川らが同法を制定した理由であるとしている。さらに石黒は、こうした目的で設立された産業組合が、その後「商人に対する組合員の地位を有利に導き商策から農民を防衛する役割を勤めた」と評価している（同上：一八八）。こうした石黒の記述からも、産業組合法がそれまでの農業政策とは全く異なった性質を持った政策であったということがわかる。

（c）品川・平田らの協同主義

では、何が品川や平田らに中小農向けの保護政策の導入を志向させたのか。その重要な要因の一つと言えるものに、新しいアイディアの出現とその急速な普及があげられる。この時期に構築・導入され、その後政治的な重要性を持つようになったアイディアには、「協同主義」と「小農論」の二つがあげられる。

協同主義のアイディアは、品川と平田がヨーロッパ（とくにドイツ）で学んだ信用組合制度の思想的基盤となっていたものである。しかし、その後さらに日本古来の農村思想を融合させたり、微妙な修正を加えたりして、日本独自の協同主義へと変化していった。

平田は一八四九年に当時の米沢藩（現在の山形県東南部）に生まれ、明治維新後に慶應義塾や大学南校で英学を学び、一八七一年に岩倉使節団に随行してヨーロッパを訪問する。この時ベルリンで、ドイツ留学中の品川と知りあう。その後、平田は四年間（一八七二～七六年）ドイツで留学し、ベルリン大学やハイデルベルク大学などで、政治学や国際法を学んだ。当時のヨーロッパでは、イギリスのロッチデールで生まれた協同組合の仕組みが近隣諸国にも広がり、その後ドイツではシェルツェ式信用組合とライファイゼン式信用組合という二つタイプの信用組合制度が形成され、急速に拡大していた。平田は、ドイツにおける信用組合制度を詳細に研究し、同制度（とくにシェルツェ式信用組合）を日本に導入することで農村疲弊の解消や経済発展に寄与したいと考えた。

では信用組合の思想的基盤となっていた品川や平田らの協同主義のアイディアとは、どういったものであったのだろうか。彼らの協同主義は主に、①中小農救済の重要性、②中小農向けの信用経済の整備、②自助精神の涵養と経済的自立の促進、の三点で構成されていた。

第一に、前述の通り品川や平田らは、日本の農民の大半は中小規模の農民が占めており、さらに彼らの多くが資金難から小作農へと転落している現状、またその結果として生まれる格差の拡大や社会不安について、深刻な懸念を抱いていた。農学者の並松信久によると、「品川は社会政策的な観点から、信用組合制度の確立を望んでいる。階層分化を防ぐことは、社会不安を解消することでもあり、資本主義の発展から起こる問題を解消することにもつながると考えている。さらに中産階層を残存させることは、社会的緊張を緩和して、経済発展を円滑に進める潤滑油になるとしている」(並松 二〇一五：五七）。またそうすることで、「財産平等論者や社会党および共産党の勃興を封じようとした」（同上：六八）。そのため中小農に対する何らかの救済制度を整備し、小作農の増加や格差拡大を防ぐ必要があると考えていた。

第二に、平田は自著『信用組合論』の中で、当時の日本において、生産貿易と貨幣経済の急速な発展にもかかわらず、信用経済（とくに低所得者層向け）が十分に発展していないことを以下のように問題視している。「日本銀行あり国立銀行あり、其他私立銀行の設ありと雖《いえど》も、概ね豪商鉅工の金融機関にして、国中最も多数を占め一国の経済に最も重要の関係を有する中産以下の人民は、貨幣を利用するの便宜、信用を振起するの機関を有せず」（平田・杉山 一八九一：六一）。平田は、「他人の信用を受」け、「信用に因りて資本を借入」れ、「信用手形を発して貨幣に代用」することを通じて、手持ちの資本が少なくとも、「（巨額の）資本を動かし其利潤を受くるを得」たり、「業を起し産を殖する」（同上：六〇）こともできるようになると言い、中小農向けの信用機関を整備することで、農村疲弊や貧富の格差といった問題を解消することができると考えていた。さらに脆弱な小農の経営を支援するために、相互扶助的な役割を果たす協同組合制度を整備することで、小農が市場経済のメカニズムに飲み込まれ、資金調達（さらには販売・購買など）の面で、大企業や銀行などによって不当に扱われることを防ぐことができると考えた。

第三に、平田は信用組合の目的を、中小農向けの施策としていたが、それを「無産の農民の保護」(同上：一三七)とは捉えていなかった。つまり農民(とくに生産性の低い農民)に対して盲目的に保護や援助を与えるのではなく、彼らの自助精神を涵養し、経済的な自立を促すことが重要であると考えていた。平田は、「信用組合は組合員自助の精神、自助の能力に由《よ》り成立すべきもの」とし、「各組合員は経済上必ず自助の能力を有せざるべからず」と述べている(同上：八〇)。また、「信用組合は、貧困を未然に防止するの作用を為すも、元利返償の能力すらも有せざる者を救助する慈恵の作用は、其直接の目的にあらざればなり。此の如き経済上自助能力を欠く者をして組合員たらしめば、組合の信用を害し其の発達を妨ぐること甚だ明白なり」(同上：八〇)として、経済的自立の促進を前提としない援助の提供はすべきではないと考えていた。さらに平田は、信用組合を通じた自助精神の涵養と経済的自立の促進が、ひいては地方経済の発展や地方自治の確立につながると考えていた。

品川・平田らの協同主義
- 中小農の救済(しかし単なる保護政策は否定)
- 中小農向けの金融機関の整備
- 協同組合制度による経済共同体の形成
- ➤農村における市場経済の影響の抑制
- 経済的自立の促進(自助主義)

(d) 協同主義の起源

この協同主義のアイディアは、どこから生まれたのだろうか。平田らが推進した協同主義のアイディアには二つの思想的起源があった。第一の起源は、江戸時代の農業思想家である二宮尊徳が創設した「報徳社」の組織原則であった。二宮は、相模国の農民の家庭に生まれたが、その後小田原藩に召し抱えられ、各地の農村復興に功を上げ、後に幕臣にもなった人物である。二宮は、藩の財政改良や農村復興にあたって、報徳社（そのほかにも興復社、信友社などとも呼ばれた）という互助的な金融組織を設立させ、農民の「勤勉と徳行を奨励」（平田・杉山 一八九一：一一五）し、農村経済の活性化を促進した。報徳社は、農村の住民から篤志を募り、勤勉と徳行に優れた者を表彰したり、道路・橋などの整備を行ったり、貧民救済を行ったりすることを主な活動内容としていた。平田らは、二宮の報徳社を、「勤勉を賞揚する最後の目的は徳行にあり、社会改良にあり、（二宮）氏の報徳学と称する処のものは、個人主義にあらず国家主義にあらず、実に一種の社会主義なり」と言い、「富の積蓄を制して其平均を勤誘する封建政治の時代に於て、最も有力なる功績を奏したること言ふまでもなし」と高く評価している（同上：一一六）[12]。しかし平田は、「然れども二宮氏の報徳主義は、封建政治敗頽し封建的経済社会の秩序崩潰して自由競争の経済界となり、世界万国優勝劣敗を争ふ時勢に及では、大に改良を加へざるべからず」（同上：一一六）と述べ、報徳社の制度では、市場制度と貨幣経済が高度に発達した経済においては十分に対応することができないため、より近代的かつ効果的な制度を構築する必要があると考えていた。

協同主義の第二の起源は、平田が参考にしたドイツのシェルチェ式信用組合の組織原則であった。

とくに、農政における「自助の原則」という考え方は、シェルチェ式の特徴の一つであった。平田らによると、シェルチェ式信用組合は、「中産以下人民の自助自立の精神を発揮し、其能力を発達せしめる」（同上：一三六）ことや、「中産以下人民に新生産機関と新経済の知識を知得せしめ、自由競争の経済界に処して中産以下人民と併進連歩するの便宜を得せしめる」（同上：一三六）ことを事業目的としていた。平田は、「自助の原則に基き成立せる組合に積極的の干渉をなさんとする凡《すべ》ての政府の計画は、有害なるが故に之を拒絶すべきこと」（同上：一二九）とのシェルチェの言葉を引用し、政府が単に貧民に施しを与えるというような政策（平田はこれを「国助主義」と呼んでいる）は避けるべきであり、農民が互いに助け合い経済的に自立できるような制度を構築することが肝要であると考えていた。また平田らはライファイゼン式信用組合について「シ氏の組合は組合員の自助自立を目的となし、ラ氏の組合は慈善的の性質を有すること言はずして明らかなり」として、前者の優越性を強調している（同上：一二七）。

このように報徳社とシェルチェ式信用組合の組織原則から品川や平田らの協同主義のアイディアが生まれ、それをもとに信用組合法案が作成された。しかし前述のように第二回帝国議会における同法案の可決は頓挫し、その後同法案の立案は内務省から農商務省に移され、同法案に修正が加えられることとなった。

(e) 信用組合法案の修正

シェルチェ式信用組合をもとにした品川や平田らの信用組合法案には、ライファイゼン式信用組合の原則を推す勢力からの批判があった。こうした意見は、主に当時の農学会の農学者や農商務省の農務官僚らを中心としたグループから来ていた。彼らは、中小農救済を目的とした信用組合制度構築には賛成であったが、シェルチェ方式の採用に異議を唱えていた。そして彼らは、平田らの『信用組合論』に対抗して、同じく『信用組合論』と題した著作を出版し、同法案への批判意見を展開した(13)。同著には、「シ氏は努めて其の主義の弘布を計り、殊に主ら其の法を都市に布き、商工業者に適用せるのみならず、夫の持分制と利益配分法に依て人を誘ひたるを以て、組合発展の迅速なりしは固より其の所なり（シェルチェは自らの方式を広めるために、主に都市部や商工業者だけを対象とし、組合発展が早かったのも、持分制と利益配分法によって組合員を勧誘したからである）」とし、「みだりに射利主義の資産家を引きて、終に小民救護の本旨を離るるに至の病根を忘る可からず（利益目的にの資産家を引き込んで、弱者救済の本意を離れてしまった問題を忘れてはいけない）」とある(14)。つまりシェルチェ式が組合員の出資金に対して利益金を配当する仕組みであったため、同方式は利益主義・営利主義の原則に基づいており、投機行為を招く懸念があるため不適切であると主張したのである。そのため彼らは、出資金を義務付けず、利益配当をしないライファイゼン式を支持した。またシェルチェ式信用組合が主に都市部の商工業者向けに作られ、ライファイゼン式信用組合が農民向けであったことも理由に、前者に基づいた品川と平田の信用組合法案を批判した。

その後の産業組合法案の立案を農商務省が主導することになったことで、同法案はライファイゼン式信用組合の原則を多く取り入れることとなった。さらに同法案の立案は、ライファイゼン方式を推した『信用組合論』の本当の執筆者であったとされる農商務省農務課長渡部《わたべ》朔《さく》と同省参事官織田一が担当した(15)。しかし出資金を義務付けず、利益配当をしないライファイゼン方式には、資金集めが難しく、産業組合は経済的な自主性・独立性が脆弱な組織体制を持つという側面があった。そのため国からの助成金に対する依存度が高まり、「国家の監督が強化され、人事の独立性をもちえず、役人の天下りを容認し、ひいては国家の農政推進の下請機関化し、自主独立を身上とすべき協同組合が著しく官僚的・中央集権的体質とならざるをえな」なかった（伊東 一九七七：一五）。産業組合がその後同様の性質を持つようになったのも、この時ライファイゼン方式に基づいた組織体制が採用され、自助原則の部分が弱められたからであると言える。

農商務省の官僚らや農学会の官僚らが、ライファイゼン方式を推した背景には、彼らが「平田・杉山より商品経済の発展と貨幣経済の展開の線上で協同組合を考える思想に乏しかった」ことや、「自作農解体と地主制の成立をより安定社会への移行としてつかみ、地主の主導する小農の組合を考えていた」からという指摘もある（同上：一五）。また品川や平田が、シェルチェ方式を推した理由には、山県有朋の国体思想も反映されていたという(16)。「山県には政党政治に対する警戒心があり、その対抗策として地方行政機構の整備を訴え」ていた（並松 二〇一五：五四）。したがって、農村経済の自主性・独立性を高めるシェルチェ方式は、地方分権・自治を促進することにもつながると考えられたという。さらに中央集権体制を志向する伊藤博文・井上馨・睦奥宗光らの「開明派」と、地方自治・分権を志向する山県・品川・平田らの「保守派」とのさまざまな政治的対立も背景にあった。一八九一年当時は、開明派の陸奥が農商務大臣で、品川と平田が主導する信用組合法案への反対運動を主導したという（同上：五九）。

こうした政治的背景を反映して、品川と平田の信用組合法案には、農務官僚らによってさまざまな修正が加えられ、産業組合法案として一八九七年二月に議会に提出された。同法案は審議未了となるものの、一九〇〇年二月に再度修正を加えて第二次産業組合法案として議会に提出され、同月衆議院と貴族院で可決された。産業組合法案は、ライファイゼン式原則をより多く採用したため、中央集権的な組織体制を持っていたが、平田は産業組合法可決を重要視し、同法案への支持拡大に尽力した。

（f）産業組合制度の設立

以上のように、品川と平田によって日本に導入された協同主義のアイディアに基づいて、中小農の保護・育成を目的とした産業組合の制度が構築された。法案作成・審議の段階において、多少の修正が加えられたものの、シェルチェ式を推した品川や平田らも、ライファイゼン式を推した農務官僚らも、協同主義をもとにした中小農の救済という点においては共通の理解を持っており、日本農政の重要な政策目標として認識されるようになるきっかけとなったと言える。第3～5章で後述するように、小作法案や経済更生運動などといった大正・昭和初期の政策には、明治期に導入された協同主義や自助主義のアイディアが色濃く反映されている(17)。

また産業組合の設立については、地主・豪農層を中心とした農会に対抗する組織を作るという山県閥の政治的な意図もあったとする指摘もある。一八八九年の帝国議会開設によって政党勢力の影響力が拡大し、超然主義を標榜する山県有朋はこうした政治情勢に危機感を募らせていた。地主・豪農層は、板垣退助が一八八一年に設立した自由党や、伊藤博文が一九〇〇年に設立した立憲政友会などの主要な支持基盤となっていた。また一八九九年に農会が発足すると、地主・豪農層と政党とのつながりがより強化されることが予想された。農会と政党勢力とのつながりに対抗する組織を作ることを、山県閥の品川や平田が考慮していた面は否定できない[18]。

しかしそうした政治的意図に注目するだけでは、産業組合制度の形成・発展過程を説明することはできない。農会に対抗する組織を作るという目的は、別の形態の組織でも達成することが可能であったからである。たとえば、農会と同様に地主・豪農層を対象とした別組織であったり、より官僚主導の中央集権的・統制的な制度であったり、商業的・市場主義的な性格を持つ制度であってもよかった。つまり、中小農向けの自律的な制度を選択する必然性はなかったのである。その意味で品川と平田には、複数の選択肢があったといえる。なぜ彼らが中小農の経済的自立を主な目的とし、農民の自律的運営を基調とした組織を創設したのかという点については、彼らが政策指針として受容した協同主義を無視して説明することはできないのである。言い換えれば、アクターの政治的利益に注目した合理的選択論的説明では不十分であり、アクターのアイディアにまで踏み込んで分析する構成主義的な説明が必要なのである。

「明治農政」の展開と「小農論」の台頭

品川や平田らによって協同主義のアイディアが導入されたのと同じころ、同様に勧農政策に批判的で中小農を重視する農政観が、保守系政治家や一部の農業者から提示されるようになり、大農論に対して「小農論」として知られるようになった。そうした人々の農政観は、在来農法の再評価や、社会安定や国防の面からみた伝統的な農村コミュニティの重要性といった観点に基づいており、品川や平田らの協同主義とはまた違った起源を持っていた。しかし小農論は、その後協同主義を吸収する形で理論的な発展を遂げ、その後の農政に大きな影響を与え続けることになる。そして日本の農業政策は、農業の欧米化・大規模化を目指した政策から、在来農法・中小農を中心とした農業の発展を目指したものへと転換し、徐々に保護主義的性質を濃くしていく。前述の産業組合法制定は、その先駆けとなったのであるが、この政策転換は一朝一夕に起こったわけではなく、二〇年以上の長い期間を経て、段階的に進められた。

以下では、一九〇〇年から一九一〇年ごろの農業政策の展開を簡潔に述べて、段階的な政策転換の流れを検証してみたい。また同時に、明治中期に生まれた小農論というアイディアが、どのような時代背景から生まれ、なぜその後の政策決定過程に影響を与えるようになったのかという点についても探っていきたい。

後述するように一九〇〇年代には勧農政策が多くの困難に直面し、政策転換の必要性が政治家や官僚の間で認識されるようになった。その結果、より現実的な農業政策として、既存の稲作中心の農法には大きな変化を加えることなく、小規模な農業経営体を中心としたままで、農地改良や技術指導を通じて生産力の拡充を実現し、農村の収入増を図ることが志向されるようになった。この時期の農政は、後に「明治農政」と呼ばれるようになるのだが、それは勧農政策から、その後の保護主義政策への過渡期に位置するものであると考えることができる。

明治農政においては、農村への技術指導にあたって、在来農法に学術的な改良を加えた新しい農法（いわゆる「明治農法」）を普及させ、生産拡大を図ることが主な政策目的とされた。この明治農法は明治三〇年代（一八九七〜一九〇七年）に確立されたものであるが、それは「農学士あるいは試験場技術者の創作ではなく、各地の老農たちが在来の農法に工夫を加え改良したものを試験研究の学理を通して技術者が選択し体系化したもの」（「農林水産省百年史」編纂委員会編 一九七九上巻：四〇）であった。たとえば、一九一〇年の福島県内務部による「農事改良必行事項[19]」には、種子塩水選《しゅしえんすいせん》や短冊形《たんざくがた》苗代《なえしろ》や稲苗正条植《いななえせいじょううえ》や牛馬耕《ぎゅうばこう》などといった技術の実行が奨励されている。

　明治農法の技術指導にあたっては、行政による取締り・検査・命令・強制などを伴い、時には巡査を動員した強権的な手法を用いたため「サーベル農政」とも呼ばれた（辻 一九九五、暉峻 二〇〇三）。香川県における明治農政の展開を分析した辻唯之《つじただゆき》によると、「（香川）県の指示にしたがわぬ耕作人は科料の罪に問う旨の県令が出され、県当局の稲作指導は法的制裁をともなうものとなった。（中略）こうして明治三〇年代の中ごろ、讃岐の農村はいたるところで、県や郡の役人がサーベルを下げた警官をともなって農民の苗代つくりを監視するという異様な光景がみられた」という（辻 一九九五：八一―八二）。

　また農地改良にあたっては、分散した耕地の集約、形状区画の変更、農道・用排水設備の整備などが進められたが、一八九九年に制定された「耕地整理法」に基づいて、土地所有者や耕作者に対して同事業への参加が強制された[20]。「１９１１年末までの耕地整理施工地区は４１９５カ所、累計面積24万６６１０ha、工事費予算総額４８１２万円に達し」、土地生産性を向上させ、とくに「地主の得る地代部分を大きく増大させた」（暉峻 二〇〇三：六七）。

　以上のような明治農政は、農商務省農務局長の酒匂常明《さこうつねあき》が中心となって遂行されたとされている。この時期の強権的な手法に対しては、農民の反感を招くこともあったが、稲作の生産性を高めることに関しては、一定の成功を収めたと評価されている（辻 一九九五、暉峻 二〇〇三）。では、勧農政策の終焉と明治農政の展開は、どのように説明することができるのであろうか。以下では、協同主義と同様に明治中期になって政治的重要性を持つようになり、その後の政策転換に大きな影響を持つようになった「小農論」のアイディアに注目して、議論を進めたい。

小農論の普及

勧農政策の停滞が顕著になってきた明治中期に入って、小規模な家族経営を中心とした日本の伝統農法が見直されるようになり、小規模農家を農業の主な担い手と捉える考え方は、後に小農論と呼ばれるようになった。前述した前田や品川や平田といった官僚らが、大農論に基づいた勧農政策に疑問を提示するようになると、中小農の保護を主な目的とした政策の必要性を訴える小農論が、大農論に対抗するアイディアとして形成された。こうしたアイディアは、官僚らだけではなく、保守系の政治家の間でも共感を集めるようになった。さらに日本の在来農学を修め農業技術の指導者として活躍し「老農」と呼ばれた人々によって、農業従事者の間にも広められていった。

勧農政策期の農政の思想的基盤となっていた大農論とは全く正反対の農政を志向する小農論が広まると、大農論と小農論の支持者の間で、激しい政策論争が繰り広げられることになった。こうした政策論争の最も有名な例に、明治中期の地租を引き上げる地租増徴案に関連した谷干城《たにたてき》と田口卯吉《たぐちうきち》の論争がある。自由主義経済学者である田口卯吉は市場競争原理の導入と農業の合理化を訴え、保護主義政策に対して厳しい批判を展開し、地租増徴を訴えた。一方、谷干城は小規模独立農家こそが国家の重要な基盤であると主張し、農家への地租の軽減や貿易保護政策などの必要性を訴えた。田口と谷は一八九八年から九九年にかけて新聞紙上や論壇において激しい論争を繰り広げ、こうした論争の顚末は広く国民の耳目を集めるところとなった。

この当時貴族院議員で貴族院予算委員長の要職にあった谷干城は、日本の農民のほとんどは小規模農家で、彼らの生活は困窮を極めていると主張した。そして、小農の生活を救うため地租の大幅な減免もしくは全廃を訴えた。谷は、「古来云ふ農は国の本なり」として農業の重要性を強調し、「世の文明進むと共に地租を軽減して地力を養はざるを得ざる」と述べている。また「当局が現今の政策は正直可憐の百姓を搾りて投機者流の失敗を救済せんとする」ものと糾弾し、「地租増徴は絶対的に反対」と主張した。(21)

そして谷は、地租増徴反対の理由として「蓋《けだ》し我国の納税者中、最も困難なるは農民なればなり。由来日本は農を以て国を立て農民てふ一階級をして自余三階級（士・工・商）を養はしむ事酷なるを免れざれど（中略）農を以て国本となし農民を以て国宝と称する以上は、特に之を厚遇せざる可からざる所以（思うに日本の納税者の中で最も大変なのは農民である。古来日本では農業で国を支え、農民という一階級で他の三階級［士・工・商］を養わざるをえなかった［中略］農業を国の基本として、農民を国宝と称するならば、農民を厚遇しないわけにはいかない）(22)」と述べ、日本社会における農業と農民の重要性を強調し、農本主義的な主張を展開する。

さらに谷は、「我が農民の土地所有権を得たる次第は乃ち列国に誇るべしと雖も、而も其の土地所有者たるや滔々として細民なり」と述べ、日本の農民の耕地が小規模であり、経済力が脆弱であると指摘する。そのため「増租は一も大地主を苦めずして却て小作人、小地主を窮困せしめて、遂に破産するの已むなきにいたらしむるものなり[23]」として、地租増税を批判した。また、こうした小農保護政策は、欧米先進国にもみられると主張している。谷はドイツの例を参照して、「見るべし彼［引用者注：ドイツ］に在ては国家の権力を用ひてだも尚ほ小農（即ち彼国の小作人、我国夥多の小地主）を保護せんと務めつゝあるを[24]」と指摘する。

そして谷は、農民が自らの土地を所有し、それを自ら耕作することが肝要であると以下のように主張する。「余は従来尊農の主義にして日本の安寧を維持するは実に自作農業者多数なるにありと信ず。余は経済学を知るものに非ず、然れども保護主義の必要を信ずるものなり。農家に於て殊に然りとす、故に余は小地主即ち自田自作者の尚ほ多数なるを悦び、彼らを自然放任せず為し得らるゝ限り保護いたし度き考へなり。放任主義は余の取らざる所なり[25]」。谷が持っていた農民たちのイメージは、「正直可憐の百姓」といったものであり、利己的で営利主義的な商工業従事者とは根本的に違うと考えていた。そのため、「近時本邦の状態を見るに上下共に虚業に心酔し投機心を有せざるは誠に希にして、多くは国家を犠牲に供するも自己の利を射んと計るに似たり、只頼むべきは農家にあり、故に農家を奨励するの必要を感ぜり（中略）国家の根本たる農家を搾るは無情の至りなり（近頃の日本の状態をみると、虚業に心を奪われて投機心を持たないものはほとんどいない。多くの者は国家を犠牲にしても自らの利益を得ようとしており、信頼できるのは農家だけである。したがって農家を奨励する必要があると感じるのである［中略］国家の根本である農家を搾取するのは無情この上ない）[26]」として、商業者の投機的行動への懸念を示し、谷が日本経済の根幹と考えた小農保護の必要性を訴えた。

またこのころ、東京帝国大学の農学者（後に東京農業大学初代学長）横井時敬《よこいときよし》も、著書『農業経済学』（一九〇一年）の中で、「農なければ食なく、衣なし、又た工商所要の原料貨物は農の産する所多きに居る。古言に農を以て百工の母となす、必しも誇言にあらず。是れ其有益なる所以なり。農は営利の業にして反て営利の要素多からず、人の性情をして卑劣に赴かしむ金銭上の争奪並に掛引の事少く、無心にして機智なき動植物と相交わり（農業がなければ食糧や衣料は得られない。また商工業が必要とする原材料の多くは農業が産み出すものである。「農業は諸種の工芸の母である」という古い言葉があるが、必ずしも言い過ぎとは言えない。これが農業が有益である理由である。農業は営利の事業であるが、営利の要素は少ない。人の性格を卑劣にする金銭の争奪や駆け引きは少なく、無心で機知のない動植物と相交わる）」、そのため「高尚潔白なる素質を有する」農民は施政者に親近感を持つと述べ[27]、農業の特殊性や健全性を強調し、他の産業との差別化の必要性を説いている。

最後に、明治農政を主導した酒匂常明も小農論に基づいた農業観を持っており、欧米型の大規模農業への転換を目標としていた勧農政策には否定的な立場をとっていた。酒匂は農政課長（一八九八〜一九〇三年）や農務局長（一九〇三〜一九〇六年）を歴任し、一九〇六年に大日本精糖株式会社の社長に就任して農商務省を去るまで、農政を主導した人物である。酒匂の農業観は、酒匂の著書である『日清韓実業論』（一九〇八年）の中にみることができる[28]。酒匂は農業が国家経済の基盤産業であるという農本主義的な見解を持っており、さらに日本農業は米作を中心としたものであるべきであると考えていた。酒匂は「農は国本の語に対して米は農本なりと謂《い》うべし。日本人種は一般東洋人種に於けるが如く米食者にして、米の需要は必要的に人口に伴随し、人生と米穀とは離るべからざる関係を為せり」（酒匂 一九〇八：三七）と述べて、伝統的な米作中心の農業の重要性を強調しており、勧農政策で目指されたような欧米型農業は日本には適していないと考えていた。

さらに「我農業は悉《ことごと》く小農なり」と述べ、日本農業の大部分を占めるのは、小農であるため、「去れば我国には小農に適するの経済策を以てせざるべからず」として、小農に適した農業を行うべきであると指摘している（同上：四六）。そして「米作は小農の経済に適当す」（同上：四六）とし、小農中心の日本では米作を基本とした農業を行うべきであると主張している。さらに、「米穀は農家の生産物中最利益あり又最安全なるものに属す」（同上：三九）と述べて、経済的・経営的な観点からも日本では米作が最も合理的であると考えていた。

こうした小農論者の主張に対して当時『東洋経済新報』を創刊し、同誌上で活発な言論活動を行っていた田口卯吉は、経済的自由主義の立場から、谷への反対意見を展開した。田口は「（小規模の）地主は専ら耕作の利に因りて衣食するものにして、其払う所の地租の如きは僅少に過ぎず、之を換言せば一箇年一円内外の地租を払ふに過ぎざるべし(29)」として、小農を含む多くの地主にとって現行の地租は大きな負担ではなく、先進諸国に比べても日本の地租の税率は低いため、地租増徴が望ましいと主張した。さらに田口は、デービッド・リカルドといった欧米の経済学者の古典的自由主義経済理論を引用し、米価が高騰すれば生産者の生産意欲が高まり、新しい耕作地の開墾も促され、市場メカニズムの作用によって自作農は自ずと増加すると主張した。そして田口は「自作農夫は奨励するも増すものにあらず(30)」と指摘し、小農への保護政策に対しても否定的な姿勢を示した。

谷らの小農論の要点をまとめると以下のようになる。第一に、日本農業は伝統的な在来農法に基づいた小規模な家族経営体による稲作を中心にすべきであるとされる（後にそれは自分の土地を持たない小作農ではなく、独立した自作農であるべきという自作農主義が大勢を占めるようになる）。第二に、農業の特殊性を認め、他の産業とは区別して扱われるべきであるとされる。それは農業経営には災害等の影響による不確実性が高く、農業という産業が経済面以外でも多様な役割を果たすと考えられているからである。そのため、農業政策は効率性・実利性を追求するのではなく、非効率的であっても保護的な側面が必要であるとされた。

明治中期の小農論
- 日本古来の稲作中心の農業
- 小規模自作農（自作農主義、家族経営主義、担い手＝小農）
- 国家の基盤としての農業（農本主義）
- 農業の多面的重要性
- 効率性・実利性の排除（農業の特殊性、工業との差別化）

協同主義と小農論の相違点

谷や横井や酒匂らの小農論は、品川や平田らの協同主義と同時期に形成され、ともに日本農業における中小農とその救済の重要性を強調していたが、両者の間には多少の違いもあった。第一の相違点は、農業の性質に関する見解の違いである。谷や横井らは農業が商工業とは違う特殊な産業であると考えていたが、品川や平田らは農業を特別視しなかった。そのため、前者は農業に対する全面的な保護が必要であると考えたが、後者は協同組合制度を整備して市場経済の影響を緩和することで、中小農の経済的脆弱性を克服できると考えていた（この点については、第3章で詳述する）。換言すれば、前者は国家による農業保護が不可欠であるとし、後者は農業者の自助努力の奨励が肝要であるとする考え方であった。

第二の相違点は、農業政策の対象に関するものである。谷や横井らは農村安定のために小農の没落を防ぐことを訴えたが、同時に地主層を含めた農村全体の安定を重視していた。つまり伝統的な農村コミュニティの維持が重要であり、そうしたコミュニティは地主や篤農によって主導されるものという前提があった。（そして農商務省の酒匂も地主中心の農村観を持っていた。第3章参照）。一方で品川や平田らの政策の対象は、地主層ではなく中小農であった。

このように協同主義と小農論には二つの相違点があったが、その後小農論が協同主義を融合する形で発展していく。すなわち協同主義は小農論の一部として、多少の矛盾を抱えながらも小農論の重要な構成要素となる。これら二つの点については、第3章で述べるように、大正期に入っても小農論者の間でも見解が分かれ、結果として農業政策も一貫性を欠いて展開することになる（たとえば地主重視の保護関税政策・米価調整政策や小農重視の小作関連政策）。こうした理論的矛盾が克服されるのは、昭和初期に入ってからとなるが、最終的には農業の特殊性を認めつつ中小農を対象とした小農論へと収斂し（第4・5章参照）、これが戦後の農林官僚にも受け継がれていくことになる。

農政論争の帰結：因果メカニズムの説明

では、こうした当時の大農論と小農論の間の農政論争が小農論優位に傾き、勧農政策の廃止と明治農政の導入につながった理由とメカニズムはどう説明されるのか。上述したように、政策・制度形成におけるアイディアの因果効果については、①不確実性の低減、②既存制度の脱正当化、③集団行為・連合形成の促進などがあげられる。

(a) 大規模農法の失敗と農村疲弊

第一に、当時政策の見通しが不透明になり、不確実性が高くなったことで、施政者の一部で新しい政策指針としてのアイディアが模索されるようになった。明治維新後の不確実性を低減するために大農論が政策指針とされ、それに基づいて勧農政策が導入されたが、勧農政策は大久保や井上や松方らが想定したような成果を生み出すことができなかった。これにはいくつかの背景があるのだが、一つには技術的な理由がある。アメリカやイギリスにおける大規模農法を参考にして、政府は大型農業資本経営の普及を促進しようとしたが、米英と日本の地理的条件や生産作物や農村構造などといった条件の違いから、大規模農法の導入は困難を極めた。

また、欧米農法の普及を担う人材育成を目指して駒場農学校や札幌農学校が設立されたが、その卒業生らが期待された通りの役割を果たすことはなかった。たとえば、駒場農学校農学科の第二期生で後に著名な農学者となった横井時敬によると、「駒場農学校は内地の開墾のために英国的大農法によらしむとの趣旨にて、英人を以て教員を組織し、もっぱら英国の農業経済を学んだ。ここに学んだ学生の大過半は、大麦・小麦をもわきまえぬ武士の生まれで、しかも教師は英人であったから、英国の農業は知っていても日本の農業は知らぬというような風で、農学校を出ても、至るところ手の伸ばしようもなかった」と述べている（友田 二〇〇八：六）。

こうした背景から、各地に作られた大規模農場は、その多くが経営不振に追い込まれてしまった。「主として関東、東北、北海道地方などの官有払下地で試みられたこれらの直営農場の多くは、原生的な生産力の低位性や労働力の不足と未熟さ、そして輸入農業機械や農法などの未消化、さらに農産物の市場の未発達に基づく経営損失の増大と資本力の限界などの諸要因の結果、大農経営を巡る資本家的な生産・流通条件の順調な発展を促進することができず、当初目的とした資本家的な諸関係の回転と拡大に失敗してしまった」（伝田 一九六九：七一）。当時日本における大規模農法の普及が技術的に困難であるとの認識が広がったことで、大久保や田口らが唱えた農業の合理化や国際競争力の強化といったアイディアが支持を広げる素地を失ったと考えられる。

さらに、いわゆる松方デフレの影響で、農村経済が大打撃を受けた。西南戦争後に発生したインフレを抑えるために不換紙幣の回収を行い、財政を引き締めたことで生じた物価の下落を「松方デフレ」と呼ぶ。これは当時大蔵卿であった松方正義が進めたデフレ政策の結果とされているが、これによって農作物の値段も暴落し、農業収入が激減したため、深刻な農村疲弊を引き起こした。農学者の横井時敬は、当時の農村の困窮状態を以下のように述べている。「（デフレ政策の）反動として物価大いに下落するに当り、農家は茲に一大打撃を蒙りぬ。就中祖先伝来の土地を抵当として負債を起して新たに土地を購ひたるものに至りては、地価の一大下落の為めに向きに一反の抵当を以て得たる金額を償ふに、今は三反の土地を売却せざるべからざるの不幸に陥りしかば、農家所有の土地是に於て其手を離れて、土地兼併の勢因りて益々に長じぬ（デフレ政策の反動として物価が大きく下落し、農家は一大打撃をこうむった。とりわけ先祖伝来の土地を抵当として借りた資金で土地を購入していた農家にいたっては、地価が下落したために、一反の土地を抵当として借りた資金を返却するために、三反の土地を売却せざるを得ない不幸な事態に陥り、農家が所有していた土地は農家を離れて、土地を買い集める連中がますます利益を上げている）」[31]。

勧農政策が推奨した大規模農業の行き詰まりと松方デフレによる深刻な農村疲弊によって、農業政策の先行きの見通しがきわめて不透明になり、再び「ナイト的不確実性」が高まったと言える。同時に、これは大農論に基づいた政策・制度の脱正当化につながり、それに代わる政策指針としてのアイディアが求められるようになったと考えられる。

(b) 小農論の正当性強化

第二に、小農論は当初日本の在来農法を維持し、小規模家族経営を基本とすべきとするアイディアだったが、その後時局の変化を反映して政治的・軍事的側面から理論補強がなされ、小農論に基づいた政策・制度の正当性を強化することになった。この時期、日本は日清戦争（一八九五年）を経験し、ロシアとの関係が悪化して、日本を取り巻く国際情勢は緊張の一途をたどっていた。そうした中で、兵士の供給源としての農村の重要性が強調されるようになった。たとえば、当時貴族院議員であった谷干城は、「国の安全には、国民の間における組織的紐帯を強化し、彼らを安定化する事である。最も安定した国民は農民である。一町ないし二町または三町を耕作して生計を立てる独立農民を多数持つのが我が願望である」（小倉 一九八七：二〇六）と述べて、小規模農家が中心となった農村の保護と維持を訴えた。また東京帝国大学教授の農学者横井時敬も、「兵隊としては農兵より外に適したものがない。何分農兵と云うものは身体は強壮である、常に風雨に曝されて居る。又常に太陽に照りつけられて居る。マズイ物を食って居る不衛生極ったことをやって行きつつあるから、戦争に出て不衛生なことを為し、而も敵に打ち勝つ事が出来るのである」（横井 一九〇八：七八）と述べて、農村の軍事的重要性を強調している。明治農政を主導した農商務省官僚の酒匂常明も同様の見解を持っており、「農籍の兵員は其人員に於て大多数なるのみならず、性質、淳良、身体強健、且愛土愛郷の年よりして従て愛国心に富めり。（中略）農業者は其体力、其気宇に於て最良兵たること疑を容れず」（酒匂 一九〇八：一五）として、農村の軍事的重要性に言及している（こうした見解は、後の戦時期に全体主義的傾向を持った農本主義者にも支持された）。

さらに、この当時自由民権運動の高まりや社会主義思想の導入などもあり、政府は政治活動の高まりに非常に敏感になっていた。また農家の経済状況の悪化は、地域社会の不安定化につながり、反政府行為などを引き起こす危険性を高めていた。実際に、松方デフレのあおりを受けた農村疲弊の結果、一八八〇年代には加波山事件、秩父事件、飯田事件といった没落農民層が中心となった急進的な諸事件が発生した。こうした情勢を受けて、「社会不安を未然に防止するために、人心を農事改良に集中していこうとする老農基調の農民団体の組織化」を進め、「農村の平和を既存の伝統的な集団秩序のうちに維持し、温存し、またそれを権力的に固定化」する必要性が認識されるようになった（伝田 一九六九：八五）。

こうした谷や横井らの考え方は、地主や篤農や老農といった伝統的な農村の主導者たちを中心とした農村コミュニティの維持を前提としていた。他方で、協同主義を志向した品川も、地主層・篤農主導という点には合意しないものの、農村安定の必要性について持論と大農論批判を展開していた。品川は、「家が百般の制度の基礎となり、農耕に基づく地産が国富の源泉となることをもって、天皇制国家の基礎をなす」とし、「大農ではその役割を果たせないと考え」た。これは、天皇制国家は、子（臣民）が親（天皇）に従うとする家論理の考え方に基づいており、「社会秩序形成、国家行政の安定といった国家支配の観点からすれば、家論理をもたない大農経営ではまずい」という考え方であった（武田 一九九九：一一七―一八）。

国際情勢の悪化による兵力の供給源としての農村の重要性と、民権運動・社会主義運動の波及を食い止めるための農村経済安定化の必要性が高まったことで、小農論が正当化されるようになり、小農論に対する支持が政界・官界・学界と幅広く広がって、大農論に基づく政策・制度の転換が求められるようになったと考えられる。

（c）政治的連合の形成

第三に、上記のように小農論に軍事的・政治的意義が付与されたことで、集合行為・連合の形成が促進されたと考えられる。たとえば、小農論に軍事的な意義が付与されたことで、谷干城のような保守的政治家からの支持を得るようになり、昭和になってからは「超国家主義」を支持する勢力や、統制経済による軍事力強化を目指した軍部や革新官僚などといった勢力にも支持を広げたと考えられる。また政治的意義が付与されたことで、反政党的な姿勢をとり、自由民権運動（さらには社会主義運動）の広がりを強く懸念していた勢力（たとえば山県有朋やいわゆる山県閥と目された政治家・官僚）の間にも支持を広げたと考えられる。事実、産業組合法制定を促進した品川や平田は山県閥の一員として知られている。つまり小農論が媒体となって保護主義政策の維持・強化を求めるアクターの政治的連合が促進され、これらのアクターの集合行為を容易にし、政策転換を促したと考えられるのである。

明治初期の指導者は、欧米の大農論に依拠した勧農政策を進めることで、ナイト的不確実性を脱しようとしたが、大規模農場の失敗・農村疲弊などといった不測の事態が起こったことで、再び不確実性の高い状態に陥った。そのため大農論の正当性が覆され、新しいアイディアが求められるようになり、それに対抗するアイディアとして小農論が注目されるようになり、同アイディアに政治的・軍事的な側面から理論補強がなされた結果、各方面からの支持を集めることに成功した。その結果、小農論が政策指針として受け入れられるようになり、小規模・家族経営を基盤とした農業経営体を農業の主な担い手とした政策が展開されることとなったのである。

農会の制度的発達

最後に、明治期から戦時期にかけて産業組合と同様に農村において重要な役割を果たした農業団体である「農会」について触れておきたい。前述のように、一九〇〇年の産業組合法の制定をきっかけに、その後各地で産業組合が設立され(32)、着実にその数を増やしていた。これに対して、農会の起源は、「農談会」と呼ばれた老農や農村の篤志家を中心とした集会であった。そもそも農談会は、内務省の官僚らが牽引役となって、農業技術の普及や意見交換を目的に各地で開催されていたものであるが、それを組織化し法制化したものが農会であった。

　農会設立の先駆けとなったのは、一八八一年に設立された「大日本農会」であるが、そのモデルとなったのは「イギリス王室農業協会」というイギリスの農業結社である。こうした西洋の農業結社制度は、岩山敬義《いわやまたかよし》といった内務省勧業寮（一八八一年以降は農商務省）の官僚によって日本に紹介され、彼らの手によって日本の農会が結成された[33]。その意味では、産業組合と同様に農会も政府の主導で構築された制度であり、農業技術の普及といった農政の浸透を目的としたものであった。とくに技術改良による生産拡大を主な政策目標とした明治農政期には、農会が農村における技術改良を主導することが期待された。しかし前述のように産業組合が中小農向けの組織であったのに対して、農会は地主層を中心とした組織であったため、両者の関係は必ずしも良好ではなかった。

　友田清彦によると、大日本農会の創設を担ったのは農務官僚であり、「創設後実質的に大日本農会を動かしていくことになる特別会員もまた、その大半が政府あるいは府県の農政官僚・官吏であった」（友田 二〇〇六b：二八）。こうした農政担当者は、大日本農会において全国の老農と直接懇談を行い、農業政策の遂行にあたって農商務省農務局や府県勧業課の役割を補完することを期待していた。

　ところが第3章で詳述するように、その後農会は政治団体としての性質を帯びるようになり、地主層の利害を反映した農政活動を展開するようになる。こうした背景には、一八九三年に大日本農会の幹事長に就任した前田正名の影響がある。大日本農会内部の政治化に対しては、内部からの反対が強かったため、前田は幹事長を辞任し、一八九五年に全国農事会という別の組織を立ち上げ、地方の農会の組織化を進め、農会の法制化を目指す運動を展開した。

全国農事会の活動を受けて、帝国議会は一八九九年に「農会法」を制定し、市町村や郡や府県レベルで組織されていた各農会を法制化し、それらに対して国庫からの補助金を与えることとなった。前田正名が設立した全国農事会は、これらの農会の全国機関と位置づけられ、その後一九一〇年の農会法改正を機に「帝国農会」として再組織され、法人格が与えられた。帝国農会は、その後農村選出の衆議院議員との連携を深め、政府や政党に対する陳情活動を活発に行い、農業関係者（主に地主層）の利益を代表する圧力団体として発展した。とくに、超党派の議員によって構成された議員団体である「農政研究会」と緊密に連携し、彼らを通じて独自の農政関連法案の提出等も行うようになった。こうした帝国農会と農政議員の影響力は次第に拡大し、大正・昭和初期の政党政治の時代になると政策決定過程に影響を与えるようになった[34]。当時「政友、民政両党は帝国農会の圧力を背後にもつ党内農政議員への統制力を著しく欠いて」（森邊　一九九四b：一一六）いたため、農業政策の立案・策定にあたっては、こうした勢力の意向を無視できなくなっていた。農会による政治活動については、次章以降で詳しく検証する。

3　まとめ

明治初期には、殖産興業政策の一環として農業も近代化が志向されるようになった。それにより、欧米の農業技術を導入し、農業経営の大規模化・効率化を図ることで市場経済に則した農業を育成することを目指す勧農政策が採用された。こうした政策の採用には、当時の明治政府の指導者らが、海外農業事情の視察や訪日外国人農業技師らの影響を受けて、主にイギリスやアメリカの農業理念をもとにした大農論を政策指針として受け入れたという背景があった。

しかし明治中期に入ると、海外（とくにドイツ）に留学した官僚らが、新しい農業理念を学び、それを在来の二宮などの報徳思想などと融合させ、独自の協同主義を打ち出し、この理念に基づいた政策立案を志向するようになった。その結果の一つが、産業組合法の制定であった。協同主義は、大規模農業経営を目指すのではなく、中小農が協同で経済活動を行うことで、市場経済に適応することを促すものであった。こうした新しいアイディアが一部の官僚らに受容されたことで、勧農政策とは異質の政策が導入されたと考えられる。

そして一九〇〇年代半ばになると、勧農政策から明治農政への政策転換が起こった。その背景には当時の政治家や学者や一部の官僚の間で、稲作を中心とした在来農法の重要性や、中小規模の自作農家族経営を基本とした農業の多面的重要性や、農業の特殊性などといった点を強調する小農論が広まったことがあった。小農論の支持者らは、米英型の大規模農業経営の発展が社会安定や国防などいろいろな面で弊害をもたらすとし、日本の伝統的な農村コミュニティを維持し、在来農法を基本とした農業を発展させるべきであると考えた。こうした施政者らの農政観の変化が、政策転換をもたらしたと考えられる。

このように明治中期以降になって新しい政策の導入や政策転換を引き起こした協同主義と小農論のアイディアには、理論上の相違点もあったが、その後両者が融合する形で発展し、また新しい要素を取り入れながら、さらなる理論発展を遂げていった。こうして発展した小農論は、大正期・昭和初期の農林官僚の政策指針として受容され、彼らの選好を形成し、その後長い期間にわたって農業政策に大きな影響を与え続けることとなる。

注

(1)「卿」は、明治初期の太政官制における各省の長官を指す呼称である。一八八五年に太政官制度が廃止され、内閣制度が導入されてからは「大臣」と称されるようになった。

(2) 後述するように、これに対して小農論の支持者たちは、農業は商工業とは本質的に違う産業であるとして、両者を明確に区別すべきであると主張した。

(3) 井上馨侯伝記編纂会編（一九六八）『世外井上公伝』第四巻、一七一—一八頁。

(4) この点に関してフェスカは、日本の土地は「粉韲して顕微鏡的の小農多数を占める」とし、農業者一人あたりの耕地は二二アール程度で、これはプロシアの五分の一に過ぎないとしている（フェスカ　一八九〇：一七〇）。

(5)『農業雑誌』は大農論を支持していたが、政府の勧農政策とは多少距離をとり、自由主義的な立場をとっており、自由民権運動の活動家やそれを支持する地主・豪農などと密接な関係にあったという。

(6) 前田正名が編集した『興業意見』は一八八四年七月に『未定稿・興業意見』として原稿が仕上げられたものの、その内容が大蔵卿松方正義の財政政策に批判的であったため、松方のクレームにより大幅な修正削除を余儀なくされ、同年一二月に定本『興業意見』として出版された。本書では、修正削除以前の『未定稿・興業意見』を通じて、前田の農政観を検証する。

(7)「付・農政計画図表解説」(農務省 一八八四年九月、前掲書に所収、二九九―三一四頁)。この部分も、定本『興業意見』出版の際には削除された。
(8)『農林水産省百年史』上巻、三三頁。
(9) 慶応大学経済学会編(一九五九)『日本における経済学の百年』下巻、一四四頁に引用。
(10) 平田らによる三府二四県の統計調査によると、一・五町以上の田畑を持つ農民は一四・七パーセント、一・五町~八反が二九・四パーセント、八反以下が五五・九パーセントであったという。
(11) 中原准一によると、「先の信用組合法案は、内務行政=地方行政制度の拡充が企図されていたのと対照的に、(産業組合法案は) 農業政策ないしは、榎本(農商務大臣)の言葉を借りるまでもなく、中産以下の小生産者層の営業の改善、向上といった産業育成政策との関連がより明確にうち出されている」(中原 一九七二:一〇五)。
(12) しかし平田らは、報徳主義は「分度の法に由りて、現存の社会秩序を固持し、其変易を図らざる」点で、欧米の社会主義とは根本的に違うものであると指摘している(平田・杉山 一八九一:一一六)。
(13) 同著は日本農学会評議員の高橋昌と横井時敬の共著とされているが、実際の執筆者は農商務省農務課長渡部朔と同省参事官織田一であったと言われている。
(14) 高橋昌・横井時敬(一八九一)『信用組合論 付生産及経済組合ニ関スル意見』(近藤編 一九七七bに所収)、一五九頁。
(15) また後に「明治農政」を主導することになる農務官僚の酒匂常明も、ライファイゼン式を支持していたという。
(16) 平田は米沢藩の出身であったが、ドイツ留学経験を通じて品川や桂太郎といった長州出身の政治家・官僚との結び付きを強め、山県有朋とも閨閥を通じてつながり(平田の妻は山県の姪)、いわゆる「山県閥」の一員として活動した。

(17) 他方で、産業組合法案の作成過程で産業組合に付与された中央集権的性質と自助主義との理論的矛盾は、その後も存在し、同制度や同制度を基盤とした政策の発展に少なからず影響を与えることになる。
(18) たとえば、宮崎隆次は、山県系内務官僚にとって産業組合を通じて農村内の対立を防ぎ、地方の名望家を政争から切り離すことは「中央において反政党主義を貫徹するための手段とも考えられただろう」と述べている（宮崎　一九八〇a：四六二）。
(19) 福島県内務部『農事改良必行事項』、近代デジタルライブラリー　http://kindai.ndl.go.jp/info:ndljp/pid/905176?contentNo=4
(20) 同法の規定では、「計画地域の面積と地価額の合計の三分の二以上の土地所有者の同意があれば、その工事を不同意者にも強制できる」こととなっていた（暉峻　二〇〇三：六七）。
(21) 谷干城（一八九八）「地租非増徴の意見書」（近藤　一九七七c：一五九に所収）。
(22) 谷干城（一八九八）「財源論」（近藤　一九七七c：一六二―一六三に所収）。
(23) 同上、一六六頁。
(24) 同上、一六五頁。
(25) 谷干城（一八九八）「再非地租増税論」（近藤　一九七七c：一七二―一七三に所収）。
(26) 同上、一七三頁。
(27) 綱沢（一九九四）七九頁に所収。
(28) 同書は、酒匂が退官した後に出版されたものではあるが、農商務省官僚として酒匂が目指した政策の理念について知ることができる貴重な資料であるといえる。
(29) 田口卯吉（一八九八）「谷将軍の非地租増徴論」（近藤　一九七七c：一六九に所収）。
(30) 田口卯吉（一八九八）「再地租増徴論」（同上：一八二）。
(31) 横井時敬（一九二五）『横井博士全集』第二巻、横井全集出版会。

(32) 老農と呼ばれた人々の多くは、「各地の村々に住む在村の地主であった。地主といっても、大正期の小作争議のときに農民たちから敵視された『寄生地主』とちがい、小作人に土地を貸し付けることもするが自分でも作男や作女を雇ってみずから農業を営む手作りの地主であった。その農業経験のなかからあたらしい農作物の開発と農業技術の改良をおこない、村の指導者として活躍し、地域の発展につくしたのである」(辻 一九九五:七三)。

(33) 岩山は大日本農会の母体の一つとなった「東洋農会」の設立に携わった。東洋農会は、官営の下総牧羊場関係者が活動の中心となっていた(友田 二〇〇六a)。

(34) こうした農会の政治化に対して、横井時敬のように、農会は反政治的中立的であるべきとし、政治活動は農会の使命に反するとして反対する意見もあった(森邊 一九九四a:一八五)。

第3章

農務官僚の台頭と小農論の広がり

●大正・昭和初期の農政の展開

第2章で述べたように、明治維新以降に新政府の指導者たちの間で大農論が政策指針として受け入れられた結果として、産業と経済の近代化を目指す政策の一つとして農業の欧米化・大規模化を目的とした勧農政策が導入された。さらにその後一八九〇年代から一九〇〇年代に入ると、大農論に対するアンチテーゼとして小農論が一部の官僚や政治家などの間に広まり、この政策アイディアをもとにした政策である産業組合法が制定された。

しかし、産業組合制度の導入によって日本の農政が、いっきに小農保護に傾いたというわけではない。たしかに日露戦争を機に保護関税政策が導入され、一九一〇年代になると米価安定を目指す米価調整政策が導入され、農業者の利益を保護する政策が次々と導入された。だがこれらの保護政策は、主に地主層の利益を反映した政策であり、小農の保護を目的とした政策ではなく、小農向けの保護政策は依然として限定的であった。一九二〇年代になると、地主と小作農との間の利害の対立が深刻化し、全国各地で小作争議が発生した。これに対して政府は、小作法案や小作調停法案といった小作関連政策を立案し、小作争議の沈静化と農村の安定を図った。こうした政策には、小作農の保護を目的とした部分が多くみられたが、政党政治家を通じて政治的影響力を強めていた地主層の抵抗にあい、小作法案は廃案となり、小作調停法案はかろうじて可決されたものの、大幅な修正を余儀なくされてしまった。このように日本農政は一九一〇年代から二〇年代に入って、関税や米価政策を通じた保護政策が主流となったものの、それらの主な受益者は地主層であり、小農が保護対象となることは少なかった。そして小作関連政策では小農の利益と権利を守るような法案が立案されたが、それらの多くは実現されなかった。

本章では、一九一〇年代から二〇年代における保護関税政策や米価調整政策や小作関連政策などの政策に焦点をあて、それらがどのような政策目的を持っていたのか、当時の政策決定過程にはどのような政治的背景があったのかといった点について探る。また、この時期には小農論が農務官僚の間に広まり、彼らの政策指針として受け入れられるようになった。そしてこの政策アイディアに基づいて、彼らの問題認識と選好も形成されていった。また小作関連政策の立案においては、農務官僚が主導的役割を果たしたため、これらの政策には彼らの政策アイディアが強く反映されることとなった。小農論は、この時期に理論面でさらなる発展を遂げ、官僚以外の知識人にも支持を拡大し、その後の政策立案にも大きな影響を与えることとなる。本章では、この時期の農政に関する論争（大農論 vs 小農論のその後の展開）や小農論の理論的発展について分析を行い、さらなる発展を遂げた小農論が農務官僚の選好をどのように形成し、彼らの政策にどのような影響を与えたのかといった点について検証する。

1　保護主義的性質を強める農業政策

政府による米価調整の始まり

勧農政策の後に推進された「明治農政」においては、技術指導と農地改良を通じて稲作の生産性を向上させることが主な政策目的とされてきたが、一九〇〇年以降日本農業を取り巻く環境に大きな変化が生じたことで、それに対する政府の対応が求められるようになった。一九〇三年には東北地方を中心にコメの凶作に見舞われ、一九〇四年には日露戦争が勃発したことで、食料の安定的な供給が課題となった。こうした状況を受けて、帝国内の食料自給体制を確立することを目的に、植民地におけるコメの増産が推奨された。そして一九〇五年には、戦費調達を目的として米穀輸入関税が非常措置として導入され、これが国内農業を保護する効果を発揮した。この時に定められた農産物への標準関税率は一五パーセントとされ、国内で生産されない品目については税率が低く設定された(1)。コメ・モミへの関税率も一九〇五年に一五パーセントに設定され、一九一一年以降は六〇キロ当たり一円の重量税とされた。そして一九一一年の関税自主権回復に伴う関税改正で、米穀輸入関税は固定化された。しかし植民地からの「移入米」に対しては、無課税とされていた（朝鮮移入米が無関税化されたのは

図 3.1　米価の推移（1900～1940）

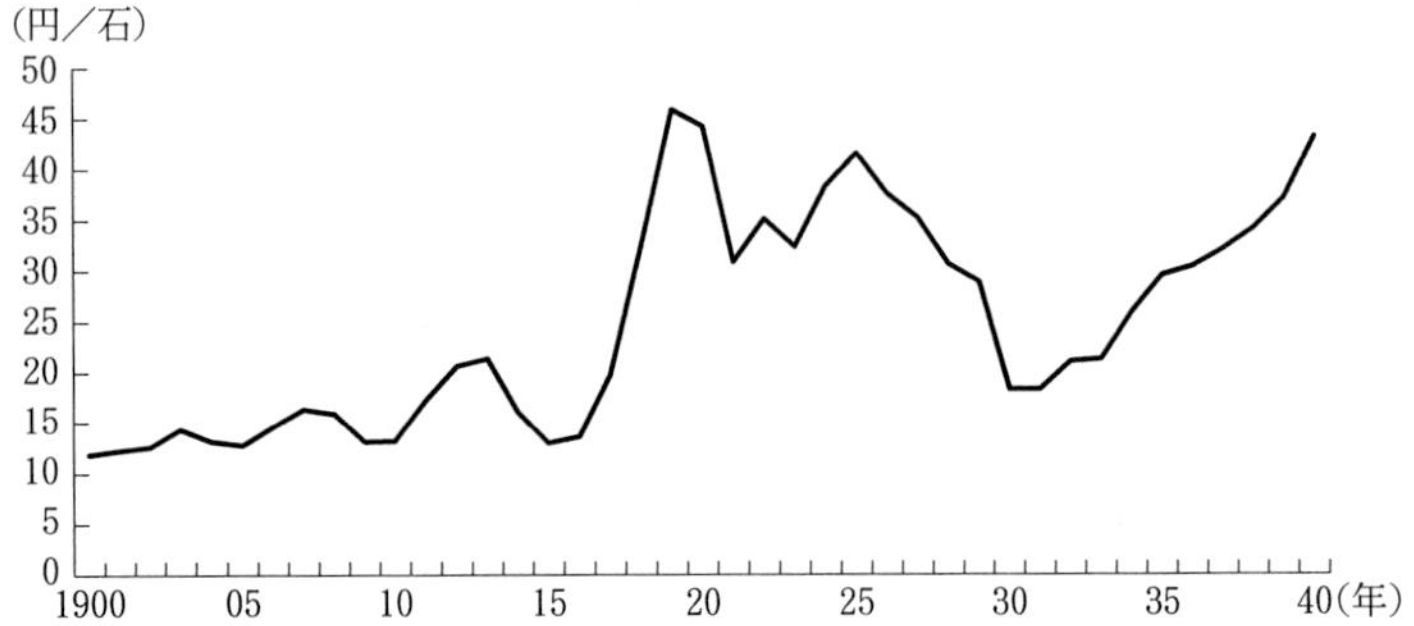

出所：日本銀行統計局（1966）90 頁のデータから筆者作成。

一九一三年）。

　ところが、台湾や朝鮮から「内地」への移入米が増えたことや、一九一四年にはコメが豊作であったために、一九一四年から一五年にかけて米価の急落が起こった。こうした情勢に対応すべく、政府は緊急措置として一九一四年に米価調整令を制定し、政府によるコメの買い上げを開始した。さらに一九一七年に「農業倉庫業法」を制定し、主に産業組合に農業倉庫を経営させ、政府が買い上げたコメを農業倉庫に備蓄し、年間を通じて供給量を調整することで、米価の変動を抑える制度を作り上げた。そして、こうした政府による臨時措置的な需給調整を恒久化させることを目的として一九二一年に米穀法が制定され、豊作時における過剰米の買い上げと不作時における備蓄米の売却を政府が行うこと、また外米輸出入関税の増減を行うことで、米価の高騰・暴落を防ぐ制度が確立された。

　この一連の米価調整政策は、国内農業に対する保護主義的性質を持つものであり、こうした政策の出現は農政における一つの大きな転機であったとみることもできる。第1章でも述べたように、日露戦争時の保護的関税・米価政策の導入をもって、

「明治農政」の終焉および保護政策の始まりと捉える研究者もいる（大内 一九五二、大内 一九六〇、庄司 二〇〇三）。たとえば経済学者の大内力は、日露戦争後の時期は保護農政の萌芽的時期であるとしているものの、産業組合法が成立した一九〇〇年の段階については、産業組合が本格的な活動を始めたのは後の時期になってからであるとして萌芽的時期であるとは考えていない（大内 一九六〇：一四五）。これは、大内の説明が階級闘争史観に基づいていることに一因があると考えられる。つまり日本が国内外で帝国主義的政策を志向する起点となったのが日露戦争であり、そうした傾向が本格化したのが第一次世界大戦であったとする観点に基づいているため、帝国主義的性格を持っていた保護農政は、これらの戦争の後に始まったとせざるを得ないのである。しかし第2章で触れたように、一八九一年には平田と品川が小農保護を目的とした信用組合法案を立案し、一九〇〇年には産業組合法が成立していることを考慮すると、保護政策への転換はより早い段階で始まっていたと考えるべきである。

そしてもう一つ注意すべき重要な点は、一九一〇年代の米価政策は、小規模農家を対象としたものではなく、主に地主層の利益を反映した農業保護措置であったということである。なぜなら、経営力が脆弱で倉庫を持たない中小農は米価が最も低い秋の収穫期にコメを売らざるを得ず、米価が高騰した時を待ってコメを売却することで高い利益を上げることができたのは、地主層だけだったからである(2)。中小農が収穫期にコメを売らざるを得なかったのは、長期間コメを貯蔵する倉庫などを持っていなかったり、掛け払いなどの支払いですぐにコメを現金化する必要があったからである。また小作農は、収穫の多くを小作料として現物（主にコメ）で地主に納めていたため、米価政策から受ける恩恵は限定的であった。こうした米価政策が導入された背景には、政友会などの政党との関係を強化することで、政治的影響力を拡大した地主層による政治運動の影響がある。

この当時、米価調整政策に関しては、都市部の産業界と農村部の地主層の間で激しい論争が起こった。地主層は帝国農会を通じて帝国議会議員（とくに政友会の所属議員）に活発な陳情活動を行い、政治的影響力を強めていた。彼らの要求は、関税や供給調整を通じた米価の引き上げを行うことで農業従事者・農村全体の収益を増加することであった。他方、すでに生糸や絹織物や綿織物などの輸出を進め、国際的な貿易による事業拡大を行っていた産業界は、他国の報復措置を恐れていたため、関税引き上げには消極的であった。また食料品の価格上昇による都市部の労働者の生活コストの増大が将来の賃金引き上げにつながるとする懸念も、産業界が米価引き上げ政策に否定的な姿勢をとる理由となった。しかし最終的に一九一〇年代の米価政策は、米価引き上げを目指す方向性で進められることになった。

主に地主層の利害を反映した一九一〇年代の米価政策の中で、例外的に小農保護の要素を含んでいた政策には、一九一七年に制定された「農業倉庫業法」がある。当時、経済力・経営力が脆弱な中小農家は、米価が下がる秋期にコメを販売せざるを得ず農業収入の減少が危惧されていた。これに対して農業倉庫業法は、産業組合に組合員の収穫したコメを貯蔵する農業倉庫を経営させ、組合員のコメの貯蔵量に応じて低金利の資金融資を行い、貯蔵したコメを通年的な平均売りすることで、米価の安定と農家の収入安定を実現しようとするものであった[3]。農業倉庫業法案は、山県閥系で産業組合中央会会頭の平田東助と同副会頭の志《し》村《むら》源太《げんた》郎《ろう》によって立案され、山県閥系の寺内内閣の下で帝国議会に提出され、一九一七年六月に可決された。農業倉庫法に基づいて、農業倉庫の設置に政府の補助金が支給されるようになったことで、各地で農業倉庫が設置されるようになった。農業倉庫の数は、一九一七年の一一二から、一九二〇年には八六〇、一九二五年には一九一九と急速に増え、一九三二年には三〇六二まで増えた。そして、その九〇パーセント以上が産業組合によって経営されていた（森邊一九九三a：一六二）。このように、農業倉庫の普及を通じた産業組合の機能強化を通じて、中小農の経営支援が図られたのである。同法を立案したのが、産業組合法成立を推進し、中小農保護に積極的であった平田東助であったことは特筆に値する。

日露戦争後になって政府が、コメの価格・供給安定に取り組むようになったわけであるが、その後政府によるさらなる市場介入のきっかけとなったのは、一九一八年に発生した米騒動である。第一次大戦後の好景気や工業化に伴う都市人口の増加や内地におけるコメの不作やコメの先物市場における投機過熱などを背景として米価が急騰したことで、各地で暴動が起こり、米問屋等が焼き討ちや打ち壊しにあう被害が続出した。こうした米価高騰に対して、寺内内閣は暴利取締令や穀物収用令などを制定し、強権的な手法でコメの廉売《れんばい》を実施させようとしたが、米価高騰を抑えることに失敗した。そして米騒動の中にあって有効な手だてを打つことができなかった寺内内閣は、ついに総辞職を余儀なくされた。

その結果、組閣の大命が政友会総裁の原敬に下り、一九一八年九月に日本最初の本格的な政党内閣である原内閣が発足した。原首相は当初、米価高騰の原因は、寺内内閣が強権的に米価を統制しようとした結果、市場における自由なコメの取引を阻害したことにあると考えていた（森邊一九九三b：

一八三）。そのため政府による積極的な市場介入には消極的で、コメの関税撤廃や外米の輸入自由化による自然な米価の下落を模索した。また内地における開墾事業の助成や朝鮮産米増殖などを通じて、コメの生産増大を実現することで、米価沈静化が可能であると考えた。しかしその後も米価の高騰は止まらず、原内閣は米価対策の抜本的な転換を迫られた。

ところが、一九二〇年の予想収穫高が前年度に比べて大幅増であると発表されると、一転して米価の暴落が始まる。これを受けて、帝国農会は政府による需給調整を通じた米価安定政策を要求した。政府の財政経済調査会は、政府による米価安定政策の一環として米麦の需給調節を行う「常平倉制度」を新設することを提案した。常平倉とは穀類を貯蔵する官営の倉庫である。これに対して、帝国農会は賛成の姿勢を表明したが、現行の農業倉庫を拡充するだけで十分とする意見（憲政会・濱口雄幸）[4]や、価格調整は非常時期のみに限定すべきとする意見（日銀副総裁・水町袈裟六《みずまちけさろく》）などさまざまな反対意見もみられた。さらに閣内でも意見の相違が露呈した。高橋是清蔵相は法律によって米価を定め、価格変動を防ぐべきであると主張し、他方で原首相と山本農相は法令による価格公定には強く反対した（森邊　一九九四a）。

結局、高橋蔵相の価格公定案は退けられ、原首相と山本農相の意に沿った政府による需給調整を骨子とする「米穀法案」が作成され、議会に提出された。米穀法案では、「米穀の需給を調整」することを目的として、政府が「米穀の買入、売渡、交換」を行うとされ、米穀の輸入税の増減・免除や輸出入の制限を行うことが可能とされていた。また米穀需給調整のための特別会計の創設も規定されていた。同法案は一九二一年四月に可決された。米穀法に関連して特筆すべきは、同法制定の原動力となったのが、帝国農会による強力な圧力運動であったということである。米価の下落を防ぐことを目的として、地主層を中心とした農村の利害を反映した政治運動が、新制度の構築に大きな役割を果たしたのである。

米穀法の制定によって、豊作時に一定の数量のみとの制限があったとはいえ、政府が米穀の流通に関与することになった。そしてその後制定された改正米穀法（一九三一年）や米穀統制法（一九三三年）や食料管理法（一九四二年）によって、政府の権限は大幅に強化され、政府による直接的な食糧統制システムの構築につながり、戦後の食料管理制度の基盤になった。大正・昭和初期の米価政策については、第4章で詳しく検証する。

中小農向けの政策

上記のように政府の農業政策は、徐々に保護主義的性質を帯びるようになっていったが、保護政策の主な対象は、当時政治的影響力を急速に強めた地主層であった。しかし一九二〇年代に入ると少しずつ中小農を保護対象とした政策も増えていく。そうした政策の一つに、産業組合中央金庫法（一九二三年）がある。

産業組合中央金庫は、全国産業組合大会や文会連合協議会などにおける決議などにおいて、その設立が強く要望されたものであった。第一次世界大戦後の好景気にあって、農業界においても事業拡大が図られたが、中小規模の農業従事者に対する金融制度が十分に発達しておらず、農業界全体の発展を阻害していた。これは産業組合が信用事業を行うための全国機関の設立が認められていなかったことが大きな理由である。その他の農業金融機関としては、一八九六年に日本勧業銀行や農工銀行などが設立されていたが、こうした金融機関は「中産以上の資本家に利用されて」おり、「農村中産以下の農民多数に向かっての金融機関は現在においては断じて満足はできない」[5]状態であった。それはこうした金融機関から融資を受けるには、担保となる不動産資産を持っていなければならなかったからで、ほとんどの小農はそのような不動産を持っていなかった[6]。

さらにその後一九二〇年の経済恐慌によって農村疲弊が問題化すると、中小農向けの金融機関の設立に対する各地の産業組合からの要望はさらに強まった。こうした要望を反映して、政友会は一九二三年に党議として産業組合中央金庫法案を可決し、同年二月に同法案は衆議院に提出された[7]。これに対して、野党憲政会・革新倶楽部は修正案を提出するが、同法案の基本姿勢には賛成しており、多少の修正が加えられた後、一九二三年四月に同法案は可決された。産業組合中央金庫は、資本金三〇〇〇万円で設立され、その半額を政府が出資し、残りの半額を産業組合が出資し、一九二四年三月から業務を開始した（山形県農業協同組合沿革史編纂委員会　一九六〇：八五）。経済史家の大門正克は、産業組合中央金庫法成立の意義について、「政友会が社会政策的農政へ転換し始める画期」であり、「第一次大戦後の政党政治が農村問題に新たな対応を示した第一歩として重要な位置にあるといえよう」（大門　一九八三：五二）と述べている。

2　小作関連法の政策過程

表 3.1　小作争議件数の推移（1917～1930）

1917	1918	1919	1920	1921	1922	1923	1924	1925	1926	1927	1928	1929	1930
85	256	326	408	1680	1578	1917	1532	2206	2751	2052	1866	2434	2478

出所：農林省農務局編『昭和 3 年 小作年報』2–3 頁および『昭和 8 年 小作年報』1–2 頁のデータより筆者作成。

小作争議の高まりと政府の対応

そして一九二〇年代における最も重要な農業政策の一つとしてあげられるのが、一九二四年に制定された「小作調停法」である。小作調停法は、一九二〇年代前半に農村で急増した小作争議を沈静化することを目的として制定されたが、同法の制定にあたっては、地主の権利を守ろうとする地主層と小作権の強化を求める小作農との間で激しい対立が生じた。

一九二〇年代に小作争議が急増した背景には、次のようなことがあげられる。一八七三年に行われた地租改正によって、土地の私的所有と田畑の売買が認められ、日本の農民の多くが中小規模の土地を持ち自作農となった。ところが一九二〇年以降の経済恐慌のあおりを受けて、多くの中小農が経営難に陥り、保有する土地を手放して、自前の土地を持たない小作農へと転落した。他方で、経済力のある裕福な農民は、安価で土地を買い集め大規模な地主へと変化していった。その結果、農村における貧富の差が急激に拡大した。小作農となった農民は、地主から土地を借り受け耕作させてもらう代わりに、年間の収穫量の約六割にものぼる小作料を地主に納める必要があった。しかし一九二〇年代に入って、商品的農業の展開が進んだり、都市部で労働市場が発達した影響を受けたりしたことで、農業生産にかかるコスト（農機具や肥料の購入費、労働費）に関する農民の認識が高まり、小作料の減額を求める声が全国的に広がり、各地で小作争議が頻発した（表3・1参照）（暉峻二〇〇三：八七）。

こうした状況を受けて、小作争議の速やかな沈静化を目的とした法整備が求められるようになった。小作関連の立法にあたっては、農商務省が主導的な役割を果たした。とくに、石黒忠篤《いしぐろただあつ》（農商務省農務局農政課長）や小平権一《こだいらごんいち》（農政課小作分室長）とその配下の官僚たちが、省内に設置された小作制度調査委員会において法案の立案を行った(8)。後述するように石黒らは小作問題の根本的解決を政策目標とし、地主が農村を支配する従来の土地制度の抜本的な改革を目的とした「小作法」の制定を目指したが、まずは小作問題解決の嚆矢として、小作組合を法的に承認する「小作組合法」の制定を目指した。小作組合法では小作組合に対して政府による適切な監督を行い、小作組合の「規律ある発達」を促すことが目的とされた（平賀 二〇〇三：四六）。しかし、小作争議における小作組合の介入を嫌った地主層とその影響を受けた政党（とくに政友会）の強力な反対にあい、小作組合法案は撤回を余儀なくされた。

その後、石黒や小平ら農務官僚は、小作問題の根本的な解決を目指した「小作法」を立案し、その制定を目指した。小作法案では、農地耕作者（つまり小作農）の「耕作権」を確立し、彼らの地位を安定させることで小作問題の解決が図られた。この当時小作地の賃貸は、一般的に一年ごとの契約が交わされ、次の年の契約に関しては、地主が望めば解約することが可能であった。つまり、小作農が借りていた農地を長期的に耕作する権利は、保障されていなかったのである。また小作料の適正化（引き下げ）についても、その実現が図られていた（平賀 二〇〇三：四七）。

以上のような政策目標の下に立案された小作法案であったが、政友会の田中義一内閣は同法案を重要視せず、独自の小作問題対策（自作農創設維持事業）を優先させたため、同法案が議会に提出されることはなかった。しかし、その後一九二九年に民政党の濱口雄幸内閣が成立すると、小作法の成立が再び模索されることとなり、一九三一年二月に議会に政府案として小作法案が提出されることとなった。同法案は民政党が過半数を占めていた衆議院において可決されたものの、地主層とのつながりが強く保守的な貴族院において審議未了となり、可決には至らなかった。しかしながら当初近畿地方を中心として発生していた小作争議が、東北などそれまで争議が少なかった地方にも波及するようになり、政府としても何らかの対策を打ち出す必要に迫られた。

度重なる小作立法の挫折のすえに石黒や小平らは、地主が中心となった従来の土地制度や耕作権を改革する法案の提出ではなく、小作争議の調停メカニズムの整備を目指すことを優先し、「小作調停法」を立案した。小作調停法の主な目的は、小作争議の当事者が裁判所に調停を申し立てることを可能にし、調停実務を担当する調停委員会を新設するものであった。また「地方小作官」を各都道府県に配置し、小作官が中心となって調停委員会を構成することとされた。政治学者の宮崎隆次は、政策立案のために農商務省内に設置された小作制度調査委員会について、「これは政友会固有の政策に基づくものではなく、石黒忠篤ら一部の先進的農務官僚が下から持ち上げたものであった」（宮崎 一九八〇c：八六八）と言う。しかし小作争議の増加・激化に悩まされていた地主層は、小作調停法案を好意的に受け止めたため、政友会や民政党も同法案の制定に賛成し、同法案は一九二四年七月帝国議会にて可決された。

以上のように紆余曲折した小作立法であったが、農村の利害が地主層と小作農の間で激しく衝突したこと、また政府（農商務省）が地主層ではなく小作農の利益保護・拡大を目指した政策立案を行ったという点で非常に重要な意味を持った事例であると言えるだろう。以下では、小作立法の立案・制定過程を合理的選択論と構成主義制度論の観点から分析を試みる。

3　利害構造に注目した説明——合理的選択論

鉄の三角同盟の不在

小作立法の事例から得られる知見の一つとして、「鉄の三角同盟」といわれる利益誘導構造が、この当時はまだ存在していなかったということがあげられる。農村の利害は、地主層と小作農との間で激しく対立し、政党と農村との繋がりもそれほど強力なものではなかった。そして農商務省は、独自の政策理念に基づいて政策の立案に携わった。すなわち、一九二〇年代に入って小農保護を目的としたいくつかの政策が現れるようになったにもかかわらず、鉄の三角同盟はまだ形成されていなかったということができる。では農政をめぐる当時の利害構造とは、いったいどのようなものであったのだろうか。合理的選択論の観点から、どのような説明ができるのであろうか。

まず鉄の三角同盟の不在を確認しつつ、当時の利害構造を探ってみよう。小作関連法の立法過程で重要な役割を果たしたアクターとして、主に小作農、地主層、政党、農務官僚があげられるが、こうしたアクターの選好と政治的な影響力を検証してみる。まず小作農の選好としては、小作料の引き下げや小作権の保護・強化が最優先事項であった。小作農は、コメなどの収穫物の大半を小作料として地主に物納しており、残ったコメも、その経済力の脆弱性から米価が最も下がる秋期にコメを販売せざるを得なかった。そのため米価引き上げによって、小作農が受ける恩恵は限定的であった。主要な問題は、年間の収穫量の約六割にものぼる小作料の引き下げや小作権の確立であった。また、高い小作料を要求する地主に対する反感は、とくに都市部に居住し農耕をしない不在地主（いわゆる「寄生地主」）に対して顕著に現れ、こうした地主が多い地域ではとくに小作争議の発生件数が多かったという（暉峻 二〇〇三：九二）。

農村内の利害対立

小作農の利益は、当然のことながら地主の利益とは相反するものであり、地主と小作農の利害が激しく対立し、全国各地で小作争議が頻発するようになった。それにあわせて、それまで政治的に動員されていなかった小作農の組織化が進展するようになった。その中心となったのは一九二二年に設立された日本農民組合である。同組合は、設立からわずか四年後の一九二六年には全国に九五七支部を持ち、七万二七九四名の会員を抱える全国的な組織へと発展した（同上：九〇）。

しかし小作層の政治運動が政策過程に与えた影響は、きわめて限定的であった。それは、「地主に対抗する小作組合は村の平和を脅かすと考えられたため、組合を支持する者は既成政党や行政官庁内にはほとんどいなかった。このため、日本農民組合は系統農会のような、政府当局者への政策提言、陳情といった運動形態をとりえなかった」（宮崎 一九八〇b：七〇二）からである。小作農の保護を志向した石黒ら革新官僚も、日本農民組合と協力・連動することはなかった。なぜなら「石黒は、古い農村の地主－小作関係を近代的に替えていくことには賛成であるが、小作農民がこれを農民組合などを通して、下から変革することには反対[9]」であったからである（今西　一九九一：二八五）。石黒らは、小作問題の解決は「あくまで国家主導の下、政策的に達成されるべきであって、小作組合の発達、農民運動の高揚の中で、反体制的運動の勝利によって獲得されるべきものとは考えていなかったのである」（平賀　二〇〇三：四九）。そのため、結果としては小作層の利益を拡大させるような政策立案を行った農務官僚らであったが、それは小作層による政治運動の産物というわけではない。

これに対して地主層は、農作物価格の維持・引き上げによる農業収入の拡大が優先で、地主の権利を弱体化させる形での小作権の強化には反対であった。小作争議の高揚に伴って、農村コミュニティにおける地主層の支配に大きな揺らぎが生じ、社会秩序が不安定化したことは、地主層の大きな懸念材料であった。前述のように地主層は、すでに帝国農会を通じて組織化が進み、活発な政治活動を行っていた[10]。とくに小作問題に関しては、小作農の日本農民組合の設立に対抗して、地主たちも一九二五年に大日本地主協会を設立し、農村における地主と小作農の対立構造が全国的に広がった。たとえば、大日本地主協会は「全国地主大会」を主催し、小作法案への反対決議を採択したり、政府、諸政党、小作制度調査委員会、帝国農会、貴族院などに陳情を行ったりするなどして、全国的な反対運動を繰り広げた（宮崎　一九八〇b：七一八）。

政党と農村の関わり

このように利害対立が顕著化した農村に対して、政党はどのような対応をとったのであろうか。政友会内には、系統農会や農政研究会といった地主層の利益団体と深い関係を持つ議員グループが複数存在し、地主層の利害を反映する議会活動を行っていた。しかしこうした農政議員らは「せいぜい党務員か協議員どまりの、いわゆる陣笠が多かった」（宮崎 一九八〇c：八六一）。また、「政友会の積極政策が農業生産そのものではなく、鉄道建設など産業基盤の整備をもっぱら対象としていた」ため、政友会の原内閣や高橋内閣においては小作問題への対策が積極的に模索されることはなかった。また「憲政会においても農会系議員の地位が低かったと言う事情はほぼ同様」（同上：八六二）の状態であった。さらに、当時の政党幹部が中小農・小作農の利益に無関心であったことについて、東京帝国大学教授の本位田《ほんいでん》祥男《よしお》は、政党の政治資金が主に都市の企業などを財源としていたため、「その支援を受けた議員は、幹部に対すると、資本家に対するとは問はず、頭が上がらない。彼等は農村から選挙され乍ら、選挙民の利益よりも選挙費を支給した人々の利益を代表せざるを得ないのだ」（本位田 一九三二：三八）と説明している。

しかし一九二二年ごろになって小作騒動の発生件数が激増すると、農村地域の秩序ひいては社会全体の混乱につながるとの懸念が政党内に広がり、政党も小作問題を軽視できなくなった。ところが当初は政友会と民政党双方ともに、価格維持や生産費減少といった政策で地主・小作農双方の農業収益を増加させることで小作争議を減少させることができると考え、土地所有形態や収入の分配などといった小作制度の根本的な変革は支持しなかった（宮崎 一九八〇c：八七四）。そして農村振興策として、憲政会は地租軽減を、政友会は国税である地租を地方に委譲する地租委譲を訴えていたという違いはあったものの、基本的に両者の間に大きな違いはなかった(11)。

小作法成立を模索していた農商務省の小作制度調査委員会は、小作関連法のうち小作争議の調停制度に関連した部分を小作法案から切り離して、「小作調停法案」としてその成立を図ることを決定した（大阪朝日新聞　一九二二年五月一六日）。同法案は、非政党・超然主義の清浦内閣の下で議会に提出されたが、清浦内閣の倒閣を目指した第二次護憲運動に伴う混乱などで、成立にはいたらなかった。しかし一九二四年六月に発足した憲政会・政友会・革新倶楽部の護憲三派による加藤高明内閣の下で再び議会に提出され、翌月可決された。

小作関連法案への政党の反応

では小作調停法に関して、関連団体や政党はどのような選好を持っていたのであろうか。まず、地主層は小作調停法によって小作問題の調停制度を設立させることで、小作争議を解決に導き、地主による小作料徴収を円滑化することができると考え、同法案に賛成であった(12)。これに対し、日本農民組合は「絶対反対」の意を表明した。その理由としては同法が「小作人組合を認めない時代錯誤」な内容であるからとされた（大阪朝日新聞　一九二四年七月二九日）。そして地主層とのつながりが強い政友会は、地主団体が支持する同法案に全面的に賛成した。憲政会に関しては、小作層の利害に同情的な姿勢をとっていたが、前述のように実際の政治姿勢は政友会とさほど違いがなく（宮崎　一九八〇c、平賀　二〇〇三：四九）、賛成票を投じたため、同法案の可決につながった。

小作調停法が成立したものの、一九二六年に若槻礼次郎内閣（憲政会）が成立したころには、小作争議がさらに増加し、争議の激化が進み、政府によるさらなる対策が急務となった。若槻内閣は小作調査会を設置して、農林省（一九二五年に農商務省から分離されて設立）が小作法案の作成を行ったが、法案の提出を前にして若槻内閣は総辞職する。

一九二七年に成立した政友会の田中義一内閣は、小作立法の制定は行わず、その代わりに「自作農創設維持事業」を推進した。自作農創設維持事業は、小作農の農地取得を助成するために、国庫から資金融資を行うというものであった。この政策の建前としては、小作農の自作農化を促進することを目的としていたが、実際に大きな恩恵を受けるのは農地を売る側の地主層であった（同事業の詳細については、本章第4節の最後で記述する）。政友会が同政策を推進しようとしたのは、同党が地主層と緊密な関係を持っていたという背景がある。そもそも政友会の田中内閣は、帝国農会の要望に基づいて同政策を政策課題としただけであり、小作農の利益に対する配慮は限定的であった（森邊 一九九六：一二三）。

田中内閣の後を受けた濱口雄幸内閣（民政党）は、自作農創設維持事業を継承することなく、小作法制定を目指した。自作農創設政策には多額の公債発行を伴う国庫支出を必要としていた（政友会の法案では毎年三〇〇〇万円）ため、民政党の党是であった財政緊縮と相容れなかったからである（宮崎 一九八〇c：八九二）。民政党は小作法制定にもそれほど積極的であったわけではない。たとえば、町田《まちだ》忠治《ちゅうじ》農相は「自分は学者の左傾説には反対である、日本の現状に即する小作法を制定する考へで耕作権などは認めんことにしている」（宮崎 一九八〇c：八九四）と述べたとされ、結局は民政党も小作農よりは地主の利益に敏感であった。さらに『町田忠治翁伝』によると、「当時農政局長であった石黒忠篤氏が『町田翁は個人としては実に円満、滑脱、親しみの深いひとであったが、その農政に就ては自分等の意見と違ふところが多かった』と追懐していた」といい（松村 一九五〇：二二五）、後述のように中小農の保護を最優先課題としていた農務官僚と民政党内閣との政策立場には大きな乖離があった。濱口内閣の下で、一九三一年二月に小作法案は議会に提出され、衆議院で可決されたものの、貴族院では審議未了となり、最終的には廃案となった。

上記のように一九二〇年代に入っていくつかの小農保護政策の立案・制定が進められるようになったが、この時期農村には地主と小作農の間に激しい利害の対立が生じ、さらに政党の農業政策にも顕著な違いがあった。さらに農務官僚は、独自の政策理念に基づいて政策立案を行っていた。したがって、保守政党・農務官僚・農業団体によって形成される鉄の三角同盟はまだ存在していなかったと言える。これは、すなわち日本において小農保護政策が生まれた要因が、鉄の三角同盟とは別のものであるということを示唆している。

利害構造に注目した説明

では当時の利害構造を合理的選択論的観点から分析することで、小作立法の立案・制定過程に関してどのような説明が可能なのであろうか。まず集団行動理論の観点から説明を試みると、小作立法過程において帝国農会や地主協会はより効果的に組織化され、政党（とくに政友会）を通じて活発なロビー活動を行った地主層の意向が反映され、小作組合法と小作法の成立を防いだということまでは説明することができるだろう。先に触れたように、日本農民組合によって小作農が全国的に組織化されることとなったが、彼らは帝国農会や全国地主大会などの組織を通じて政党政治家や貴族院議員と強いつながりを持っていた地主層の政治力に対抗できるほどの政治的影響力は持っていなかった。

このような利害・権力構造の中にあって、小作関連法の政策過程はどのように展開したのであろうか。この時期の農業政策過程をみると、明治期から大正期にかけて大きな変化が生じていたことがわかる。この背景には大正期における政党政治の確立と利益団体の活動が活発化したことがある。まず明治後期の政策過程は、薩長藩閥政治家・藩閥官僚が「西洋先進諸国の議会統治経験を援用しつつ、わが国の国家目標にそった政策を立案し、排他的に政策を決定、実施するというものであった」（森邊 一九九六：一〇〇）。明治後期の農業政策過程で主導的な役割を担った藩閥官僚には、前述の品川弥二郎や平田東助といった長州出身の山県閥の人物がいた。

ところが、その後明治政府の政策執行を補助するために育成された「社会的自治団体（農会、商工会議所など）が徐々に自立的な利益要求を掲げるようになり、やがて圧力活動を展開する利益集団となっていった」（森邊 一九九六：一〇〇、平賀 二〇〇三：一四七）。そして一九一八年に本格的政党内閣である原敬内閣（政友会）が誕生すると、政党が政策過程に与える影響が格段に強化された。また一九一三年に文官任用令が再改正されたことや、政党内閣によって藩閥官僚が排除されたこともあって、帝国大学で高等教育を受け農務官僚となった非藩閥の技術官僚が影響力を拡大するようになり、それに伴って藩閥官僚の影響力が徐々に弱体化していった。このようにこの時期、政党政治が確立するにあたって、藩閥政治家・官僚による政策過程の支配は終焉を迎えた。

森邊成一による説明（合理的選択論的説明の一例）

政党政治期（一九一八年から一九三七年あたりまで）の農業政策過程について、政治学者の森邊《もりべ》成一《せいいち》は、①政策課題の設定、②政策作成過程、③政策決定過程、④政策執行過程に分けて合理的選択論的な視点から分析を行っている。以下では主に森邊の研究を参考にしつつ、合理的選択論的説明を展開してみよう。まず政策課題の設置（agenda setting）においては、「審議会や農務官僚が開発した諸政策のどれを取り上げ、決定・執行に移すか、すなわち政策課題の設定は、政党による政策レパートリーの確保によって、今や政党が握るに至った。その下では、農務官僚も審議会も政党の政策意図の下に従属するに至ったのである」という（森邊 一九九六：一二二）。

しかし政策の具体的な原案を作成する政策作成段階（policy drafting）においては、「帝大卒の非藩閥・専門官僚によって専ら担われるようになった」（森邊 一九九六：一二四）。一九二〇年に原内閣が山県閥の農務局長道家斉《どうけひとし》に代えて、非藩閥帝大卒の岡本英太郎を任命したことで、農商務省における山県閥の影響を大幅に弱体化することに成功した。そして、その後農商務省（一九二五年からは農林省）の政策作成段階において主導的役割を担ったのは、非藩閥・帝大卒の石黒忠篤や小平権一であり、彼らは「新官僚」とも呼ばれた。

政策決定過程（decision making）においては、議会における立法過程で政党が主体的に政策決定者として行動するようになったが、党内の造反行為や利益団体からの圧力に対して、政党指導者が効果的にリーダーシップを発揮することができず、重要法案の多くが不成立に追い込まれるなどして混乱が生じていた。農業関連政策においても、前述のように帝国農会などの地主団体と日本農民組合などの小作団体が激しく対立し、政党に対して圧力をかけた。また政党間の対立と同時に政党内部の対立（政党幹部 対 平議員）の対立も激しかった。たとえば、政友会では原内閣のころには地位の低かった農政議員らの地位が後年になって向上したため「農村議員は幹部の指令に従わなくなった。政友会内のリーダーシップはむしろ機能不全に陥る傾向を見せた」（宮崎 一九八〇c：九〇六）。こうした理由から、農政においても政党内のリーダーシップの弱体化が生じた。

最後に政策執行過程（policy enforcement）においては、官僚がイニシアチブをとったという点では明治農政期と同じであるが、明治期のような国家・官僚による強制的な政策執行とは少し違ったスタイルが生まれた。それは、政策執行の受け皿としての機能を拡充された「社会的自治団体」が、専門官僚の指導の下で政策執行に大きな役割を果たすというものであった。農業分野において、こうした役割を果たすようになったのは産業組合であり、その結果として産業組合の行政的役割が強化されることとなった(13)。たとえば、前述の農業倉庫業法や米穀法に基づいた米の買い上げや、産業組合中金法に基づいた中小農民への貸し付けなどといった業務は、産業組合が農林省の指導の下に行った。

また政策決定過程における混乱の影響で、専門官僚が立案した法案の成立が妨害されてしまうことが多かったが、政党の妥協の結果成立した政策を恣意的に執行することで、自らの意向を政策に反映させた。たとえば、小作関連法では石黒・小平らが本来目指した「小作法」と「小作組合法」は、政党（政友会）の反対によって不成立に追い込まれてしまった。しかし「小作調停法」の成立を受けて、小作争議の調停を担う地方小作官制度の導入にあたって、小作官の人事を農林省が掌握することで、小作争議にあたって農林省の意向が反映されるようにし、実質的な小作権の強化・保護を行ったのである[14]（平賀 二〇〇三：六六―六八）。つまり政策過程の最終段階である執行過程において、政策の恣意的な執行・運用を通じて専門官僚が政策効果に大きな影響を与えるようになったのである。

合理的選択論の問題点

小作立法の政策過程に関して、合理的選択論の観点からは、以上のような説明を引き出すことができる。しかし、この説明にはいくつかの問題点が存在する。第一に、一部の重要なアクターの選好に関して十分な説明ができないという点である。農業問題の当事者である地主と小作農の選好に関しては、物質的要因（material factors）、つまり目に見える数量化できそうな要因で説明することが可能であろう。前述のように地主の選好は、農業生産から得られる収益の拡大が最優先事項であった。そのため、農業製品価格の引き上げや小作料の維持といったことが模索された。これに対して、小作農は小作権の強化や小作料引き下げを求めていた。当事者であった地主と小作農の選好に関しては、単純に彼らの経済的利害によって形成されたと考えてよいだろう。

しかし、農業問題の直接的な当事者ではなかった政党や農務官僚の選好を説明するには、物質的要因だけでは不十分である。まず小作問題に関連した政党の選好であるが、『農林水産省百年史』には「民政党内閣は小作法に、政友会内閣は自作農創設に興味を示した。民政党が都会の商工業者に、政友会が農村の地主層に主として地盤をもっていたからである」と説明されている（「農林水産省百年史」編纂委員会編 一九七九中巻：三九―四〇）。政友会は地主層との緊密な関係を持っており、地主が農地売却益を得ることを容易にする自作農創設政策を好ましいと考えた。他方で、都市型政党であった憲政会・民政党は、一九二八年にひかえた普通選挙の実施にあたって中小農民を支持基盤に取り込むことを画策していた。そのため、小作農の権利強化を目的とした小作法の制定を支持したと考えることができる。

しかしながら、実際の政党の選好はこのように単純なものではなかった。まず両政党は、小作争議がかなり深刻化するまでは、小作問題に対してほとんど関心を示さなかった。そして一九二二年ごろに小作争議の全国的な拡大に直面して、両政党はようやくその解決に取り組む姿勢をとるものの、当初は地主・小作農の区別なく農業収益を増加させることで、小作争議を減少させることができると考えた。そのため、農作物価格維持や農村振興策による小作問題の解決を模索した。つまりこの時点で、地主・小作農間の所得分配や小作制度の改正といった方策は選択肢に入ってはいなかった、こうした姿勢は政友会も憲政会も基本的に同じであった。

では政友会と憲政会の双方が、当初小作問題に関心を示さなかったのはなぜか。また、小作問題において当初地主・小作農間の所得分配が問題視されなかったのはなぜか。政治学者の宮崎隆次は、こうした背景に「伝統的な明治農政の考え方」があったと主張する。「明治農政は、地主の自覚を促し、地主をして小作人を保護せしめ、農事改良を奨励すれば、地主小作人双方にとって利益が増大し、中央政府が施策をほどこさなくとも両者間に強調が保たれるという思想をその根底に持っていた」。したがって「原政友会内閣期に、既成政党幹部が小作問題解決を切迫した緊急事と考えなかったことは、そのような思想の影響として理解することができる」（宮崎　一九八〇c：八七三）。またこの時期、農村における所得分配や小作制度の改正が模索されなかったのも、明治農政思想の影響とみることができるだろう。これは言い換えれば、政党の選好の形成が、物質的要因だけではなく、政策アイディア（明治農政の思想）によって影響を受けていたということである。

その後政友会が自作農創設政策を、憲政会・民政党が小作法の制定を模索するようになるが、そもそもこれらの政策は政党が立案したものではなく、石黒や小平といった農務官僚らによって立案されたものであった。小作争議の激化に際して、何かしらの抜本的対策を打ち出さざるを得なくなった政党が、官僚らが立案した政策を利用しようとしたというのが実情である。両党の小作問題に対する異なる対応には、以下のような背景があった。

政友会は地主層との結びつきが強く、地主的土地所有制度の改革には当然反対していた。そのため農村問題の解決策としては、自作農創設維持政策を推進していた。同政策は、小作農に対して融資を行い土地取得・自作農化を促進することを目的としており、自作農の数が増えるだけで、地主的土地所有制度には何ら変化をもたらさないものであった。また小作農が購入する土地は、地主のものであるため、地主には土地売却利益が入るというメリットもあり、地主層の利益につながるものであった。

これに対して民政党は「アンチ地主」の立場をとっており、小作農の耕作権を強化し、地主の権限を制限する小作法の制定を推進した。この背景には、自作農創設維持政策に反対する小作農層の反発があったと考えられる。政友会の自作農創設維持政策は、地主に土地売却を強制せず、地主に有利な時のみに売却することを認め、土地の売り逃げを助けるものであるとして小作農層から批判されていた（小倉 一九五一：五四五）。そのため民政党の濱口雄幸内閣は、小作法案の立案を農林省に指示し、一九三一年に同法案を議会に提出している。

しかし、民政党が小作法を本当に制定しようとしていたかという点には、疑問が呈されている。農林省出身の農学者である小倉武一は、濱口民政党内閣が「果たして小作法を制定するの熱意があったか否かが疑われる」とし、民政党は地主側の譲歩を引き出すことすらなかったと指摘している（小倉一九五一：五七五）。また農林省で小作法立案を主導した石黒忠篤も、「町田（忠治）農相は、小作立法に非常に熱意を持たれたような格好になっています。けれども私は、真にそれだけ熱意を持っておられたかどうか疑問に思います」と述べ、町田の政策動機について「山本（悌次郎）前農相（政友会）が、自作農地法案につづいて自作農創設維持助成資金特別会計法案を準備した後だっただけに、反対党としてなにか実績を残したいという念に駆られてやられたところが多いように思う[15]」としている。

『町田忠治翁伝』には、町田の農政観について、「農政もまた国政の一部である、他の階級との利害を調整しつつ、農家の経営を向上せしめねばならぬ。勿論我国人口の半を占むる農民の問題は国政の上にそれだけのウエートを持つことは当然であるが、農村、農民だけの狭い視野からのみ視た偏狭なる政策は決して農民の向上、幸福をもたらすものではなく、全階級の広い視野に立って農業政策を樹つべきであって、それが真に他の階級とともに農民の福利を増進するものだと視る考へ」であったとされている（松村一九五〇：二二四）。そして、石黒や小平といった農務官僚たちの小農論的な農政観を「農村、農民だけを基調とし、他の階級、他の社会との調整を軽視する流派」（同上：二二四）とし、町田はこうしたアプローチには否定的であったと指摘している。

以上を要約すれば、小作問題に対する政党の選好は、政府の直接的な関与によって既存の小作制度を抜本的に改革したり、農村における所得分配を行うことではなかった。政党のもともとの選好は、価格維持政策や農村振興事業を通じた農業者の所得拡大による小作問題解決と農村秩序の維持であった。そしてそうした選好は、明治農政思想によって形成されたものであった。その後小作問題が深刻化したことで、別の対応を迫られた政党は、官僚の立案による政策（自作農創設維持政策と小作法）を支持するようになったが、実際にそれらの実現に全面的に取り組んだというわけではなく、表面上の政治的パフォーマンスといった性質を持つ行動であった。

同様に官僚の選好に関しても、物質的要因だけでは満足に説明ができない。第1章で議論したように、合理的選択論から導出される官僚の選好には、以下のようなものがあげられる。①予算の拡大、②行政権限の拡大、③政治家の選好を反映したもの。このうち③については、上述したように官僚の選好は政治家の選好を反映したものではなかったため、①と②の点について検証してみよう。もし第1章で述べたように、日本農政の研究者George-Mulganが主張する通り、官僚の選好が民間アクターに対する行政権限の拡大であるとすれば（George-Mulgan 2005, 2006）、なぜ農務官僚は「明治農政」を継続しなかったのだろうか。前述のように、明治農政の下では「サーベル農政」と呼ばれるほどに強権的な手法が用いられ、技術指導を通じて農業経営に対する強力な干渉が行われた。こうした手法を維持することで、農務官僚は農業者に対する強い統制力を持つことができたはずである。さらに政党政治家の間では、明治農政思想を支持する者が多かったことを考えると、同政策の継続は政治的にも困難ではなかったはずである。ところが、石黒ら農務官僚は酒匂が推し進めた明治農政を廃止し、官僚による農業者に対する干渉を著しく減少させた。また明治農政が稲作の生産性向上に一定の成果を上げていたことを考慮すると、政策の失敗を理由に政策転換を余儀なくされたというわけでもない。したがって、官僚の行政権限を弱めるような政策転換が行われた理由は、合理的選択論の視点からは説明が非常に難しい。

また小作関連法に関する農務官僚の選好も、合理的選択論の視点からは説明が容易ではない。石黒ら農務官僚が立案した小作法案は、小作農の耕作権強化や、小作料の引き下げを目的としていた。また小作調停法は、小作争議の調停メカニズムの整備を目的としていた。このような法案は、農林省の予算や監督権限を大幅に拡大させるような性質のものではなかった。そのような政策を農務官僚が率先して立案し、この時期の農政の最優先課題として力を注いだ理由は何だったのだろうか。さらに、同じ上級の専門官僚の間でも、彼らの選好には大きな違いがみられる。このように同一のアクター間における選好の違いは、合理的選択論の観点からは説明することが難しい。本書第1章で触れたNiskanenやGeorge-Mulganの官僚モデルにおいては、同一の政府機関に属する官僚の選好には違いがないと想定されている。一方で、政治学者Dunleavyのモデルにおいては、上級官僚と下級官僚に分類して、官僚の職級による選好の違いを想定している。しかし、所属機関や職級がほとんど同じ官僚の間でも、選好が異なることもあり得る。たとえば、明治農政を主導した酒匂常明は、駒場農学校を卒業し、上級官僚となったが、酒匂は農業生産性の向上を政策目標とし、強制的な手段を用いた技術改良政策を推進した。これに対して、同じく大学卒で上級官僚となった柳田や石黒らは、中小農民の救済を目的とした小作制度の改革や自作農の創生を志向した。官僚の所属機関や職級などの違いといったアクターの外生的要因にのみ注目し、アクターの選好を導出する合理的選択論の観点からは、こうした同一アクター間における選好の違いを説明することができない。

こうした合理的選択論の問題点は、この理論がアクターの選好形成過程をブラック・ボックス化しているために生じたものである。同理論では、アクターの環境や利害関係といった外生的要因を検証し、そうした要因からアクターが合理的に選択すると考えられる選好を推考し、そうした選好をもとに議論が進められる。すなわち、アクターの選好は所与のものであり、どのような過程を経てアクターが自らの選好を形成したかといった点については分析の対象外とされるのである。しかし、「立場が人を形成する」という仮定は、必ずしもすべてのケースに当てはまるわけではない。アクターによっては、外部環境によらず自ら選好を形成することがある。とくに、「ナイト的不確実性」が高い状態にあるアクターは、自らの政策アイディアに基づいて選好を形成する傾向がある。それは不確実性の高い環境では、自らの利害や政策効果などといったものが不透明であるからである。したがって、アクターの選好形成過程をブラック・ボックス化した分析枠組みでは、説明できないケースが多く生じるのである。

4　政策アイディアに注目した説明——構成主義制度論

官僚の問題認識と選好の形成

一九二〇年代に入って政策立案に重要な役割を果たすようになった石黒や小平らの農政観や政策選好の基盤となる部分は、一九〇〇年代から一〇年代にかけて形成された。この選好形成過程を明らかにすることは、小作関連法の政策決定過程を検証する上で必要不可欠であると言える。以下では当時の農務官僚らがなぜ小農保護を目的とした農政を目指すようになったのかといった点について、彼らの政策アイディアに注目して分析を行う。まず農務官僚の政策立案に大きな影響を与えた小農論の理論的発展について検証し、この時期の小農論がどのようなものであったかを詳述する。そして小農論が、農務官僚らの問題認識と選好を形成した過程についても分析を行う。

理論的発展を遂げる小農論

第2章で述べたように明治初期に日本農政の政策ガイドラインとなった大農論に基づいた勧農政策が頓挫し、農務官僚の間ではその後徐々に小農論が主流となっていくわけであるが、この政策変化の過程は単純なものではなく、長期間にわたる漸進的なものであった。またその過程で打ち出された政策自体も、一つの定まった方向に向けて直線的（linear）に変化したのではなく、時代とともに紆余曲折を経て形成されたのである。その理由の一つには、当時の政策決定者の政策理念が、少しずつ時間をかけて変容していったということがあげられる。

明治中期以降すでに一部の農務官僚の間に広まりつつあった小農論であるが、この時期に重要な理論的発展がみられた。それは小農保護の基本的な考え方に「農地規模適正化」という概念が付与されるようになった点である。前述のように、初期の小農論は、市場経済と商工業の発展が進む中で経済的弱者たる小規模農家に対して保護的施策を講じるというものであった。その後、明治後期には小農保護政策の意義として、国防上の重要性や農村社会の安定化といった点が加えられることになった。

さらに明治後期から大正にかけて、小農のあるべき姿についてより踏み込んだ言論が現れるようになった。明治期においては、日本の農業の担い手となるべき経営体は大規模であるべきか小規模であるべきかという議論が交わされ、最終的に小農を主な担い手とする考えが主流になったわけであるが、小農の具体的な姿については議論が進んでいなかった。とくに小農の土地所有形態に関して、施政者の間にも共通の見解は存在していなかった。

一九一〇年代に入って小農の土地所有形態が重要課題となった背景には、地主的土地所有制度の急速な展開がある。小作問題のきっかけとなったのは、一八八〇年代の松方デフレによる農村疲弊によって多数の農民が農地を失い小作農化したことである。その後も第一次大戦後の不景気などで小作農が増え続けた一方で、所有農地を拡大した一部の地主は都市部に居住し「寄生地主」と呼ばれるようになった。そして明治民法は農民の耕作権に対して十分な法的保護を与えていなかったため、地主と小作農の間で小作争議が頻発するようになっていた。

こうした時代の流れを受けて、農商務省官僚の間では小作農に耕作地を与え、自作農化を促す必要があると考える者が現れるようになった。こうしたいわゆる「自作農主義」は、第2章でも触れたように谷干城も主張していた点であった。そして自作農主義は、その後の日本農政の重要な概念の一つとなり、現在に至るまで政策決定過程に重大な影響を与えている。さらにその後、自作農が安定的な経営を行うにはどの程度の耕地面積が必要なのか、どのようにして適切な耕地面積を確保・維持させるべきかといった点へと議論が進展した。そして自作農に適切な規模の耕地を取得・維持させ、農家の収益性を向上させることを目的とする「農地規模適正化」の概念が生まれた。以下では、農地規模適正化の概念が登場し、政策作成者たる農務官僚の間に受け入れられるようになった過程について詳しく検証を進める。

酒匂常明の農政観

前述のように一九〇〇年前後の農政は、技術改良を強制的な手段や補助金・奨励金を使って推し進めるいわゆる「サーベル農政」と呼ばれていたが、その中心となっていたのが農商務省農務局長の酒匂常明であった。酒匂の農政観の特徴は、農政を生産政策と捉えていたことにある。したがって、農政の政策目標として最優先されたのは、農産物の生産拡大であった。宮崎隆次によるとその理由は、「当時生産過剰の問題が生じていなかったため、生産の増加が無条件に富の増加を意味すると考えられていた」ことと、「当時の日本において農業が最大産業であった」ため、農業生産の増加は国富の増加にもつながるとされたからであるという（宮崎　一九八〇a：四五一）。また酒匂は、農業の存在理由を「食料・原料の供給、租税負担、軍人の培養、社会秩序の維持などの非経済面に求めていた」（藤井　一九九〇：四五）。たとえば、酒匂は「若し農業衰頽村落荒廃することあらんか、人口は争て都会に集注し、生活の困難、人世の不平は所謂社会問題を惹起して国家に有形無形の負担を加ふること止む時なかるべし（もし農業が衰退し、村落が荒廃することがあれば、人々は争って都市に集中し、生活困窮や世の中の不平不満は社会問題を惹起して、国家に有形無形の負担をかけ続けるだろう）」（酒匂　一九〇八：一五—一六）と述べ、農村の安定が国家の安定に不可欠であると指摘している。また「農村は強兵を供給す」（同上：一四）とも記している。第2章でも指摘したように、農業の社会的・

軍事的重要性を重視する酒匂の見解は、谷干城や横井時敬らの見解と通底しており、明治農政の基本理念となっていた。

酒匂は小農を日本農業における生産の主な担い手と想定していた点で小農論者であったが、生産拡大に必要な技術改良において主導的な役割を果たすのは、各農村の有力な地主や篤農であると考えた。その意味で酒匂の政策理念は、農会の理念と近かったということができるだろう。こうした政策目標を達成するために、政府が指示する農業技術の導入を強制的な手段を用いて農民に徹底したり、さらに技術導入を促進するために補助金制度や奨励金を用いたりするといったことが行われた。農村コミュニティのリーダーたる地主による指導のもと、技術改良を推進し農業生産・収入の拡大を行うことで、農村における秩序が維持され、国益の拡大につながると考えられたのである。このように農業の非経済的意義が重視されたこの時期には、小作農の社会的地位向上や農村における所得分配や既存の土地所有制度への変革などといった点は重視されなかった。それは旧来の農村制度のままでも、生産と所得の拡大を達成することで農業経営者の収入を増やし、農村問題は自然と解決されるものと考えられたからである。

柳田国男と「農地規模適正化」

このような強権的な農政に対して、農商務省内部から批判的な見解が生まれ、小農論に新しい展開が起こった。当時農商務省の官僚という立場から酒匂の農政観を批判したのは、後に学者として民俗学の権威となった柳田国男《やなぎだくにお》である。柳田は兵庫県に生まれ、東京帝国大学に進学し、松崎蔵之助《まつざきくらのすけ》の下で農政学を学び、一九〇〇年に農商務省に入省した。農商務省では農政課に配属され、同年に制定された産業組合法に基づいて産業組合の設立を行う業務に携わった。以下ではまず、後に若手農務官僚に大きな影響を与えた柳田の農政観についてみてみよう。

柳田は当時の日本農業の問題点として、一戸あたりの耕地面積の狭小性を指摘している。柳田は、一八九〇年の統計資料をもとに、「一農戸が耕作する田畑面積は平均僅《わずか》に九反八畝のみ」で、「其一戸にして三町歩以上の田畑を耕作し得るものは、北海道台湾を除くの外は恐くは之を見ること能《あた》はざるべし」とし、北海道や台湾を除くとほとんどの農家が小農であると指摘している。その他の我国の農業の特徴として、「一戸の農業者が経営する耕地が一所に集合せずして非常に分散せること」や、兼業農家が多いことをあげている（柳田　一九〇四：二一〇—二一二）。さらに「現今の日本に於て最、多きは小農、小工、小漁、其他の小生産者なり。生産の規模が小なるときは種々の点に付きて大生産者に対し不利益なることは言を待たず。信用の得難きこと、資本の少なきこと、市場に関する知識の乏しきこと、凡て皆小生産者の弱点なり（現在の日本において最も多いのは小農などの小規模生産者である。生産規模が小さい場合は、多くの点に置いて大規模生産者に対して不利であることは当然である。[小規模生産者は] 信用を得ることが難しいこと、資本が少ないこと、市場に関する知識が乏しいこと、これらすべてが小規模生産者の弱点である）」（同上：一五一）と述べ、発達した市場経済における小規模農家の脆弱性を指摘している。

しかし柳田は、小規模農家こそが日本農業の主たる担い手であるべきと考えていた。前述の通り、当時農政担当者や研究者の間では、大農論と小農論の支持者が論争を交わしていた。柳田もこれに関して、「農政の上で大問題と目せられて居る大地主借地農主義―対―小地主自作農主義の議論と云ふものは、今に尚決定して居らぬ」と述べ、両者の主張について「大きな地面を持って居る地主がそれを切って他の農業者に貸付けること恰もイギリスの大部分に行はれる農法の如きものが宜《よろ》しいといふ人がある。又、ごく小さく一町歩、二町歩の自分の所有地を耕作する農業が宜しいと云ふ人もある」と両者の主張を説明している（柳田 一九一〇：二六五）。そして「多数の説の帰する所は、国家それ自身の見地から見ますれば、小地主自作農主義、即《すなわ》ち地持小農の主義が適当だといふことでありま す」と述べ、当時すでに農政研究者の間で小農論が多勢を占めていたと指摘している（同上：二六五）。

柳田は、明治初期の勧農政策において促進された牧畜と耕作を融合した欧米式の「混同農業」について、日本農業には不向きであると指摘している（柳田 一九〇八：三一八）。また小作制度を伴う農地の大規模化について「異動し易き労働者の数を殖やすこと、遊んで居て食ふことの出来る大地主、資本家の如き人民の階級を造ること、若《も》しくは健全なる田舎の中流の土着人民を失ふ恐れ等」といった問題点をあげ、大地主借地農主義は好ましくないと考えていた。そして、「自作することの出来ぬ地主は今後増すとも減ずることはありますまいけれども、理想としては作人に其土地を所有させるのが少なくとも日本のやうな国には好都合なのです」（柳田 一九一〇 一九八）として、小規模自作農を中心とした農業が最も好ましいと考えていた。また「収入の全部若しくは大部分が農業に基づく家で無ければ、どうも熱心に其改良を力《つと》めませぬ」として、兼業農家の増加にも懸念を抱いていた（同上：二〇一）。自作農の育成にあたっては「土地の年賦買入に際し、若し国又は公共団体の信用を持って低利の資本利用することを得ば、農民は年々小作料の額よりは、あまり高からざる金額を支払いつつ、或期間の後其土地の所有権を取得するの望みあり（土地を年賦で購入するにあたって、もし国または公共団体の信用を受けて低金利の資本を利用することができれば、農民は毎年小作料の額よりもそれほど高くない金額［の返済金と利子］を支払うことで、一定期間の後に土地の所有権を取得することができる）」としている（柳田 一九一二：七〇五）。つまり、公的な機関が低金利の融資を行えば、小作農でも将来的に自作農になることが可能であると言うのである。そのため、産業組合を通じた低金利融資による農地取得の補助を行うことを提唱した。[16] このように耕地を所有し自ら耕作する自作農農家が、農業の主な担い手であるべきとする「自作農主義」を、柳田も強く支持していた。[17]

柳田の農政観の特徴は、生産拡大を目的とする生産政策ではなく、農民の収入増や所得分配を目的とした分配政策に重きを置いたものだったことである。経済学者の藤井隆至によると、こうした柳田の農政観は「ドイツ系の社会政策学とイギリス系の古典派経済学との混合物である」という。とくに「最大幸福の原理」を唱えたイギリスのジョン・スチュワート・ミルの経済思想の影響が大きく、柳田も「国民総体の幸福」という言葉を使って、国家の利益（国益＝生産拡大）のみならず国民全体の利益（公益＝所得分配）を実現する必要があると考えた（藤井 一九九〇、並松 二〇一〇）。

農業経営の収益性の重視

農村における所得分配に注目した柳田が重要視したのは、生産拡大や農作物価格の引き上げなどではなく、農業経営の収益性であった。柳田は、各農家が収益性を高め、経済的に自立した状態になるよう導くことこそが農政の最重要課題と考えていた。当時の明治農政は農作物の生産拡大を推進していたが、柳田は生産拡大が必ずしも農家の収益性向上につながるとは考えておらず、「国富の総生産額と国民の幸福とは必しも常に正比例を為さず」（柳田 一九〇八：三四二）と述べている。それは、生産量が増えたとしても、一部の富豪が利益を独占してしまえば、国民全体の幸福にはつながらない。また生産拡大が商品価格の下落につながったり、生産費が上昇すれば、農民の収益性は向上しないからである。同様に、保護関税政策や市価引き上げ政策も、必ずしも農民の収益性の向上にはつながらないと考えていた。[18]それは小農が価格の最も下がる収穫期に農産物を売却していたり、小作農は小作料を米で納めていたため、価格引き上げによる利益をほとんど享受できなかったからである（また価格上昇による消費者の負担増も、国民全体の幸福にはつながらない）。これに対して酒匂の農政思想には「農民の幸福（農業所得の増加）という観点はそのものとしては存在していな」かった（藤井一九九〇：四六）。したがって柳田にとって重要なのは「総収入と生産費との差を成るべく多くすること」（柳田 一九〇八：三三五）で、従来の自給自足的な「職業ならざる農」から、収益性に注視し、市場経済に対応した「職業としての農業」を推進する必要があるとしている（同上：三〇〇―三五）。

米作を中心とした小農自作農主義を標榜していた柳田であるが、単純に小農自作農を増やせばよいと考えていたわけではない。収益性向上や経済的自立を望めない過小農家や兼業農家には、他の産業への転出を促し、耕地の集約と効率化を進めるべきであると考えていた。柳田は、「農場の最小限を発見し、其以下に位するが為に到底自力を以て発達するの見込なき農業者を援助して改良の機会を得さしめ、若し能はずば別に比較的幸福なる業務に転ぜしむることは、一層時情適合せる処置なりといふべし」（柳田 一九〇四：二七二）と主張している。またこの主張には、農業の兼業化は離農を妨げるため、兼業農家を認めるべきではないとする見解が含まれている。兼業農家について柳田は、「我国の農業は不幸にも多数の兼業者の手によりて経営されつゝあるなり」（同上：二一〇）と述べて、問題視している。すなわち、すべての農業者を無差別に保護するのではなく、適正な規模の農地を持ち経済的に自立した農業者を増やし、彼らの収益性向上を促すことが肝要であるとする考え方で、それが「農地規模適正化」の概念が意味するものであった。

それでは、柳田は小規模自作農の収益性を高め、彼らを経済的に自立させる具体策として、何を想定していたのだろうか。柳田が農村問題の解決策として注目したのは、農商務省での上司であった平田東助と同じように協同主義であった。柳田は産業組合について、「小農をして取続かしむる唯一の道」と考え、「即ち農業組合なるものは、小農を存続せしめて之に大農と同じ利益を得せしむる方法である」とした（柳田 一九一〇：二六七）。つまり柳田の農政の核心は、「大農の欠点を除いて大農の利益を収め、小農の欠点を除いて小農の利益を収める」ことで、それはいわば大農論と小農論の「折衷案」（同上：二六七）であった。そして柳田は、それを可能にするものは、ほかでもない産業組合であると考えた。そして柳田は、「合同協力は常に孤立独行よりも利益多きこと、及び難苦に際して他人の保護救援をあおぐよりも、対等の人が相結び互に助けて之を凌ぎ行くが人間として遥に立派なることは共に言う迄も無きことにて、協同と自助とは世に立ち事を行はんとする者の心得としては常に勧誘すべきこと（合同で協力することは単独行動よりも利益が多い、そして苦しい時に他人の支援を受けるよりも、対等の立場の人々がお互いに助け合って苦難を乗り越えることが人間としてはるかに立派なことであるというのは言うまでもない。社会で事業を行う者の心得として、共同と自助はつねに奨励すべきことである）」と述べ、「協同主義」と「自助主義」を農政の基本とすべきとしている（柳田　一九〇二b：四七）。

さらに柳田は、当時すでに問題化しつつあった小作問題の解決案として小作料米納の廃止と小作条例の制定を訴えている。小作農が直面する問題に関して、柳田は「現今の小作料は概して甚、高く、且つ作物を以て現納する習慣なれば、農産物の市価の漸次、高騰する時代には、益々多額の借料をとられ、且つ競争多きために其地主に対する地位は不安全なり」（柳田　一九〇二a：一六三）と述べている。小作農は当時小作料を収穫した米で支払っていたが、この米納の弊害として地主が米穀の売買を投機的に行うことで米市場に影響を与える、小作人の金融力を著しく制限する、小作人が米の質よりも収穫量だけを気にするため米質改良政策を妨げるといった点を指摘している(19)。また小作条例の制定に関して、小作期間を長期化させるなどして、地主の権限に一定の制限を与える必要があると主張している。

柳田農政観の根幹

以上で述べた柳田の農政観をまとめると、日本の農業政策は、耕地面積の適正化や農村における協同行動を促進することで、農業の収益性を向上させ、自立した農業者の増加を実現することを目的とするべきであるというものである。こうした主張の背景には、強制的な手段や補助金によって生産拡大を目指した酒匂農政への批判があった。柳田は、酒匂の明治農政に関して、「強力なる警察的の命令、又は露骨なる奨励金の制度は、功少なくして弊多ければ、緊急にして必要なる場合の外は力めて之を避くべきなり」として、その強権的な手法を批判している（柳田 一九〇四：二四一）。さらに当時の農政が、農民の収益性を度外視して、生産拡大のみを追求していた点にも疑問を呈していた。

また、小農保護を目的として産業組合を設立した品川や平田らの意に反して、酒匂は産業組合を、「生産量を増やすための手段であり、生産政策の一つとして重要なもの」（並松 二〇一〇：九二）としか見ていなかった。そのため、当初産業組合の組合員は一部の地主あるいは裕福な自作農のみであったため、柳田は「小作農などの低所得層は、『必要の最急なる者』であるにもかかわらず、彼らが組合員になっていないのは『極めて遺憾のこと』であると批判している」（藤井 一九九〇：五二）。そして柳田は、「経済政策は取分け開発誘導を以て主眼と為し、直接又は間接に教育的の方法を用ゐ、終には人民をして強ひずして自ら到る（自助）に達せしめざるべからず（経済政策はとりわけ開発誘導を主眼として、直接または間接的に教育的な方法を用いて、最終的には人々を強制せずとも「自助できる状態に」自ら到達させるようにしなければならない）」（柳田 一九〇二b：四七頁）として、農民の自発的な発展を促すべきと考えていた。「『協同と自助』の精神は、柳田が産業組合に求めた根本的な理念」（並松 二〇一〇：九三、藤井 一九九〇：五四）であり、協同主義と自助主義を農政の基本とすることを主張した。

農務官僚の選好形成

自身の上司であった酒匂に批判的な立場をとっていた柳田は、当然のように「先輩からの圧迫を常に役所で受け」、入省からわずか二年弱で法制局への異動を余儀なくされる（並松 二〇一〇：九一）。

このように農商務省において、当時主流であった政策に対して内部から対抗するアイディアが生まれ、その後の政策転換につながる過程は、松方正義と前田正名の間の対立が、その後大農論から小農論への方針転換につながったケースと類似しているが、これらは内生的要因によって誘引された制度変化の例と言えるだろう。

こうして農商務省を去った柳田であったが、その後も農政学の研究を続け、早稲田大学などで農業政策学の講義や、農政関連の論文・著書出版を通じて農業に関する政策提言を精力的に行った。学界においても、柳田の農政観は当時としては「先駆的でありすぎた」（藤井 一九九〇：四六）ため、柳田は農業経済や農学などの研究者の間では孤立した存在となり、後に民俗学へと研究分野を移していく。

しかし柳田の農政学が若手農務官僚に大きな影響を与えたという点は、多くの研究者が指摘するところである（大竹 一九八四、今西 一九九一、武田 一九九九、並松 二〇一〇）。柳田と若手農務官僚との接点は、郷土研究などを目的とし、新渡戸稲造らとともに結成した「郷土会」と呼ばれた研究コミュニティであった。同会のメンバーには、石黒忠篤、那須皓《なすしろし》、小平権一といった若手農務官僚がおり（武田 一九九九：二三八）、彼らは郷土会の学術誌『郷土研究』の出版や講演などを通じて、柳田の農政学に接し、全面的にではないものの、それを受容していったのである。柳田が与えた影響について、石黒忠篤は後に「（入省当時）農政は柳田さんに、技術のことは安藤（廣太郎）さんに教えを受けた」と述べている（大竹 一九八四：四七四）。

柳田が提唱した「自作農主義」や「農業規模の適正化」や「収益性の向上」といったアイディアは、

大正・昭和初期に日本農政を牽引した石黒忠篤へと受け継がれ、自作農の創設を目指した政策が展開されるようになった（大竹 一九八四、今西 一九九一、並松 二〇一〇）。歴史学者の今西一は、「柳田の主張した自作農主義や小作料の金納化は、石黒を通して実現の基礎が与えられ、戦時体制の中で実現されていった。柳田農政論こそ、大正期農政官僚の理論的先駆である」としている（今西 一九九一：二八五）。

こうした自作農創設政策の目標は、占領期の農地改革によって実現されることとなる。その後も自作農主義は農務官僚の間で強く支持され、農地保有に関する厳しい制限によって、地主制度の復活を阻止するのであるが、その結果として農地の大規模化が阻害され、民間企業の農業参入は厳しく制限されてきた。また柳田の農業規模の適正化という観点は、「脈略が異なるとはいえ、戦後の農業基本法の中核的な部分である『自立経営』の育成と似ている」（並松 二〇一〇：九六）。これらの意味で、この時期の農政思想の展開が、その後の制度発展に与えた影響には非常に大きなものがあると言える。

石黒忠篤の農政観——中間搾取の排除

では柳田の「先駆的」な農政観に影響を受けた石黒忠篤は、どのような農政観を持ち、どのように政策を立案したのであろうか。石黒忠篤は一八八四年東京に生まれ、東京帝国大学法科大学法学部に入学し、一九〇八年農商務省に入省した。一九一八年には農務局農政課長に就任し、一九二四年農務局長、一九二七年蚕糸局長、一九二九年再び農務局長、一九三一年から三四年まで農林次官を務めた。そして一九四〇年から四一年と一九四五年には農林大臣となり、戦後は参議院議員も務めた。石黒は、

1940年、第二次近衛内閣で農林大臣に就任した時の石黒忠篤。

大正中期から昭和初期にかけて農林省で主導的な役割を果たし、この時期の農政は「石黒農政」とも呼ばれた。石黒の農政観は以下のように要約される。

まず石黒は、資本主義が「利己心の無制限なる発展」（大竹 一九八四：二〇〇頁）を招き、「人間を金融資本の奴隷と化す」弊害を持つと考えていた。しかし共産主義も「人間をイデオロギーの奴隷と化す」とし、「両者の行き過ぎを是正して個人の自由を尊重しつつ互に協力して人間性の豊かな社会を建設するのが、自主独立の農民に課せられた使命である」と述べている（石黒 一九五一：二九一―九二頁）。さらに急速な貨幣経済の発展に直面した日本農業に関して、「世界稀に見る集約的零細農業」（石黒 一九三四：八一）であるとして、零細農民を資本主義の弊害から守るために「中間搾取の排除牽制」（同上：一〇四）が不可欠であるとした。そして「都会の従業者や他の職業者との間に合理的な均衡を得た待遇を要求する」ことを農村問題解決の鍵と考えており、「今日の資本主義の経済組織の弊害をできるだけ矯正して、農業と調和を持たせて、さうして農業の発展を図る」ことを重要視していた（今西 一九九一：二八四）。

また石黒は、農業と商工業の間には根本的な違いが存在すると主張する。「農業というものは本来その本質は非営利的なものだ」とし、その理由は「商工業などと違いまして、（家族や農村の住民による）協力なくしてはできない仕事である」からであるとする[20]。そして柳田と同様に「協同主義」の重要性を以下のように強調している。「協同主義の普及と云うことは農村更生の一重点であります。農業に関しては総て何事でも個々離れ離れではいけない。競争では到底やって行けない、同じもの同士が固く結び付いて、お互いに思いやり乍《なが》ら、初めから終わりまで協同でやって行かなければならないのであって、このために共助自立の主義が絶対に必要なのであります」と述べている[21]。

また産業組合の役割と存在意義とは「中小農民の斯く如き商人に対するハンディキャップを除き、商取引に於ける実力を与えんとした」（石黒 一九三四：一八八）ものとして、その重要性を説明している。日本の農民の零細性に関しては、柳田と同じように農地規模拡大の必要性を訴え、「二町又は二町五反以上に致して、労働力の分配をよくしなければ、なかなか経営上の逼迫を緩和しうる程度には行かないように思われます[22]」と述べている。

小作問題の認識と対応

こうした農政観に基づいて、石黒は小農の権利保護を目指して、小作問題の解決に取り組むのであるが、石黒が小作問題をどのように捉えていたのかを以下にみてみよう。まず、小作問題の原因に関連して、「小作問題については、すでに明治四十年に柳田国男さんが、小作料は、地租金納と言う事になって久しいにもかかわらず、今なお物納で、しかも口約という旧態のままであることは奇妙な現象である。しかも今や経済学者が雲のごとく出ているのに、この問題を論議に乗せていない。これまた奇妙な現象だと、言っておられる」と小作農の権利が侵害されている現状を述べている（平賀 二〇〇三：四七)。また「米の値が高くなっても小作料が高いので何時まで経っても小作人は収支償はぬのでありましたが、小作料さへ安くなれば小作人の収支は償ひ得るようになると信ずるのであります」(同上：四七)と述べ、価格維持政策では小作問題が解決しないという認識を持っていた。

こうした見解は、柳田や石黒らの前の世代の農政関係者とは一線を画していた。たとえば、前田正名は「曖昧な契約、慣行的契約こそ、小作問題の核心だという認識であった。これは、契約が明確化すれば、小作問題は基本的に解決されると考えていた」(武田 一九九九：二二五―一六)が、その根本には地主の権利を保護するという目的があり、地主保護的な側面があったという。また「明治農政のブレーン」としての役割を果たした農学者の横井時敬は、小作争議を「夫婦喧嘩や兄弟喧嘩、乃至《ないし》は親子喧嘩」の類いと捉え、地主に農村の主導者としての自覚を促すことで解決できると考えていた(同上：二二八)。

一方で、石黒は小作の側に立って小作人の権利保護を訴えた。小作制度調査委員会における小作法案の審議の席で、同法案が新設を目指した小作審判所について地主の利益にならないとの批判を受けて、石黒は「大体に於て小作人を保護する趣旨である処の小作法に於て地主が立たぬとの理由で、小作人の保護を止める訳には行かない、地主には気の毒であっても小作人の保護を第一とせねばならぬ」と述べ、小作農の権利保護の重要性を訴えている。また石黒は、「(第一次)大戦後漸次全国に波及せる小作争議の重要なる生因は一つには此不在地主に帰し得る」(石黒 一九三四：一三〇)とも述べている。そして柳田と同様に小作料物納を問題視し、同制度が小作農の負担を増大させていると指摘している(同上：一八七)。さらに「今日の土地問題が何等かの形に於て解決されねばならぬとすれば」、「農林行政即ち国策の基調に副《そ》ひて為されねばならず、又必ずや然か為し得ると云ふ事である。而して自作農主義と小作権の確立とが其の内容たる可きは喋々を要せぬであらう」（同上：一六七）と主張している。

歴史学者の平賀明彦は、「石黒農政の特徴は、耕作者保護の立場に立って小作法を制定し、民法の規定する地主的土地所有の絶対性に対抗し得る耕作権を保障し、小作料額の適否についても関与できるようなシステムを作ろうとした点にあった」と評価している（平賀 二〇〇三：五三―五四）。さらに平賀は、石黒ら農務官僚の小作法案作成の意図を代弁した地方小作官の意見として、以下のようなものを紹介している。「現行法は地主保護のみに傾き小作人より之を観るときは極めて偏頗の法律なり、故に現今の如く小作人が経済的政治的に覚醒し権利を強調する時代に於ては現状打破を絶叫するは当然のことなり、既に都市に於ては工場法あり借家借地法ありて労働者下層市民は相当保護せられつつありと雖独農村に対しては此等類似の自小作人保護の法制定せられず寔《まこと》に遺憾とする所なり。（中略）小作法制定の目的は小作人を保護する為小作地の賃貸借を規定するに在りと謂ひ得べく若し現行法以上に地主の利益を擁護するが如きものならば真の小作法にあらざるべし（現行法は地主の保護だけに傾倒し、小作人の立場からみるときわめて不公平な法律である。そのため昨今のように小作人が経済的・政治的な権利を主張する時代にあっては、彼らが現状打破を訴えるのは当然のことである。すでに都市においては工場法や借家借地法があり、労働者や下層市民は相当保護されつつあるのに、農村に対しては自作・小作農を保護するこうした法律は制定されておらず大変遺憾なことである。［中略］小作法制定の目的は小作人を保護するために小作地の賃貸借を規定することにあり、もし現行法以上に地主の利益を守るものとなっては、真の小作法とは言えない」[24]。つまり工場法などで保護されるようになった都市部の労働者と同様に、農村部の小作農も保護されるべきであるとし、小作法は地主ではなく小作農の利益を守るための法律であるべきだというのである。

以上のように石黒が主導的役割を果たした小作関連法案の作成過程には、柳田が提唱した自作農主義や農地規模適正化といったアイディアが色濃く反映されていることがわかる。農業を取り囲む当時の混沌とした環境にあって、農務官僚たちは、従来の小農論に自作農主義と農地規模適正化といったアイディアを融合させて、自らの政策作成における指針としたのである。

柳田と石黒の相違点

柳田の政策アイディアに強い影響を受けた石黒であるが、両者が全く同じ農政観を持っていたわけではなく、見解の相違も存在した。石黒は柳田が提唱した自作農主義や農地規模適正化といったアイディアは受け入れたものの、柳田の農業観にみられる功利主義的な部分については、一部これを受け入れてはいない。

功利主義に基づいたジョン・スチュワート・ミルの経済思想に傾倒した柳田は、農業も他の産業も基本的には同じで、農地規模の適正化や生産費の削減や資金調達先の整備を行えば、農民の収益性が改善し経営は安定すると考えた。そのため農業を特別扱いする必要はなく、基本的には政府の干渉や保護も他の産業と同程度で良いと認識していた。これについて柳田は、農業においては天候に左右されたり、資本の回収に時間がかかったりといったような特徴がある（柳田　一九〇四：二〇三）とするものの、「農業は生産業の最新しくして且複雑なる種類なる工業とも殆《ほとんど》何等の区別なし」（柳田 一九〇八：二九六）とし、農業と製造業の間に違いはないと述べている。農業を特別視しないという点においては柳田の考え方は、松方正義ら明治の大農論者や田口卯吉のような自由主義者たちに近いものであった。

これに対して、石黒は農業の特殊性や農業と商工業の違いを折に触れて強調している。石黒は「農業は単にものをつくる仕事ではないので、生活そのものでもあるのだから、農業は単に経済場の原則だけで律して行くわけにはいかない。（中略）食物という工業でできないものを作っており、他面からいえば、それは生業といおうか、事業と生活が一緒になっていて、生活それ自身であり、同時に経済行為である」と述べている（大竹 一九八四：二六八）。つまり農業は特殊な産業であるため、ある程度は政府が保護する必要があると認識されていた。こうした「農業の特殊性」を強調するアイディアは、谷干城や横井時敬ら明治の小農論者と通底する見解であり、石黒以降の日本農政にも反映され、今日でも農業保護政策を正当化するためにしばしば使われている。石黒が柳田の農政観の功利主義的な部分も受け入れていたならば、その後の日本農政もより市場原理に基づいた性質を持ったものになっていたかもしれないと考えられる。こうした石黒の農政観は、以下のようにまとめられる。

石黒の農政観

・小規模自作農（自作農主義、家族経営主義、担い手＝小農）

➢大地主借地農主義の否定
・農地規模適正化による採算性の向上・経営安定
・協同主義（自助努力、隣保共助）
・中間搾取の排除（資本主義の修正）
・農業の特殊性（効率性・実利性の排除、工業との差別化）

以上で議論したこの時期の農務官僚の問題認識と選好の形成過程をまとめてみよう。酒匂の言説にみられるように、明治農政期の農務官僚は、当時の農村問題の原因が収穫量の少なさにあると考えていた。そのため、単純に農産物の生産量を増加させることで、農家の売上高を増やせば、さまざまな農村問題は自然と解決されると考えた。その結果として、彼らは技術改良を強権的に進めることで生産拡大という目標を達成することを志向するようになった。一方で、農村における所得分配や既存の土地所有制度の変革といったような政策が模索されることはなかった。

しかしこうした姿勢に疑問を呈する意見が、農商務省の内部から生じた。その先駆けとなった柳田は、農村問題は各農家の収益性の低さにあるという問題認識を持っていた。したがって、単に生産量や売上高を増やすことを目的とするのではなく、農家の収益性を向上させることが必要とし、そうすることで自立した農業者を増やすことを政策目標とすべきであると主張した。また柳田は、中小規模の自作農を日本農業の主な担い手と考え、彼らが適切な農地を持てるようにすることが収益性向上につながると考えた。さらに、こうした目的を達成するには、産業組合を通じた協同行為を促進すべきであると説いた。柳田が農商務省に在籍した期間は限られたものであったが、「自作農主義」や「農地規模適正化」といった柳田のアイディアは、新しい世代の農務官僚に広く浸透した。その後の農政を主導した石黒は、柳田の農政観に「中間搾取の排除」といった独自のアイディアを加えた。こうしてさらなる理論的発展を遂げた小農論は、一九二〇年代の農務官僚の間に深く浸透することとなった。

そして農村疲弊の結果として地主制が急速に発展し、その後小作争議が全国的に拡大すると、既存の農政の行き詰まりが顕著となった。地方経済の混乱や農村秩序の不安定化によって、先行きの不透明感（ナイト的不確実性）が高まった。このような状況において、農務官僚らは新しい政策アイディアに解決の糸口を求めた。柳田の農政観を石黒が発展させた小農論が、彼らの政策指針となったことで、既存の政策（明治農政）の正当性が否定され、彼らの選好もあらためて形成され直すこととなった。

明治農政の思想と小農論との最大の違いは、その問題認識にあった。前者は生産性の低さが農村疲弊の原因であると考えたのに対して、後者は農家の収益性の低さが原因であると考えていた。農務官僚が小農論に基づいて新しい問題認識を持つようになったことで、彼らの政策選好もまた新しく形成されることとなった。つまり、強権的な技術改良による生産量拡大が明治農政期の農務官僚の選好であったが、その後は土地制度（地主制）の変革や産業組合の制度発展などが農務官僚の選好となったのである。また彼らの政策目標も、国富の増加から、農家の経営安定へと移行していったのである。そして次項で述べるように、小農論はその後学者の間にも広く浸透し、小農保護政策への支持が広がりをみせるようになった。

学界における小農論の高まり

一九一〇年代半ばごろになると、農学や農業経済などの研究者の間でも、既存の明治農政に対する批判が高まり、小規模農家への保護政策を主な目的とした農政を支持する流れが起きた。学界におけるこうした潮流の中心となったのは、「社会政策学派」と呼ばれた経済学の一派の影響を受けた学者たちであった。彼らの多くは、明治末期にドイツに留学して社会政策学者の下で経済学を学び、その後日本の学会でこうした研究を紹介した学者らであった（たとえば金井延《かないのぶる》や桑田熊蔵《くわたくまぞう》など）。そもそも社会政策学とは、一八七〇年代にドイツの経済学者らによって提唱された学問で、資本主義に基づいた重化学工業の急速な発展がもたらしたさまざまな社会問題（労働条件、失業、貧困、中小企業、農村困窮など）を、マルクス主義的手法に頼らずに解決し、資本主義体制を安定化させる政策を模索することを主な目的としていた。社会政策学の研究者らは、一八九六年に「社会政策学会」を設立し、定期的に研究大会を開き、一九二〇年代まで活動を続けた。なかでも一九一四年に開催された第八回大会においては「小農保護問題」をテーマに、農業経済の研究者によるさまざまな研究発表が行われた。

同大会の報告者には、高岡熊雄《たかおかくまお》東北農科大学教授(25)、添田寿一《そえだじゅいち》日本興業銀行総裁(26)、横井時敬東京帝国大学農科大学教授などがいた。高岡と添田はドイツ留学経験があり、留学中に社会政策学を学んでいる。横井は当時「農学界の大御所的な存在」であった（大内 一九七六：一四）。これらの報告者らは、資本主義体制の発展によって農村の困窮が生じ、とくに小農の生活は危機にさらされているとし、政府による小農救済策の必要性を訴えた。

まず高岡は、当時の日本において「二町歩以上の農業経営が減少し、五反歩乃至二町歩のものが増加した」として、農業経営規模の縮小（つまり小農の増加）を指摘し、「五反歩以下の如き小地積を経営して居っては到底その日を送って行くことが出来ない」、「少くも一町五反歩の農業経営をしなければならぬと云ふ時に当たって既に二町歩以上の農業経営は絶対数に於ても、又比例数に於ても非常に僅少なるにも拘はらず、更にその数が減少して行くと云ふことは、決して我が農業界の為めに喜ぶべき現象ではない（少なくとも一町五反歩の農業経営をしなければいけないというのに、もともと少ない二町歩以上の農家の数と割合が、さらに減少していくということは、わが国の農業にとって喜ばしい現象ではない）(27)」と指摘している。

次に添田は、政治上、軍事上、社会上など多方面における小農の重要性について議論を展開している。添田は、「日本の如き場合に於ては、どうしても（農業経営規模は）小さい方が利益であると云わざるを得ない」と言う。その理由として、政治的には「小農は保守的にして所謂《いわゆる》忠義心に富み甚だ治め易く、政治家の厄介にならない」ため、国の治安や安寧に寄与するとしている。また「軍事上よりり見るに之亦《また》小農の方が宜しい」とし、都会出身者や大農の子弟には徴兵検査の落伍者が多く、「比較的多く合格して、所謂君国の為に尽くして居るのは小農の子弟であります」と述べている。さらに社会的にも、「多数の人数は中以下に居るを必要とする。小農・中農と云ふ動かざること山の如しと云ふ人類が沢山下部に居ることが、是が最も健全なる社会の状態である(28)」としている。そして添田は、農業の大規模化が進展し、小規模自作農が小作化したイギリスの例をあげて、日本が将来「イギリスの覆轍を踏むかも知れぬ」と危惧する。「今日は為政者も学者も昔日のイギリス流に生産奨励を主として分配を軽視する傾向がある。而して資本・労力の集中、工場の勃興、戸内工業の衰頽、小中農の不利益を醸しつつある」と現状を批判している(29)。

そして横井は、資本主義体制の発展により、都会より多くの有害な商人などが農村に入り、押し売り等をして農民から金を巻き上げるようになったと指摘し、こうした「ゴロ的油虫」を警察が取り締まることなく、それどころか農民の冠婚葬祭や娯楽に倹約を強いてばかりいると批判している。また農民向けの金融機関も適切に機能していないと指摘し、こうした状況の改善を訴えた。さらに、いわゆる明治農政について「我国の農業政策は農事改良生産増殖に偏重し、農民保護に至りては多く意を用ふることなきの感なきにあらず」として批判を展開している。農事改良政策について横井は、効果が全くないというわけではないが、強制的手法によって農民が疲労困憊したり、農業知識を欠いた担当官がいたり、担当官が頻繁に異動し一貫性を欠くなどといった問題を指摘している(30)。その上で、政府主導による各種の小農保護政策（収入増加、農産物市場の拡大、産業組合政策、治水政策、米価調整政策など）の実施を訴えた。

同大会の参加者の多くは、こうした高岡らの小農論を支持していたと記録されているが、小農保護政策に異論を唱えた社会政策学者もいた。それは、当時慶應義塾教授でドイツ留学の経験がある福田《ふくだ》徳三《とくぞう》であった。福田は、イギリスの農業経済学者アーサー・ヤングの議論をもとに大農論を展開し、横井らの主張に反論した。

福田は、ヤングの議論を「営利主義農業論」と位置づけ、「我邦農業の振興は先ず之に資本主義の洗礼を施すを以て第一義と為す」[31]と主張した。福田は、単に農民生計の維持を目的とした小農保護政策では農業の発展は得られないとし、農業振興のためには、市場経済の中での農業の自由闊達な発展を促し、農業経営の営利性を高める必要があると説き、農業の大規模化（つまり大農論）を展開した。福田は、「人為的に大農の発生を防止する政策を取らざる可からずとするは極めて有害なる誤見なり。今其理由をあげんに先づ小農よりは大農の方富力大なれば改良を行ふに余力あり。而して収穫多きほど国富は増し、農夫自らも地主も国民全体も其利を享く可し（中略）然るに之を妨ぐるものは良き農業を妨げて悪しき農業を起こさんとするものにあらずして何ぞやと（人為的に大農の出現を妨げる政策をとるべきであるとする考えは、きわめて有害な誤解である。なぜならば、まず小農より大農のほうが経済力があるので［農事］改良を行う余力がある。そして収穫が多いほど国富が増し、農民と地主そして国家全体がその利益を受ける。［中略］したがって［大農の奨励を］妨げることは、良い農業を妨げて悪い農業を起こそうとするものである）」[32]。つまり農事改良を行う体力がある大農に制限を加えると、農業生産力の低下を招くと言うのである。同様に、「practice of agriculture as a mere of subsistence（単に生計を立てるための農業）たる自給自足主義の農家を減じ agriculture as a trade（商業としての農業）たる営利主義の農家の増すは国富を増す所以にして兼て又強き人口をより多く支持する所以なり。人為の政策を以て利の少き農業の衰微し利多き農業の起こるを阻止せんとするは国を危ふきに陥るる所以なり」[33]と述べて、商業的・営利的な農業の振興を訴え、自給自足的な小農への保護政策を批判した。

以上のように、一九一〇年代になると農業経済を研究する学者の間で小農保護政策の重要性を主張する流れが起こった。こうした学者の中には、横井のように画一的で形式化した農事改良と生産拡大を主な政策目標とした明治農政を厳しく批判し、政策転換を主張する者もいた。しかし福田のようにイギリスを模範とした市場志向型の大農論を展開する者もおり、一八九〇年代後期にもみられたような大農論対小農論の論争が引き続き展開された。だが全体の流れは小農論に傾きつつあり、とくにドイツ留学経験のある社会政策学者の間ではこうした見解が主流となったのである。

当時の農業政策決定過程において、こうした学者らの影響力は限定的で、学界の趨勢が政策を大きく左右することはなかった。しかし学界や言論界の識者の間で、小農論への支持が増したことは、小農保護政策への反対を牽制する効果を持ち、間接的に農務官僚らによる同政策の導入を容易にしたと言うことはできるだろう。このようにあるアイディアが、多くのアクターに普及していくことで、集団行為・連合形成を促進し、そのアイディアをもとにした政策の導入・再生産を容易にするという効果は、アイディアが政策や制度に与える重要な因果効果の一つであり、同様の効果は日本の産業政策の発展過程にもみられた（佐々田 二〇一一 a、Sasada 2012）。また社会政策学会第八回大会よりも一〇年以上も前に、社会政策学と農政を結びつけた議論を展開していた柳田国男の先見性も特筆に値する。

自作農創設維持事業

大正期に小作法制定とならんで小作争議対策の一つとされた政策に、自作農創設維持事業がある。同事業についてはすでに何度か言及したが、ここで最後に同事業の詳細について簡潔に触れておきたい。自作農創設維持事業は、補助金を使って小作農による農地購入を促進するというもので、小作農の自作農化を進めることによって小作争議を解消しようとするものであった。同事業はとくに政友会の主要政策の一つとされ、強力に推進されたが、この政策の出所も農務官僚であった。小作農の自作農化を進めるこの事業は、農務官僚らの自作農主義や農地規模適正化のアイディアに基づいており、最終的には地主制度の解体にまでつなげたい考えがあった。しかし政党の圧力を受けた結果、最終的には同事業は農地の売り手である地主層に有利な内容にゆがめられ、事業規模もきわめて小規模なものにとどまり、法制化にも失敗して、実質的には大した効果を発揮することはなかった(34)。後述するように、小作農の自作農化という農務官僚らの悲願が実現したのは、戦後の農地改革においてであった。とはいえ、農地改革の遂行において自作農創設維持事業での経験が一つの指針となり、改革が円滑に進行したことも事実である。

自作農創設維持事業が本格的に開始されたのは、一九二六年第一次若槻礼次郎内閣（憲政党）、町田忠治農相の下であった。一九二六年五月二一日に農林省から公布された「自作農創設維持補助規則(35)」には、自作農創設維持事業の遂行方針として、「自作田畑となすべき土地の購入」「農林大臣において適当と認むる自作田畑の維持」に必要な資金の借入が対象と記されている。こうした資金を必要とする農家に融資する道府県や市町村産業組合に対して、農林省が補助金を交付するというシステムであった。同事業の主な財源は郵便局の簡易生命保険積立金が充てられた。つまり国家事業であった簡易生命保険から、道府県や産業組合が資金を借り入れ、それを小作農に貸し付ける仕組みであった。

また同事業の対象者には、「借受人は現に小作に従事し自作田畑の経営を持続し得る見込みあるものなること」や、「借受人は購入せんとする土地が小作地なる場合においてはその土地の小作人なること」と規定された。また貸付金は四〇〇〇円以内で、「貸付利率は年三分五厘以下」で償還期間は原則として「二十四年を下らざること」とされていた。そして「一年据え置き二四年元利均等償還で貸付利率四・八パーセントのうち一・三パーセントの利子補給」が行われた（『農林水産省百年史』編纂委員会編 一九七九中巻：三九）。しかし同事業の対象となったのは、全小作地面積のわずか二三分の一程度（一九二六年から二五年間で一一万七〇〇〇ヘクタール）に過ぎなかった。

若槻内閣の後を継いだ田中義一内閣（政友会）は、小作争議対策として自作農創設維持事業を政友会の看板政策として掲げ、同事業の法制化を目指した。とくに山本悌次郎《やまもとていじろう》農相は、「進退を賭しても成立を図る」と強い意欲をみせていた（大阪朝日新聞 一九二七年一一月七日）。そして同内閣の指示を受けて、農林省が「自作農地法案」の作成にあたった。

しかし同法案には、各方面からさまざまな反対意見が提示された。その内容は、国庫負担の増大、小作地全体に占める事業規模の小ささ、自作農化後の経営不安、根本的な小作争議・農村疲弊に対する無策などといったものがあった。たとえば、大阪毎日新聞は、「今回の案は三十五ヶ年間に十八億円の債券を発行するもので、初年度こそ国庫の負担は百六十三万円であるが、事業完成までに要する国庫負担は実に約八億円に達するはずになっている。しかもかような巨額な債券発行と国庫の補給とをもってして、そのなし得るところは、七十年間にわたって六十三万町歩の自作農地を創設するもので、現在我国の小作農地の二割二分あまりに相当するに過ぎない。山本農相はこれをもってわが小作問題を解決しようとしているようであるが、二割二分の解決は決して全部の解決ではない」とし、

「多弊寡益」と切り捨てている（大阪毎日新聞　一九二七年一一月一〇日）。また東京朝日新聞は、イギリスにおいて同様の政策が失敗したことをあげ、「農業経営の採算不利は自作創定で救われぬ」と指摘している（東京朝日新聞　一九二七年一一月一一日）。

また「小作農家は現在でも不引合で最近十ヶ年に年々一万人近くも減ずるのに五分の利子を付けて三十五ヶ年に完全に年賦償還が出来るか」と疑問を呈している（同上）。また若槻内閣で農相として自作農創設維持事業を推進した町田忠治も、小作争議の対策として同事業だけでは不十分であるとして、次のように田中内閣を批判している。「自作農創設維持をはかる一方には必然的に小作法によって小作関係の解決に当らねばならぬもし政府が小作立法を回避し本法制定によってのみ農村社会問題の解決をなさんとするが如く思惟するならば全く不可能のことといわねばならぬ」（大阪朝日新聞　一九二七年一一月七日）。

こうした批判を受け、当初農林省は同法案の修正を余儀なくされたが、その後同法案は一九二九年に議会に提出された。同法案は衆議院を通過したものの、貴族院においては審議未了となった。その後、同年七月に田中内閣が総辞職し、上述のように民政党の濱口雄幸内閣は小作法の制定を目指したため、同事業の法制化は実現しなかった。

5　まとめ

本章では、一九一〇年代から二〇年代にかけて農政が展開した過程を検証した。この時期の農政について言えることは、農業政策が少しずつ保護主義的な性質を強めていったことである。しかしこうした保護政策は、主に地主層の利益を守るものであったという点で、戦後の小農保護政策とは政策目的を異にしていたものであった。日露戦争後に保護関税政策が導入され、米騒動の後に米価調整政策が導入され、農業者の利益を保護する政策が農政の主流となった。しかし、こうした政策の主な受益者は、経営規模が大きく、自律的に農産物の販売を行うことができる地主層であった。農産物価格の引き上げは、小作料を米納していた小作農や経営規模が小さい自作農にとっては、あまり有益なものではなかった。

一九二〇年代に入ると地主と小作農との利害対立が激化し、各地で小作争議が発生した。これに対応するために、政府は小作関連法の成立を試みる。小作法案や小作調停法案といった小作関連法や自作農創設維持政策は、石黒忠篤や小平権一といった若い農務官僚らによって立案され、主に小作農の権利を保護することを目的としていた。これらの法案の議会審議にあたっては、政党や地主層などからの政治的圧力に直面し、小作法案は廃案となり、制定に至ったのは小作調停法のみであった。また自作農創設維持政策も、一部は実現したものの、小規模な事業にとどまり、期待されたような成果を上げることはできなかった。

しかし小作関連法や自作農創設維持政策の立案にあたった農務官僚らは、明確に小農の保護を志向していた。そして彼らの選好は、農林省の予算拡大や行政権限強化といった合理的選択論が想定する官僚の選好とは必ずしも相容れるものではなかった。本章ではこうした農務官僚らが、自らの選好を形成した過程を検証し、彼らの政策アイディアが選好形成過程に大きな影響を与えていたことを明らかにした。彼らの政策指針となっていた小農論は、明治中期に協同主義や自作農主義といった概念をもとに構成されたものであったが、一九〇〇年代から一〇年代にかけて柳田国男が提唱した「農地規模適正化」という概念を吸収しさらなる理論的発展を遂げた。そして、より洗練された政策アイディアとなった小農論に独自の修正を加え、石黒や小平らは小農論を自らの政策指針として受容したことで、彼らは自作農化や小農の経営改善や権利保護といった政策を選好するようになったのである。

石黒は農務官僚らが共有していた日本農業に関する歴史観や政策理念を「農林行政の基調」と呼び、農林省が政党の圧力を受けながらも同省が持っていた「農林行政の基調」に基づいた政策立案を行っていたと主張している。つまり「如何なる政党が政権に就かうが、夫《そ》れとは殆ど没交渉に、行政自体はその独自の建前を持つて居る」（石黒　一九三四：一三二）というように、農林省は政策決定過程において自主性を保っていたという。そして「日本農業に於ける其の歴史性を貫く基調こそ如何なる政党をも否応なしに夫れを納得せしめ、其の上に立つ政務のみ之を行うを得しめて居るのである」と述べ、最終的には政党を農林省の政策理念に基づいた立法に導いていたとしている。同様に石黒は、「政党政治の時代では政治家が威張り、官僚はコキ使われるようだが、なあにこちらにはいろいろの腹案があって、そのうちA、B等の政党がかわるがわる政権をにぎるにつれて、あれもこれも実現させ、結局農村のために役立てるんだ。いろいろの餌をパクつかせるんだよ」（大竹　一九八四：四九八）と述べている。こうした石黒ら農務官僚の姿勢について、農学者の伊藤淳史は「日本小農の保護育成という政治状況に左右されぬ目的は一貫させたうえで、その手段については状況に応じて小作立法や自創事業といった『いろいろの腹案』を通じて実現をはかった」（伊藤　二〇一三：二八二）と評している。これは農務官僚が独自の政治理念を持ち、政治家とは別の選好を持っていたという点をさらに裏付けるものであると言える。

昭和初期に入ると政党政治が終焉を迎えると同時に、農政における専門官僚の影響力は、さらに拡大する。たとえば、第5章で取り上げる農山漁村経済更生運動の展開においては、政策過程すべてにおいて専門官僚が主導権を発揮した。小作立法の作成を主導した石黒や小平らによって農林省令「経済更生計画特別助成規則」が作成され、議会への法案提出・審議という過程を経ることなく政策決定が行われ、さらに彼らの手によって政策の運用が推し進められた。次章では、戦時期における小農論のさらなる理論展開と政策過程の変化を検証する。

注

(1)　また製糖業や製粉業などの保護のために、加工食品類の関税率も大幅に引き上げられた。たとえば、精糖の関税率は、明治三三年（一九〇〇年）には九・四～一〇・二パーセントであったが、明治四三年（一九一〇年）には四一・七パーセントになり、その後六〇パーセント程度まで引き上げられた（奥　一九九〇：一五六―五八）。

(2)　たとえば、米価の高騰が地主や大農にしか利益をもたらさない理由について、当時の新聞記事に以下のように説明されている。「小農以下小作人は農作のみを以てしては口を糊するに足らず其多くは副業を以て生計を補いつつあり中農は多く自作米を売却して日用を弁ずるの余裕あるもこれとて旧臘の正月前後までには其余裕米を売却し尽すを例とし独り大農は其資力の豊富又は金融の便あるが為売急ぎを為すの必要なきのみならず却て思惑売惜みを試みつつあり而して此種大農は我国一千万戸の農民中僅に其百分の二三に過ぎずして其他の大部分は農民とは言え唯食米を購入せざる迄にて米価の激騰諸物価の騰貴に苦しみこそすれ何等之に依って利益を獲得せず故に農民大多数の利益は米価騰貴と一致せずして唯大農の利益が之と一致するのみ」（京都日出新聞 一九一八年九月三日）。

(3) 農業倉庫の運営を産業組合の事業とする理由としては、「元来産業組合なるものは道徳的基礎の上に協同一致の精神を以て常に公益を眼中に置きて其の業を営む可き性質のものであり、然も其の行う業務自身は普通商人や商事会社が行う所のものと其の本性に於て異る所なきものなのであるから、最も能く其精神に合致し又業務上の事も同一なる歩調態度を以て之を行うを得るの便益ある」ためとされていた（大阪朝日新聞 一九一七年七月三〇日）。これは、「農業者の一般利益の為め」に事業を行う産業組合の機能を強化し、営利目的の倉庫業者を排除するという意味があった。

(4) 濱口は、常平倉制度の発想自体には賛成するものの、政府案の制度では規模が小さすぎること、米価の最高・最低値の設定方法が不明瞭といった理由から、政府案に反対していた（東京日日新聞 一九二一年一月一九日）。

(5) 政友会代議士、横田千之助の発言（大門 一九八三：五二に引用）。

(6) 柳田国男は、「殊に勧業、農工の二銀行は、全国の農業者に長期低利の資本を貸付るを目的とし、其代りには必ず不動産を抵当に取りて貸金の担保を」必要としており、そのため、「我国の如き新進国にては、之に由り利益を受くる者尠少ならざるべし」（柳田 一九〇二a：一二三）と述べている。

(7) 同法案に関しては、農工銀行などの役員を兼任していた幹部議員が多く存在し、こうした議員は同法案の提出に消極的であった。また政友会総裁の高橋是清もこれ以上の特殊金融機関の設立には反対であったという。しかし最終的には、同法案の提出は全会一致で可決されている（大門 一九八三：五〇）。

(8) 委員長には、日本勧業銀行総裁や貴族院議員を務め、後に産業組合中央会会頭にもなった志村源太郎が就任した。その他の委員には、矢作栄蔵《やはぎえいぞう》帝国農会会長や末広厳太郎《すえひろいずたろう》東京大学教授らがいた。委員会では、地主層の利害を代表する矢作と、小作側を代表した末広の間で激論が交わされたという（松村　一九五〇：一九四）。

(9)　この背景には、日本農民組合内部で急進的な革新勢力が拡大し、大正後期には「社会主義的色彩の濃い、既存体制には敵対的な、中央集権的な組織となった」こともある（宮崎　一九八〇b：七〇六）。

(10)　帝国農会は、「農政運動への動員力に加え、組織内に多くの政友会議員を抱えることで、政友会田中内閣に、強い影響を行使した。田中内閣の政策体系の内、米価維持政策と自作農創設政策とは、帝国農会が強く要求したものであった」（森邊　一九九六：一二三）。

(11)　この理由として、宮崎（一九八〇c）は「この政策が農村全体を代表しようとする篤農地主や町村長の政治化と、小作人多数のイモビリズムを前提としていることはいうまでもない。『都市』に対する『農村』利益の分化に比べ、地主に対する小作人利益の分化は遅れていたから、既成政党が集票戦略を立てる場合、全体としての農業者に焦点を合わせることが最も効率的であった」からであると説明している（宮崎　一九八〇c：八八九）。つまり、政治的影響力・組織力が限定的であった小作人の利益が、政党の政策に反映されることはなかったというのである。

(12)　たとえば、一九二四年一月二五日に開催された帝国農政協会総会では、「小作問題は逐年紛糾増大しつつあるを以て速やかに小作調停法の制定を期す」ことが決議された（大阪朝日新聞　一九二四年一月二五日）。

(13)　明治農政でも、農会が技術改良事業にかかわったが、その貢献は限定的であった。また農会の行政補完的役割はこの時期に縮小し、産業組合によって代替されるようになった。

(14)　これに対して、帝国農会は小作争議に関する行政権限を農林省から内務省に移管させ、警察の介入によって地主に有利な方向へ誘導しようとしていた（中外商業新報　一九二七年七月一二日）。

(15)　一九五〇年一二月一日、日本農業研究所における談話。日本農業研究所編（一九六九）二〇二頁に所収。

(16)　簡易保険積立金や県の自作農創設資金をもとに、年利七パーセントほどの利子で、産業組合が耕作地の購入を希望する農民に対して貸し付けを行った（平賀 二〇〇三：一二八）。

(17) 今西（一九九一）は、この自作農主義のアイディアを先駆的に提唱したのは、柳田であったとしているが、本書第2章で指摘したように、それ以前にも谷干城のような人物によって同様の主張が提示されている。

(18) このことについては柳田による以下の記述を参照。「資本の活用の術を会得し着々之を実地に応用するならは外界の経済事情は依然たる時代に於ても能く生産費を減少し得るの望ありて終には一段の精度を進捗せしむるの機運を生すへし企業者自身の心的勤労も亦一種の労力なるを以て或は之を以て労力の改良と見るも可なり之を要するに一国の生産増殖政策として力を用ゐるへき点は必ずしも農産物市価の引上に在らす農法の精度を進ましむるには資本、労力、農法の点より生産費を減少し其結果純益を増加して以て資本及労力の投下を一層集約ならしむるの道もありて而もその一般国民経済の上に及ほす影響は遥かに人為的市価引上策よりも良好なり」（柳田 一九〇八：三八一）。

(19) 柳田国男「愛知県農会における講演」（一九〇七年一月）、柳田（一九一〇）三四八頁に所収。

(20) 石黒忠篤「全国農民道場長会議での講演要旨（一九三八年六月一九日）」（大竹 一九八四：二〇二―一九に所収）。

(21) 石黒忠篤「農村の生きる道」一九三六年五月七日東京中央放送局より放送した石黒忠篤の講演（大竹 一九八四：一九一―九六に所収）。

(22) 石黒忠篤「農村の生きる道」（大竹 一九八四：一九三に所収）。

(23) 農商務省農務局「小作制度調査委員会特別委員会議事録」、武田（一九九九）二三〇頁に所収。

(24) 農林省農務局（一九二九）『小作草案ニ対スル意見ノ概要 其の二』、平賀（二〇〇三）一〇三―一〇四頁に所収。

(25) 札幌農学校出身、ドイツ留学を経て札幌農学校教授、東北農科大学教授、東北帝国大学教授、北海道大学総長などを歴任した。

(26) 添田は元大蔵省官僚、イギリスやドイツに留学し、大蔵次官、台湾銀行頭取、中外商業新報社社長などを歴任した。
(27) 近藤編（一九七六c）六九―七〇頁に所収。
(28) 同上、八〇―八一頁。
(29) 同上、九二頁。
(30) 「横井博士報告補遺」同上、二七一頁。
(31) 福田徳三「大小農制度に関するアーサー・ヤングの研究」（同上：二二四―二二六）。
(32) 同上、二三一頁。
(33) 同上、二三三頁。
(34) 第5章で述べるように、一九四三年に始まった「皇国農村確立運動」において、同事業の対象が大幅に拡大されるが、戦況悪化の影響を受けたため大した成果を上げることはなかった。
(35) 農林省「自作農創設維持補助規則」（大阪朝日新聞　一九二六年五月二一日に所収）。

第4章

食料統制システムの構築

●戦時期における政府の市場介入

大正期に入って、小農論に自作農主義や農地規模適正化といった概念が組み込まれ、農林省内の官僚を中心とした政策決定者の間に普及・浸透したことで、小作法案や自作農創設政策といった中小規模農家の保護・育成を主な目的とした政策が打ち出されるようになった。しかし戦時期に入ると、食糧生産力拡充や経済統制の強化や国威発揚といった戦争遂行を目的とした国家的要請によって、農業政策にも政策転換の圧力がかかるようになる。だが全体を通して俯瞰すると、この時期にも農政の中小農保護的性質が漸進的に強化されていった過程がみてとれる。

本章と第5章では、第二次世界大戦期における小農論のさらなる理論発展を検証し、同時期の農政が発展したプロセスを分析する。本章で取り扱う戦時期の農業政策は、米価政策（一九三一年の改正

1932年、新聞社のインタビューに答える小平権一。

米穀法、一九四二年の食料管理法）である。大正期に政策立案の中心的役割を担った石黒忠篤や小平権一(1)らの農林官僚は、その後も政策立案を主導し続けた。石黒らの農林官僚は農村問題を解決するには土地制度の改革が不可欠であると考えていたが、小作法案が廃案となってしまったことと、その後の戦況悪化を背景として生産力拡大を要請する圧力が強まったことを受けて、彼らの政策も方針転換をせざるを得なくなった。

一九三〇年代前半には、それまでの小作法案・自作農創設といった政策が継続して模索されていた。しかし一九二九年の世界恐慌や食糧増産の結果として農産品価格が乱高下を繰り返したことを受けて、より効果的な米価調整システムの導入が喫緊の課題となった。その結果、主に地主層の利益を増大させることを目的として一九二一年に制定された米穀法が、中小農の利益に資する内容を含んだ形で一九三一年に改正された。そして一九四二年には、より直接的な食糧統制システムの構築につながった食糧管理法が制定された。政府による市場介入には反対していた農林官僚であったが、一九二〇年代から一九三〇年代前半には政党（政友会・民政党）の影響を受け、そして戦時期には軍部や内務省からの圧力にさらされ、自らの意に反した食糧政策の立案を担うこととなった。しかし彼らは、米穀法の改正によって生まれた米価調整システムの中に中小農・小作農の所得保障的な機能を同法に付与した。さらにその後、食糧管理法に基づく食糧統制システム構築にあたっては、行政代行機関としての産業組合の権限を大幅に強化させ、中小農に対する商工業者の影響を制限する仕組みを作り上げた。

このように表面上は土地制度改革から生産力拡充への政策目標の転換が行われたものの、農業政策全体としては中小農・小作農保護の色がより鮮明となっていった。本章では、この時期の農政が、このように展開した背景と過程を明らかにしていく。

1　米価政策

乱高下する米価

前章でも触れたように、大正期には米価が高騰・暴落を繰り返し、米騒動などの社会問題を引き起こしたが、こうした米価の乱高下は昭和に入っても続き、国民の生活に大きな影響を与えていた。昭和初期になって日本経済の国際化が進み、米価の変動には、国内のコメの収穫量以外にも、さまざまな経済的要因が影響を与えるようになり、政府による米価安定の試みは困難を極めた。

第一に、この時期には国内のコメ市場における供給量が著しく変動したことで、米価が乱高下した（図4・1を参照）。一九二〇年代に入って、台湾や朝鮮におけるコメの品種改良や増産政策の結果、「外地」でのコメ生産が増加し、「内地」への移入米が急増した（藤原二〇一二）。こうしたいわゆる「内地移入米」の増加によって、国内のコメ市場は供給過剰状態になり、米価を押し下げることとなった。そして一九三〇年と一九三三年にはコメが大豊作となり、米価が暴落し、農村に大きな打撃を与えた（豊作不況）。ところが一九三四年には東北地方を中心に記録的な凶作に見舞われた（図4・1を参照）。そして一九三九年には朝鮮において大旱魃が発生し、内地移入米が激減したため、深刻な食糧不足が発生した。さらに一九三七年に勃発した日中戦争の戦況悪化も影響して、一九三四年以降は一転してコメの慢性的な供給不足に陥った。

第二に、国際的な経済情勢を反映した日本経済の景気状況も、米価に大きな影響を与えた。まず一九二七年に発生した金融恐慌によって景気が急速に冷え込んだ。さらに一九二九年に起きた世界恐慌によって生糸や茶などといった農産物の海外輸出が激減したことで、日本経済は未曾有の不況に突入した。不況によって農作物への需要が冷え込み、さらに一九三〇年の豊作の影響もあって、米価は急激に落ち込みコメと生糸という収入源に大きく依存していた農村は大きな打撃を受けた。

このように目まぐるしく変化する経済・国際状況の中で、米価の乱高下を防ぎ、農民の収入を安定させる政策を早急に打ち出すことが、政府の喫緊の課題となった。そこで農林省は、産業組合を通じた米穀の間接的な統制体制を構築し、産業組合の系統組織が間接的・自治的にコメの買い上げと販売

図4.1　コメの国内生産量と価格の推移（1920～1940）

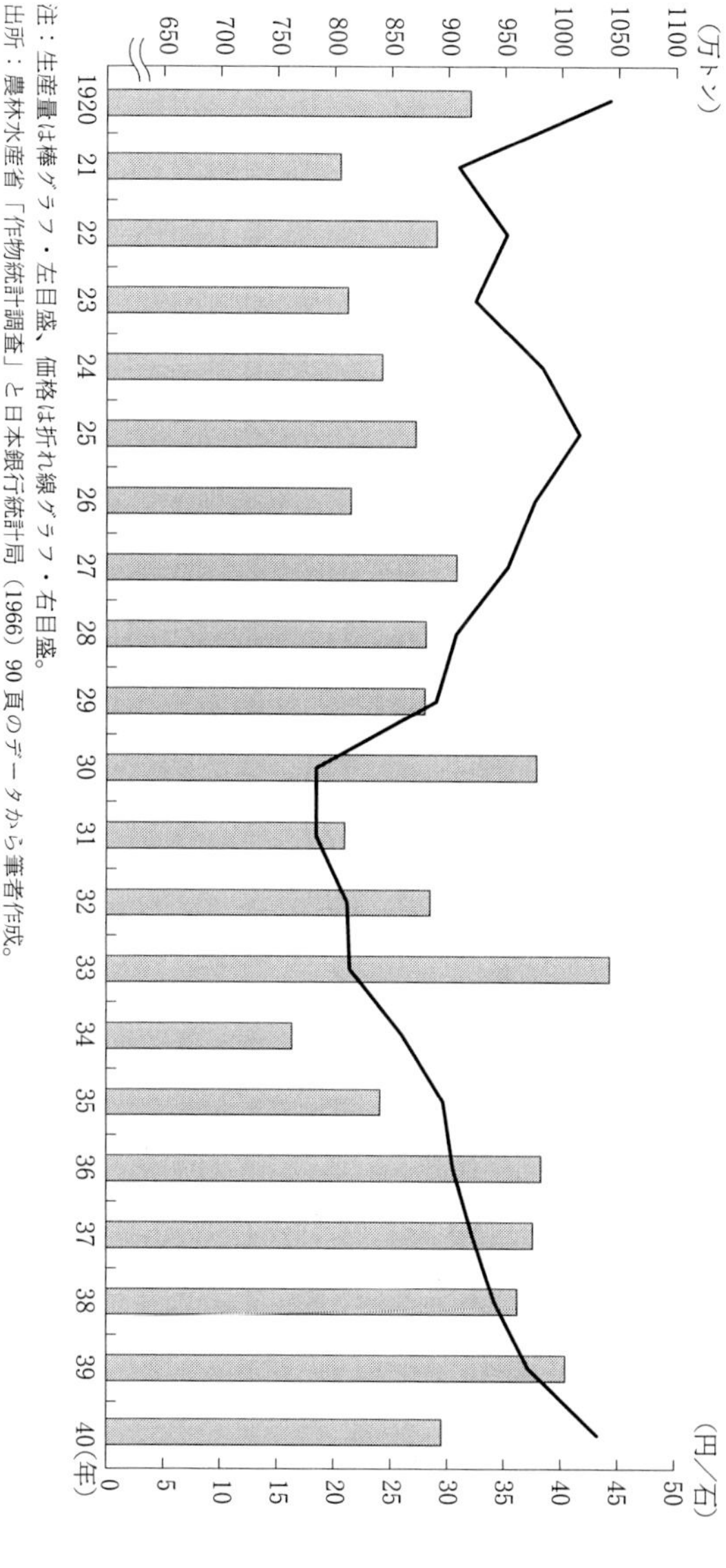

注：生産量は棒グラフ・左目盛、価格は折れ線グラフ・右目盛。
出所：農林水産省「作物統計調査」と日本銀行統計局（1966）90頁のデータから筆者作成。

を通じて需給・価格調整を行うことで対処しようとした(3)。しかし太平洋戦争勃発後には、より強力な経済統制体制の構築が求められ、一九四二年の食糧管理法と一九四三年の農業団体法の制定によって、農業団体と米穀などの流通ルートは国家の直接統制下に組み込まれることとなった。

米穀法改正（一九三一年）

一九二一年に制定された米穀法は、政府が米の需給調整を行い、米価の急激な変動を防ぐことが当初の政策目的とされていた。前章で述べたように、地主層の政治団体である帝国農会が原動力となって、同法の制定が実現した。しかし米穀法の運営に対しては、農業関係者から厳しい批判が起きた。まず地主層からは、米穀法が需給調整のみで価格調整を行わず、朝鮮・台湾からの移入米や輸入米に対する対応も不十分であるとして、保護関税引き上げや最低価格の導入が要望された。また中小農の立場からは、「小農が各種の費用を償なわんが為に其生産したる米を売る時期に於て米価は一時的に暴落し、大農が米を売る時期に政府が米の買上をする為に米価が騰貴する（小農が各種の支払をするために、自ら生産した米を売る時期になると米価は一時的に暴落して、大農が米を売る時期に政府が米の買い上げをするので、［その時期には］米価が高騰する）」として、同制度が不公平であるとの批判が起きた（森邊 一九九四b：一〇一）。

そのため、一年間の米価変動を一定の割合に納めるべく価格調整を行うことを目的とした（第一次）米穀法改正案が、加藤高明内閣によって一九二四年二月に議会に提出され、翌一九二五年に可決された。これによって同法の目的として価格調整が明文化された。だが米穀法のさらなる強化が必要とされ、一九三一年に濱口雄幸内閣の下で再び同法の（第二次）改正案が議会に提出され、可決された。この第二次改正によって、コメの最高・最低価格を公定する仕組みが導入された。

さらに第二次米穀法改正では、「米穀法の発動は米価が十八円二十八銭以下、又は二十七円四十二銭を超えて変動した場合にのみ機械的に行われることになり、（中略）朝鮮、台湾、樺太に於ける米穀の輸出入数量並に輸出入課税は全部同法の支配を受け、政府の管理の下に置かれること」となった（時事新報 一九三一年七月一日）。これによって米価の最低価格・最高価格が設定され、中小農がコメを売る時期（新米出回り期）に米価が下落した場合には、政府がコメの買い取りを行い価格調整することとなった。また同法の運用に対する特別会計の借入限度額も三億五千万円まで引き上げられることとなった。

最低価格・最高価格の設定にあたっては、①米穀生産費、②生計費（月給百円以下の者の家計）、③率勢米価[4]の三点を基準として、米穀調査会の諮問を経て、農林省が設定することとなった（東京日日新聞 一九三〇年一〇月一五日）。①の米穀生産費は最低価格の基準とされ、米価が生産費を下回らないようにすることが目的であった。また②の生計費は最高価格の基準とされ、主に都市部の低賃金層の家計を考慮して米価を調整することとなった。とくに①の「生産費」が基準として導入されたことは特筆に値する。米穀を実際に生産するのは、地主層ではなく、小作農や中小自作農であり、彼らの生産コストが米価に反映されるようになったことは、中小農の所得保障という意味合いを持つという点で非常に重要である。これに加えて、年間を通じた価格調整を行うようになったことで、政府の米価政策は中小農保護の傾向が強化されたと言える。

また第二次改正米穀法によって、政府によるコメの買い上げ体制の強化が必要となったことで、産業組合は全国米穀販売購買組合聯合会を設置し、産業組合による米穀の購買が拡大した。さらに、これまで暫定的な措置とされてきた、移入米・輸入米の輸入制限も恒久化されることになった(5)。『農林水産省百年史』によると、「この改正は画期的なものであり、米穀統制法によって完成する間接統制が、ほぼ形を整えたということができる」という（『農林水産省百年史』編纂委員会編 一九七九中巻：一二四）。

さらに一九三三年には、「米穀統制法」が制定され、政府によるコメの買入と受け渡しを無制限に行うこととなった。そして政府による価格調整の発動基準も、米穀法では後述の米穀委員会の了承を必要としたが、米穀統制法では自動的に発動されることとなった。つまり、最低価格による政府の無制限買い入れが義務化・自動化されたと言える。また同年には、特別会計の借入限度額が最高一一億五〇〇〇万円まで引き上げられた。そして一九三六年には「米穀自治管理法」が制定され、米価が一定のレベルを下回る場合には、さらなる米価の下落を防ぐために、生産者などに米穀の貯蓄を強制する仕組みが作られた。

このように漸進的に強化された価格調整のメカニズムであったが、その運用にあたっては想定されたような成果を上げることはできなかった。米価は、毎年の国内米の取れ高や外地移入米の輸入量などによって大きく影響を受け、政府の価格調整能力を超えることもしばしばで、米価の安定という政策目的の達成は困難を極めた。また米穀法に基づくコメの買い上げにかかる費用がかさみ、改正米穀法施行後の一九三〇年には同事業の赤字が一億円を超えた。そして当時の新聞記事でも「現農相町田忠治君もこの放蕩息子のような米穀法には全く困り果てた」（東京日日新聞 一九三〇年一一月二七日）と町田農相の苦悩する様子が報じられている。しかし米穀法・米穀統制法の制定・改正によって確立された産業組合を通じた米穀統制の制度は、後述する「食料管理法」の制定（一九四二年）によって完成され、戦後の長きにわたって日本の食料政策の根幹として維持され機能し続けたのである。

商工系官僚と農村官僚の対立

以上のように最終的には中小農保護の傾向を強める形で展開された米穀統制の制度であるが、その発展過程では複雑な政治的背景が影響を与えた。結論を先取りすると、改正米穀法は単純にアクターの選好を反映して生まれたものではなく、意図せざる結果であった。同法の政策決定過程は合理的選択論が想定するよりも複雑なもので、アクターの選好を所与のものとして検証するだけでは十分に説明することはできない。改正米穀法の立案にあたっては、急激に変化した政治背景・経済情勢によって、自らの意に反した政策の立案を強制された農林官僚が、与えられた制約の中で自分たちの政策アイディアを反映しながら新しい選好を形成し、高い不確実性の下で自らの選好を反映させた政策の立案を行ったのである。ここではこうした政策形成過程を、一九二一年から一九三一年の政治背景（省庁間関係・政官関係・利益団体の動きなど）を検証することを通じて分析していきたい。

一九二一年に制定された米穀法の運用にあたっては、農商務省内で商工系官僚と農林官僚の間で見解の対立が起きた。米穀法制定後、農商務省内に米穀局が設置され、諮問機関として「米穀委員会」が設置された。そして米穀法の運用体制は、「商工政策・消費者政策を重視し、低米価を志向する農商務省内の商工系官僚によって主導されていた」（森邊 一九九四b：九一）。商工系官僚にとって、米価の高騰は労働者による賃金引き上げ要求を引き起こし、企業の生産コスト上昇に直結することから、彼らは米穀法を通じて低米価・米価安定の実現を志向していた。しかし商工系官僚らが志向した低米価政策は、農民（とくに中小農）の収入安定を重視する農務系官僚にとっては受け入れがたいものであった。ところが米穀法運用における商工系官僚の影響は、一九二五年に農商務省が農林省と商工省に分割されたことで消滅し、農林省独立後は、農林官僚が米価政策の主導権をとるようになった。

政党の介入と相反する利害

しかし一九二五年の普通選挙法制定を前にして、政友会や憲政会（のちの民政党）といった保守政党が米価政策に対して積極的に干渉するようになった。その背景には、業界団体による活発な政治運動があった。たとえば、帝国農会は、一九二四年九月に開催された評議会において、農務省新設、米穀法改正（による価格調整機能の付加）、米穀の関税率引き上げなどを求める決議案を採択し、積極的に政党に陳情を行い、こうした政策の実現を強く要請した（大阪朝日新聞 一九二四年九月一七日）[6]。これに対して、商工会議所や米穀商の団体である大日本米穀会は、政府による市場介入に反対し、米穀法の廃止や米価調整の削除を強く求めていた。当時の新聞記事には、「米穀取引所側は値巾の縮小により市場の衰微を来すものとし早くも米調総会に反対意見が提示されており更に商工会議所は米穀法廃止案を叫んでいる位であるから各方面の大論戦は免れない模様である」（東京日日新聞 一九三〇年一〇月一五日）と報じられており、こうした方面からの米穀法（とその改正）に対する強い反対意見があったことがわかる。

政友会と憲政会の選好

このように地主層や米穀商からの強い働きかけがあった一方で、政党としては、普通選挙の実施を控えて、これまで選挙権を持たなかった中小農の利害を無視することはできなくなった。そのため政友会と憲政会の二大政党は、米価を安定させるために米穀法を改正することで、農民の支持を得ようと画策した。しかし両党の選好には差違があり、両党内でも意見の相違があった。

一方で、政友会は政府による価格調整の導入に前向きな姿勢をとっていた。たとえば、米穀法制定の翌年にはすでに、政友会の幹部らの間で農村振興策として「米穀法の運用による米価引上」を追求することで合意していた（大阪毎日新聞 一九二二年一二月一八日）。また政友会の政務調査会に設置された農村振興特別委員会が一九二四年に採択した決議には、「現行の米穀法は単に数量の調整に止まるを以て更に進んで価格の調節を図らんがため第五十議会に改定案を提出しこれが実現を期す」（大阪朝日新聞 一九二四年一二月三日）として、価格調整の導入を明確に支持している。また政友会は、肥料管理や関税の引き上げにも積極的であった。政友会のこうした姿勢は、帝国農会の要求を反映したものであった（森邊 一九九四b：一〇八）。

しかし政友会の幹部議員の中には、単なる米価の引き上げでは地主層しか恩恵を受けないため、中小農保護を視野に入れた米価調整を行うべきであると考える者もいた。たとえば、加藤高明内閣時代の高橋是清農相は、新聞社のインタビューに答えて、「食料調節と云うも単に需給数量のみの調節ではいけない、農民の大部分が作得米を売らねばならぬ所謂新穀期に安く、端境期に高いようでは農民は米安に苦しみ、消費者は米高に悩まされる、故に適当の値段に安定させて生産消費者両者の不利と苦痛を軽減せねばならぬ、そこで米穀法の改正が必要となって来る訳である。大体国民の常食として一日も欠く可からざる米価が急激なる変動を繰り返す事は甚だ良くない」と述べている（大阪時事新報 一九二四年一二月三日）。また農商務政務次官三土忠造《みつちちゅうぞう》も、「主として中以下の生産者を保護し、又端境期に近い時分に於て余り高い相場が出来ぬやうにして消費者を益する、端境期近くに多く持って居る者は大地主でありますから、是等の人は多少我慢して貰っても宜しいと、斯う考えて居ります」と述べ、大地主の犠牲の下に中小農の保護を目的とした米穀法の運営を行うべきであるとする姿勢を明示している（森邊 一九九四b：一〇三）。

他方で、憲政会は、価格調整機能の導入によって米価を安定させる必要性は認めていたものの、米価の引き上げについては、慎重な姿勢をとっていた。それは米価引き上げが物価上昇につながり、消費者の不利益につながることを危惧したからである。また緊縮財政を標榜していた憲政会は、コメの買い上げによって政府支出が増加することに対して懸念を抱いていた。とくに党幹部の一人で加藤高明内閣の大蔵大臣を務めた濱口雄幸は、価格調整機能が膨大な財政支出を必要とすることから反対していた（森邊 一九九四b：一〇二）。[7]

また憲政会は、コメや小麦などに対する関税の引き上げに関しても、「関税引上げは農民には利益なるも一般消費者より見れば食糧品の騰貴は社会問題をも惹起す可き問題である」として慎重な姿勢をとっていた（東京朝日新聞 一九二四年一一月一日）。また一九二六年に開催された院内外総務連合会において、「米は昨年米穀法改正によって価格の調整をなしたので、さらに関税の引上げによって価格のつり上げをなす必要はない」との見解で一致した（大阪朝日新聞　一九二六年二月一一日）。

以上のように政党の選好は、地主層や中小農や米穀商などの利害を複雑に反映しており、政友会・民政党（一九二七年に憲政会議員を中心に結党）ともに米穀法に対して確固とした見解を持っておらず、政府の対応も二転三転した。田中義一内閣（政友会）においては、「超政党派的見地から民政党の進言にもとづき」（神戸又新日報　一九二九年七月三一日）米穀調査会が設置され、米穀法の「改廃」が審議された。この調査会の審議は、濱口雄幸内閣（民政党）においても継続されたが、米穀法を「全く廃止するかそれとも一部改正か」といった議論が交わされ、この濱口内閣としてもしばらく態度を決めきれずにいた（同上）。前述のように濱口首相はそもそも米穀法には財政の面から否定的な姿勢をとっていた。同内閣において同法改正に理解を示した農相の町田忠治であったが、町田農相にしてもそもそも米価調整を支持してはいなかった。それは、町田の「農政に対する主義、傾向」は、「生産を業者に委ね、細密な干渉をしないならば、却って業者の企業意識を刺激し、生産を旺盛にし、価格を低廉ならしめ、結局農家の利益になるといふ考え方」（松村　一九五〇：二二五）からである。つまり町田は、国家による市場介入には消極的で、自由な経済活動が経済成長につながると考える自由市場主義的な考えの持ち主で、米価調整のような政策を志向してはいなかったのである。

実際に、一九二九年一〇月に開催された米穀調査特別委員会では、米穀法の存置論・撤廃論の両方が審議され、撤廃論を主張した委員から、その理由として次のような点が指摘された。

一、米価は本法出動によって一時的価格調節は出来るも目的の達成は期し難し
二、本法実施のため値巾縮小せりというも右は本法施行後米作の豊凶並に外米輸入調節によるものにして本法による効果ならず
三、本法施行以来の運用方法悪しく年々二千万円以上の損失を生ぜり、故に国家財政上よりするも存置は不可なり
四、米穀運用資金は行詰りを生じこれに多少の改善をなすも効果望み難し
五、端境期における買上げの如き一部農家並に商人の利益のみにて、多数農家および消費者の不利なり
六、本法は特別利益なき現存の経済諸機関に多大の支障を生ず

（大阪朝日新聞　一九二九年一〇月二五日）

以上のような理由から、濱口内閣は米価調整に対してあいまいな立場をとり、その対応については米穀調査特別委員会の判断に一任する形になっていた。最終的には、一九二九年一〇月二四日に開催された同委員会において米穀法の撤廃案が否決されたため、濱口内閣は米穀法の改正を決定するのであるが、同調査会の回答次第では、米価調整体制の強化どころか、同法を撤廃するという全く逆の結果になっていた可能性もあったのである。

農業政策に対する政党の一貫性を欠いた姿勢については、メディアからも厳しい批判の声が上がった。たとえば大阪毎日新聞は、米穀法改正を推進した町田農相について、「入閣の当初、町田は開墾

助成法とか自作創設維持とかを振りかざして、これで日本の食糧問題を解決してみせるだの、小作争議を根絶してご覧にいれるだのと、得意げにはやし立てていたが、予想だもしなかった二年つづきの大豊作と、金解禁の拍車をつけてひしひしと押し寄せ来た世界農村恐慌の大嵐に農産物のガラ落ちとなり政友会の異物『米穀法』を借用して恐る恐るちょっかいは出してみたが、どうにも凌ぎがつかなくなったと切り捨てている（大阪毎日新聞　一九三二年一月二三日）。さらに、町田農相が「米穀法そのものについても、果たしてどれほどの理解を持っていたかが疑われる」とし、「彼自身に独自の政策を編み出すだけの予備知識が未だ熟していなかった事実をも否定し去るわけにはゆくまい」としている（同上）。

農村官僚の選好の再形成

未曾有の農村危機の中で迅速な対応が求められる状況で、政党内において政策合意を欠き、担当大臣にしても政策知識が限られていたような状況で、政党の対応が一貫せずに二転三転したことは、当然の帰結であったかもしれない。言い換えれば、政党政治家の多くは、どのような政策が自身の利益拡大につながるかが明確ではない「ナイト的不確実性」の状況にあったと言えるだろう。その結果、政策の議論は有識者を集めた諮問会議に依存し、政策の立案にあたってはほぼ農林官僚に丸投げすることになった。このような状況下で作られた政策が、政党の選好を反映したものであると考えることには無理がある。これを裏付けるように『町田忠治翁伝』には、石黒忠篤の言葉として、町田農相と石黒（および多くの農林官僚）との農政観の相違について、「（町田農相の）農政に就ては自分等の意見と違ふところが多かった」（松村 一九五〇：二二五）と記されている。

改正米穀法の立案を担当したのは、農林官僚であったが、彼らにしても当初米穀法の改正（とくに価格調整）には消極的であった。農林官僚らが政府による市場介入に消極的であった理由は、米騒動（一九一八年）の時の苦い経験にあった。コメの売り渋りを解消するために、政府による強制買い入れを伴う穀物収用令を施行したところ、コメの供給が滞ってしまい、却って事態を悪化させる結果となってしまった（荷見 一九六一、小田 二〇一二：二三）。たとえば、このころの米価政策の中心人物であった農林官僚の荷見安《はすみやすし》（一九二九〜三二年米穀課長、その後米穀部長・米穀局長を歴任）は、後年に出版した著書で米騒動の教訓について「大正七年（一九一八年）の米騒動のとき、当時の農商務大臣仲小路廉氏が必要と認めるときは買い入れを命ずることができるという『穀物収用令』というものを出したことがあった。しかし、この緊急勅令を出したとたん、売米がこなくなってしまったという前例があった」と当時を回顧している（荷見 一九六一：一二七）。

米騒動発生時の政府の失策は、当時から国民にも広く認識されており、新聞にも「寺内内閣は米価調節の為に百方其力を用いたるも、調節策殆ど一も肯綮に中らず、米価益々昂騰を継げて、其調節策は失敗に帰し。遂に米騒動の勃発を見たりき」（神戸新聞 一九一九年三月八日）と批判されていた。そのため米騒動の混乱の後、「（原内閣の）山本（達雄）農相は米の自然的配給を待つを得策なりとするの理由を以て内地米買付を打切り。併せて米穀収用令と暴利取締令とは伝来の宝刀として堅く鞘に納め之を適用せざる旨を声明し、其後に至り一年間の期限を附し米籾関税を撤廃し、米価調節に於ても、食糧供給に於ても、自然放任主義を採用した」（同上）という歴史的背景があった。したがって米価調整の難しさは施政者の間で当時から広く認識されていた。小平権一経済更生部長（当時）も、一九三三年に新聞に寄稿した文章の中で「農産物の価格の維持は、実に重要なることであって、この問題が根本的に解決せられるならば其他の農村問題の中自然に解決せらるるものが少くない」としつつも、「米穀の価格の根本的統制は相当困難である」と認めている（神戸又新日報　一九三三年一月七日）。こうした事情から、米騒動を直接経験した農林官僚らが、米価調整システムの導入に消極的であったのは当然のことと言える(8)。つまり米穀法および米価調整は、そもそも農林官僚の選好にも反した政策であった(9)。

農林官僚による政策立案

しかしその後、農林官僚らは政党の指示で改正法案の立案を担当することとなり、米価調整を一定程度容認する姿勢に転じている。同改正法案の立案は政党政治家に半ば強制されたからであったが、だからと言って農林官僚らが立案した政策が、政党政治家の選好を反映したものになったわけではなかった。むしろ農林官僚らが実現しようとしたものは、政党政治家の求めたものとは大きく違っていた。彼らは、政党政治家の多く（とくに政党のリーダーたち）が明確な選好を持たずにいる状況を利用して、改正米穀法の立案を通じて、自分たちの理想とする農政を実現しようとしたのである。

言い換えれば、農林官僚たちはもともと米価調整には反対だったが、改正米穀法の立案をせざるを得ない状況にあって、同法の成立を前提とした環境の中で、どのような政策効果を目指すかを模索した結果、自らの政策志向を修正し、選好を再形成したと言えるのである。こうしたアクターの選好の変化は、選好を所与のものと仮定する合理的選択論では説明することが難しい。そして、農林官僚の選好が行政権限の最大化であるとする政治学者 George-Mulgan の仮定は、当初彼らが米穀統制に反対したという史実に則しておらず、この仮定は適切ではないことがわかる。以下では、彼らの選好がどのように変化し、なぜそのように変化したのかについて検証を行う。

石黒は改正米穀法案の立案の正当性に関して以下のように論じている。「米価は生産者及び消費者の政策と脅威せぬ中間的一点に維持されると共に、その変動が極力制圧されねばならぬ筋合いのものである」（石黒 一九三四：二一〇）。「米価は台鮮米の脅威を受くる内地農民の生活活動に支障を与えぬ高さに維持されねばならぬと共に、米穀消費者たる都市住民の生活を脅威する程高くなってはならぬ為、米穀取引なる配給事業に従事する中間商人の利得へと喰い込むより外右目的を達成しがたい」（同上：二〇八）。さらに石黒は、「現実に何物をも生産する事なき此等配給業者を存続せしめんが為めに、米穀生産者たる農民を犠牲にし、その結果更に今日より多くの配給業者を生産する政策は決して賢明にして価値あるものとは思考し得ない」と主張し、米穀の売買を行う商人に対して非常に批判的な見解を展開し、「商業利得排除は愈々《いよいよ》不可避のこととなる」（同上：二一〇）としている。つまり石黒は、商工業者（中間業者）による中小農と消費者の搾取（中間搾取）を廃絶することを目的として、米穀法を改正し、米価調整システムを導入することが必要であるとして正当化しているのである。そしてそうした政策意図は、政党政治家のそれとは全く異なるものであった。

また前述のように、第二次米穀法改正によって生産費が米価基準の一つとされたことで、米穀統制に中小農の所得保障という側面が付加されたが、同法にこうした政策効果を付与したのは、石黒ら農林官僚であった。政府による買い取り発動の米価基準に関しては、内閣の諮問機関である米穀調査会[10]において審議され、①物価指数に基づく案、②生産費と生計費に基づく案、③物価指数に米価の趨勢を加味する案の三案が提示されたものの結論が出ず、農林省に一任することになった（中外商業新報一九三〇年六月一〇日）。そこで農務局（当時の局長は石黒忠篤）によって、以下の基準を採用する原案が作成された。「（一）米価の最高基準は最低級の消費者の生計費による、（二）最低基準は農家の生産費を基準とす、③右のほかに一般物価指数その他の経済的条件を基準算定の要件として生計費、生産費のみをもって基準となし得ざる変態的経済状態の場合における米価に対して米穀法の適用をなす基準を設定すること」（大阪朝日新聞 一九三〇年六月二七日）。その後、この農務局案は多少の修正を加えられたが、その基本的な理念はそのまま一九三一年の改正米穀法に反映されている。その結果として、中間業者の利益追求行動を制限して、中小農家・小作農を保護する政策が生まれたのである。

政党の政治的戦略によって翻弄されたかのようにみえた農林官僚であったが、表面上は政党の要求を飲みつつ、実は農林官僚自らが志向する制度を導入したり、政党が推す政策に別の機能を付加したりしていた。このように農林官僚が、うまく政党を利用していた実態については、本書第3章の第4節でも言及した通りである。つまり石黒ら農林官僚は、元来その導入に反対していた米価調整システムに、中小農家・小作農を保護するような機能を付与することで、改正米穀法の制定を支持するように選好を変えたのである。このような展開は、特定のアクターの利益や利害関係（あるいは所与の選好）を反映したものではなく、意図せざる結果であった。そして意図せぬ状況の中で、農林官僚が「中間搾取の排除」や「小農保護」といった自らの理念を農政に反映させることに成功したと言える。

その結果が、改正米穀法であった。

食料管理法の制定

このようにして構築された米穀の間接統制体制であったが、一九三〇年の豊作不況、一九三四年の東北地方を中心とした大凶作といった豊凶作の波を受けて、国内のコメ供給量・米価は乱高下を続け、期待されたような価格調整効果を発揮できなかった。さらに一九三七年に日中戦争が勃発しその後戦闘が拡大したことで、コメのみならず食糧全体の供給および配給の統制も必要とされるようになった。とくに一九三九年に朝鮮で起きた大旱魃によって国内移入米の供給が激減し、深刻な食糧不足が発生したことで、食糧流通統制の強化が急務となった。一九二〇年代は主にコメの供給過剰の結果として起きる米価の下落を防ぐことを期待された米穀統制体制であったが、一九三〇年代に入ると一転して供給不足を克服することが至上命題となった。農林省は当初食糧不足には、既存の価格調整メカニズムに加えて、タイや仏印[11]などから外米輸入を増加させることで対応できると考えていた。しかし外米輸入の増加に対しては、軍部（とくに陸軍）から強い反対が起きた。これは陸軍が、大陸における戦火拡大を見据えてできる限り外貨を温存するために、外米輸入の増加を避けたいと考えていたからであった。

また、食糧統制の強化にあたっては、コメの強制買い上げをめぐって、農林省と内務省の間で対立が起きた。コメの供給不足と米価高騰が社会秩序に与える悪影響を懸念し、米騒動のような暴動が起きる危険性を危惧した内務省は、農林省が農民からコメを強制的に買い上げて食糧不足を解消することを期待した。また陸軍も軍費高騰を防ぐために米価を低く抑えたいと考えており、コメの強制買い上げを要求していた。しかし内務省と陸軍からの強力な要請にもかかわらず、農林省は強制買い上げには同意しなかった。それは米騒動の際に穀物収用令に基づいた強制的な買い上げが失敗に終わった経験から、農林官僚らは政府による強制的な食糧流通の統制は非常に困難であると考えていたからである。

たとえば、一九三七年当時米穀局長であった荷見安は、自身が執筆した論文の中で、強権的な米穀統制に懐疑的な意見を述べている。その論文の中で、荷見は強権的な統制政策の例として、ナチス・ドイツの「穀物価格公定法（一九三三年）」をあげている。この法律は、違反者に対して懲役や罰金（最高額は無制限）を課すという非常に強権的な価格統制制度であった。荷見は、こうした法律の強制に基づいた価格統制制度について「戦時又は事変の如き非常の際は兎も角として、常に法の禁圧のみを以て十分の効果をあげることは到底期待し難い所」であると主張している。そして「逆に経済的施設にして適切かつ強力なるものであるならば、法律の強制を要せずして所期の目的を達し得るであろう」とも述べ、価格調整に強権的な手法は適切ではないことを示唆している[12]（荷見 一九三七：四一）。こうした理由から、荷見ら米穀政策に携わった農林官僚らは、陸軍と内務省の圧力に強く抵抗した。

しかし一九三八年には国家総動員法が制定され、経済の戦時体制化が進められるようになったこともあり、コメの集荷・流通の統制は避けられない状況になっていた。また農林省が食糧不足解消に必要不可欠と考えていた外米輸入に閣議決定が必要で、陸軍大臣と内務大臣の賛成を得るためには、強制買い上げの要求を飲まざるを得ないという判断があった（荷見 一九六一：一二七）。結局、農林省は一九三九年一一月に農林省令第六二号「米穀の配給統制に関する応急措置に関する件」を施行し、強制買い上げ措置を導入する。

その後は矢継ぎ早に米穀統制関連の法整備が行われ、食糧管理体制が段階的に構築されることになる。一九三九年には米穀配給統制法が制定され、投機的取引による米価の高騰を防ぐために、米穀取引所が廃止され、その代替機関として半官半民の国策会社である日本米穀株式会社が設立された。これによってコメの先物取引が全廃された。そして米穀商の許可制が導入され、コメの流通ルートに厳格な統制が敷かれるようになった。同じく一九三九年には価格等統制令が制定され、公定米価（一九三九年の最高販売価格は一石三八円）が導入された。

また一九三九年には、農林省と商工省との間で食糧関連分野における管轄に関して折衝が行われ、それまで商工省の所管であった農林水産加工品や米穀商や米穀商組合も農林省の所管に移された。これによって「食糧の生産・流通・消費に至るまで一貫して農林省が管轄することになったのである」（小田 二〇一二：二六）。そして一九四〇年には、臨時米穀配給統制規則・米穀管理規則が施行され、農家の自家保有米を除いて、コメの全生産量を政府が買い入れることになった。コメの集荷にあたっては、産業組合系統によって一元化された。そして政府によるコメの配給が実施されるようになり、コメの流通ルートが国家の管理下におかれるようになった。

このように米穀統制関連の法整備が進められたものの、農林省はなかなか強制買い上げ措置の発動を行わなかった。それは当時（一九三九〜一九四〇年）の農林次官で「米の神様」とも呼ばれた荷見安が強硬に反対したためであった。当時農林官僚で戦後農林次官を務めた東畑四郎《とうはたしろう》によると、荷見はコメの過剰時代でずっと米穀政策を担当していたので、「情勢が変わってからも過剰政策にこだわった」（『農林水産省百年史』中巻：六六一頁）ためであると指摘している。荷見は、当時を振り返って「いくら法令を定めても、実行は出来ないことを承知してはいながら、度胸をすえて強制買い入れの規定を設けたのである」（荷見 一九六一：一二七）と述べている。つまり、荷見は米穀統制を行わずとも外米輸入を増やすことで対応が可能であると信じており、強制買い入れの制度は導入したがそれを発動するつもりはなかったのである。また同措置の発動を強く要求する陸軍や内務省に対して、荷見は、食糧行政は農林省の管轄であるとして激しく抵抗し続けた（荷見 一九六一）。

このように米穀統制に消極姿勢を取り続け、外部からの圧力に抵抗した荷見であったが、一九四〇年に第二次近衛内閣が発足し、農林大臣に石黒忠篤が就任すると、石黒によって更迭されてしまった。この背景には、荷見次官を留任させるならば協力しないとする陸軍省と内務省の圧力があり、他省庁との協力関係を重視した石黒は荷見を更迭せざるを得なかったということがある。(13) 荷見次官更迭後、農林省は外局として食糧管理局を設置し、その出先機関である食糧事務所を各地に配置し、さらに地方行政機関の関連部署を監督下に組み込んで、積極的に食糧流通の統制を行うようになった。

そして一九四二年には、東条内閣の下で食糧管理法が制定された。同法は、米穀および麦穀など主要な食糧を国家の管理下におくことで、食糧の安定供給を目指すものであった。生産者は生産物を全量（自家保有量は除く）政府に公定価格で売り渡すことを義務付けられ、政府が消費者へ配給を行う仕組みであった。これによって食糧の流通は、生産者から直接政府が買い上げて、消費者に配給するという流通ルートのみに限定され、これ以外のルートはすべて禁止された。食糧管理法の制定によって、農林省とその外局である食糧管理局が主導する食糧管理の仕組みが作られた。第6章で詳述するように、食管法に基づいた食糧統制システムは一九九五年に同法が廃止されるまで半世紀以上の長きにわたって維持され、戦後日本の食糧政策の基盤として機能し続けたのである。

2　産業組合の権限強化

農業団体の統合

この時期に食糧管理体制構築の一環として、産業組合や帝国農会などの農業団体の統合も進められた。第2章と第3章で述べたように、産業組合と帝国農会はともに農業団体として農村においてさまざまな役割を果たしていた。しかし両者の関係は必ずしも友好的なものではなかった。産業組合は、主に中小規模の農民の経営・生活向上を目的として組織され、農民への融資や販売・購買などを主な事業としていた。しかしその後、政府による米穀や肥料や農機具の流通統制や経済更生運動の実行などといった分野において、行政代行機関としての役割も果たすようになり、農村における中心的な組織へと発展した。他方で帝国農会は、元来「篤農」と呼ばれ農事指導などに主導的役割を果たした農民の団体として生まれ、その後地主層を中心とした組織に発展した。そして大正期に入ると、帝国農会は新しい技術の普及や副業の奨励などといった農事指導のほかにも、農村の利益団体として政治的な役割を積極的に果たすようになった。既述の通り帝国農会は、小作問題や米穀問題においては、政党や農林省に対して積極的にロビー活動を行い、農業政策決定過程に影響を与えるようになった。

これら二つの農業団体と農林省は緊密な関係を持っていたが、それらは異なる部署の管轄におかれていたため、両者の間において利害関係の調整などは行われていなかった。歴史学者の平賀明彦によると、一九三〇年代前半には「産業組合は経済更生部の所管となり、その部局が時代の花形として脚光を浴びる中で、農村経済の中核的組織として位置づけられていったのに対し、農務局農政課所管の農会との間には対抗的な雰囲気が醸し出されることが多かった」という（平賀 二〇〇三：三四二）。

戦時期における農業統制の強化に伴って、農業団体が行政代行機関として果たす役割への期待が高まったが、さまざまな団体が異なる指揮系統に組み込まれるなどしたため、「多元的な指導統制機構の乱脈を是正する必要」（大阪朝日新聞 一九四一年三月七日）が生じていた。そこで一九三六年になって、産業組合と帝国農会を初めとする農林漁業二七団体(14)を組織する「中央農林協議会」が結成された。また一九四〇年には「農会法」が改正され、農会は農業統制に関して行政官庁の命令に従うことが義務付けられた。

しかしこれらの施策でも団体間の調整は十分ではなく、さらに戦時体制下で設立された農業関連の国策会社と各種農業団体の間でも摩擦が生じ問題化していた。『中外商業新報』によると、「食糧増産には官民一体となって有機的連係を保ちつつ最高度に能力を発揮する必要あるに拘らず農業部門には数十の団体が濫立しまた事変以来族生した国策会社との間に相克摩擦を生じ増産の障害となって居る実情にあった」（中外商業新報 一九四一年四月二三日）。したがって「この摩擦を排除し団体相互間の連絡を保ち構成団体の行う事業を指導統制すると共に重要農業政策につき政府に協力」させること、

「以上の各団体間の連絡協調を図るのみならず団体と国策会社との関係も是正」することが求められていた（同上）。そのため一九四一年には主要な七つの農業団体（帝国農会、産業組合中央会、全国購買販売組合聯合会、帝国畜産会、帝国養蚕組合聯合会、茶業組合中央会議所、産業組合中央金庫）で「中央農業協力会」が組織された。同会の目的は、「（一）農業の総合的指導運営及び発達をはかるため構成員の行う事業を指導統制すること（二）農業部門における総意を代表し重要農業政策に関し政府に協力すること」（大阪朝日新聞　一九四一年四月一日）とされ、構成員への指導統制と行政への協力が義務付けられた。

　ここでとくに留意すべき点としては、この時点ではまだ農業団体は政府の直接的な統制下にはおかれておらず、農業統制は産業組合や農会による間接的（自治的）な統制にとどまっていたことである。これには、さらなる統制強化を志向する農林省に対して、農業団体から「団体の自治的統制を軽視して官僚的な統制力のみを重視」しているとした強い批判があったからである（東京朝日新聞　一九四一年一一月一六日）[15]。

　しかし、一九四三年には「農業団体法」が制定され、すべての農業団体が一律に政府の直接的な統制下におかれることとなった。同法が施行されたことで、帝国農会や産業組合などさまざまな農業団体は、中央レベルでは「中央農業会」と「全国農業経済会」へ、地方では「市町村および道府県農業会」に統合された。産業組合の金融機関であった産業組合中央金庫は、「農林中央金庫」に再編され、農林水産関係全般を対象とした金融機関となった。同法では、「主務大臣は、農業団体に対し統制上必要な事項を命ずることができる」と明記されており、「従来の系統農会が持っていた農業生産に対する統制機能と、産業組合がもっていた販売、購買、金融などの流通過程における独占的機能とをあわせもち、農家経済のあらゆる面で国家的統制を行う機関」が誕生したのである（石田正昭 二〇一四：四九）。

これらの新しい組織の管轄や事業に関しては、以下の通りであった。中央農業会は「（ア）農業の指導奨励その他農業の発達に関する施設、（イ）農業の統制に関する施設、（ウ）農業に関する調査研究、（エ）農業に従事する者の福利増進に関する施設および、（オ）全各号の事業に付帯する事業を行う」。全国農業経済会は、「（ア）会員の販売するものの売却またはその加工に関する施設、（イ）会員に必要なものの購買またはその加工もしくは生産に関する施設、（ウ）会員に必要な設備の利用に関する施設および、（エ）農業に関する調査研究を行う」。地方農業会は、「中央農業会および全国農業経済会の系統組織として、おおむね中央二団体と同じ事業を行うほか、農林中央金庫の下部機構として会員に必要な資金の貸し付けに関する施設および会員の貯金の受け入れに関する施設を行う」（『農林水産省百年史』編纂委員会編 一九七九中巻：三七一頁）。

市町村農業会は農業従事者を会員としながら都道府県農業会を構成し、都道府県農業会と全国農業経済会が中央農業会を構成した。全国農業経済会は、都道府県農業会を会員として、市町村農業会の加入は任意とされていた。また農民は市町村農業会への加入が強制され、各農業会の会長は官庁によって任命されるようになり、従来の産業組合が持っていた「自主性、民主制」や「自治的管理」といった性質は排除された（石田正昭 二〇一四：四九）。

このように各種農業団体を統合して構築された中央農業会・全国農業経済会の組織体制は、戦後ほぼ原型をとどめたまま農業協同組合として再編され、今日に至っても戦前と同様の機能を果たし続けている。中央農業会は、単位農協の指導・監査を行い、農協の司令塔および政治団体として機能する全国農業協同組合中央会（全中）の原型となった。全国農業経済会は農業製品などの販売・購買を行う全国農業協同組合連合会（全農）となり、市町村農業会は各市町村の単位農協として再編成された。農林中央金庫に至っては、名称を変えることなくそのまま存在している（戦後の農業団体の再編と農協の設立については、第6章を参照）。

肥料配給の統制

農民の収入安定には米価調整のほかにも、農業生産の合理化を進め生産コストを下げる施策が必要とされた。当時の農業生産費において最も大きな比率を占めていたのは、肥料の購入にかかる費用であった。当時の農業経済学者八木芳之助によると、「個々の農家にとりては肥料代は農業経営費の最大費目を構成している、即ち農家の農業経営費のうち肥料代は四割強を占めている」（八木　一九三五：四一）。明治から大正にかけては、魚肥や大豆粕などといった有機肥料がほとんどであったが、第一次世界大戦後の化学工業の飛躍的な発展に伴い、過燐《リン》酸石灰や硫安や石灰窒素などといった化学肥料の販売・使用が急増し、昭和初期に入ると「有機質肥料は肥料としての地位を漸次《ぜんじ》失はんとして」いた（同上：四三）。化学肥料（とくに硫安や石灰窒素）の製造は、大企業によって独占され、さらにその流通は生産企業のカルテルによってコントロールされていた。そのため、化学肥料の価格は高騰し、不況に苦しむ農家の経営をさらに悪化させる要因となっていた。

これに対して、産業組合の系統組織である「全国購買農業協同組合聯合会（全購聯）」は、共同購入を通じて肥料の購入者であり市場経済において弱い立場にある農民の経済的利益を守るために、一九二三年に設立された。一九三四年には、金額ベースで肥料販売の三三・七パーセントを全購聯が占めるようになっていた（八木 一九三五：五三）。さらに、一九三七年には「臨時肥料配給統制法」が制定され、政府が必要と認める時には肥料の配給統制上必要とされる事業を行い、肥料製造業者に対して指定する団体などに売り渡すことを命令することができるようになった。さらに肥料の販売・使用・消費・移動・輸出入に関して必要な命令をすることも可能になった。その後、肥料の公定価格や配給割当制も導入され、肥料の流通も厳しく統制されることになった。これに伴って、産業組合の肥料購入も増加し、一九三六年には金額ベースで四五・五パーセントに上った（中外商業新報 一九三八年一一月一三日）。

反産運動の台頭

米穀や肥料の価格や流通に対する政府の統制が強化されていくにつれて、戦時統制経済において産業組合やその系統組織の重要性は高まっていった。しかし、産業組合の果たす役割が拡大していくにつれて、米穀商や肥料商などといった以前からこうした商品の流通に携わってきた商人の事業を圧迫するようになった。産業組合による民業圧迫は、産業組合が政府から低利融資や税制面での優遇（所得税、営業収益税、営業税の免除）を受けていたため（大阪毎日新聞 一九三三年一〇月三〇日）、強い批判が起こった。こうした産業組合への批判は、商工業者による政治運動へと発展し、「反産業組合運動（反産運動）」と呼ばれるようになった。

たとえば、全日本肥料団体連合会は、一九三二年一二月に開催した理事会で「全講連の進出により肥料商の倒産するもの続出、七年中には四、五百軒に達している、しかして肥料商の農民への貸付は約四億円に達し、全講連がこのまま進出するならば全国五億の肥料商は自滅の他なし」として、「産業組合の特権廃止乃至は肥料商に対する同業の保護特遇、もしくは肥料商の営業権の国家買上げ乃至国家管理」を求める「抗争方針」を打ち出した（大阪朝日新聞　一九三三年九月一一日）。そして一九三三年には、全国肥料団体連合会、全国米穀商組合連合会、日本商工会議所など九つの商工系団体によって「全日本商権擁護連盟」が結成され、全国的な反産運動を繰り広げることとなった。さらにその後、大正時代から産業組合が進めていた農村医療利用組合に反対した医師会も反産運動に加わった。

こうした産業組合による民業圧迫の実態について、大阪毎日新聞は以下のように記述している。「産業組合の活動は単なる融資に止まらず、生産物の販売に、或は生産用材の購買に、或は共同施設に生産消費に関する一切の経済活動に手を延ばしている。かかる産業組合の発展拡充計画が中小商工業者の領域を侵し、これに関与する販売業者または製造業者を圧迫し、打撃を与えるのはいうまでもない」（大阪毎日新聞　一九三三年一〇月三〇日）。

また、反産運動の背景には、商工業者を管轄する商工省と産業組合を管轄する農林省の縄張り争いもあった。農林省は「（肥料の）生産事業を農林省に於て専管し、若くは国家管理に移してその利益を制限し、配給を統制して中間搾取を排除せん」と考え（松村　一九五〇：一二五）、肥料産業に対する同省の権限拡大を模索していた。他方で「（商工省）産業合理局販売管理委員会は、さきに産業組合の拡大化につき、政府の方針がややもすれば産業組合に偏重し、一般商工業者を圧迫する嫌いある点を指摘して当局に注意を促し」、農林省による産業組合の拡大政策を牽制した（大阪毎日新聞 一九三三年一〇月三〇日）。それは「生産を業者に委ね、細密な干渉をしないならば、却て業者の企業意欲を刺激し、生産を旺盛にし、価格を低廉ならしめ、結局農家の利益になる」（松村 一九五〇：二三五）という考えに基づいており、農林省の権限拡大を阻止したいという商工省の思惑があった。

産業組合とその系統組織の事業拡大に対する商工業者や商工省からの批判や政治的圧力の高まりに対して、産業組合は、「中小商業者の経営難は不況、百貨店の進出、独占資本の合理化などに原因があって、産業組合の事業拡大が原因ではないこと、そして、これまで商業者によって利益を奪われてきた小農民が生活防衛のために産業組合の事業拡大に努めるのは当然の権利である」と反論した（石田正昭 二〇一四：四三―四四）[16]。さらに産業組合は、農村青年を組織する「産業組合青年連盟」（一九三三年）や地方の産業組合協会を組織する「全国農村産業組合協会」（一九三四年）を設立し、「反・反産運動」を繰り広げた。

そして最終的に、農林省と産業組合は自らの権限や事業の拡大に成功した。前述の通り産業組合の販売事業をさらに拡大させる臨時肥料配給統制法（一九三七年）や米穀配給統制法（一九三九年）などが制定された。さらに一九三九年からは、肥料や農薬などの農業資材の割当配給制度が開始され、産業組合系統組織がそれらの独占事業体となった。また一九四二年に制定された食糧管理法によって、産業組合がコメ・麦類を一元的に集荷することとなった。さらに商工省と農林省の間の調整も進み、農林省が農業資材やコメ・麦類などの販売を管轄することになった。

3　権限強化が行われた理由

戦時下で食糧統制体制が構築・強化されていく中で、産業組合とその系統組織の機能は著しく強化され、きわめて強力な組織として発展を遂げた。また第5章で取り上げる「農山漁村経済更生計画」の遂行においても、産業組合は中心的な役割を果たすようになり、その権限はさらに拡大した。産業組合の組織強化を主導したのは、食糧政策と農山漁村経済更生計画の立案を担当した農林官僚である。だが、なぜ彼らは産業組合の権限を強化させたのだろうか。

合理的選択論的説明

合理的選択論的観点からは、自らの行政権限拡大・強化を図った農林省（および農林官僚）が、産業組合を通じた統制体制を構築したとの説明が可能であろう。政治学者George-Mulganが主張するように、官僚の選好が行政権限の最大化であるとするならば、農林官僚は農家や農業団体に対する統制力を強化するためにこうした体制を作ったとの説明が導引されるだろう。もしくは、農林省の予算拡大のために、こうした政策を導入したとも説明できるだろう。たしかに、産業組合を通じた強力な食糧統制システムの構築は、農林省の予算と権限を大幅に拡大させたことは事実である。では、産業組合の組織強化は、本当に農林省の行政権限あるいは予算拡大を目的としたものであったのだろうか。こうした説明は、いくつかの矛盾を抱えている。

第一に、もし農林官僚が行政権限の最大化を最重要目標としていたのならば、なぜ彼らは最初から直接統制をしなかったのか。わざわざ産業組合を通じた間接的な統治体制を構築するよりは、農林省が直接運営・管理する組織（食糧事務所など）を通じた直接的な統制体制のほうが、行政権限の最大化につながるといえる。またそうすることで、農林省の下部組織や外郭団体の創設・組織拡大や人員の拡充が必要となり、予算のさらなる拡大につながったはずである。なぜ農林官僚は、こうしたアプローチをとらなかったのだろうか。

第二に、民間団体である産業組合を強化することは農政における強力なアクターを作り出すことを意味する。そのような強力なアクターが、将来的に農林省の利益を侵害する可能性に農林官僚が気付かなかったということは考えにくい。実際に、戦時期にも産業組合内部の政治活動は盛んで、一九三八年には産業組合青年連盟（産青連）が中心となって「革新政党」を結成する動きも起きていた(17)（読売新聞 一九三八年六月九日）。そのため議会では、産業組合の政治化に懸念する議員からの質問を受けて、農相が「産組は飽《あ》くまで農村協同運動の組織だ」と釈明することもあった（同上）。こうした運動に対する警戒は、農林官僚の間にも当然あったと考えられる。また戦後には産業組合の機能を受け継いだ農協が政治団体としての活動を活発化させて、与党自民党を通じて農林省（農水省）の政策遂行を妨害することがたびたび起こった。こうしたことを考えれば、強力な民間団体に大きく依存した統制システムの構築は、政治的リスクが伴うと言える。したがって、農林官僚が農林省の権限拡大・強化を最優先したのであれば、民間団体を通じた統制システムではなく、農林省が直接管理・運営する組織で直接統制すれば、そうしたリスクは回避できたはずである。

以上のように、農林省の利益を最大化できる選択肢があったにもかかわらず、そうした選択肢を農林官僚が模索した形跡は見当たらない。なぜ農林官僚は、政治的リスクを伴う間接統制システムを選択したのであろうか。この問いに対する答えを探るには、農業団体再編成の思想的な基盤となった農林官僚らの政策アイディアを分析する必要がある。

構成主義的制度論による説明

農業団体再編成を通じて、農林官僚が何を実現しようとしたのかを探るには、彼らがどのような問題認識を持っていたのかを知る必要がある。当時の農林官僚たちは、農村問題を引き起こしている原因の一つに「資本主義の弊害」があると考えていた。彼らは、第2章で取り上げた明治期の小農論者らと同様に、農業が商工業とは性質を異にするものであるとし、市場メカニズムにおける利益追求行動が農村経済に与える悪影響を極力排除する必要があると考えた。つまり銀行や大企業や商人などが、経済力の弱い農民を搾取することを防がなくては、農村経済の発展はないという考えである（「中間搾取の排除」）。具体的には、銀行やその他の金融機関から高利の融資を受け借金返済に苦しんだり、米穀商に安くコメを買い叩かれたり、投機行為による米価の乱高下に苦しんだり、肥料商に高額の肥料を売りつけられたりといったようなことを防止するというようなことであった。

石黒は、明治維新以降農村が市場経済システムに組み込まれた背景について、「今迄現物で年貢を納めて居たものが、地租改正に依って貨幣化されねばならなくなった為、地主や自作農は農産物の販売者としての機能を合せ有せざるを得ざるに至ったのである」と述べ、農村経済が適切に作用するには「何を措《お》いても農産物が正当なる価値に販売されねばならない。而して夫れが正当な価値を保有する為には、農産物が商品としての価値を有し、且又其の販売者たる農業者が商人と経済的に対等の地位に置かるる事を要する」状況であったので、「永く自給自足的農業に従事して居た我国農民に右の条件を求める事は無理であった」と結論付けている（石黒 一九三四：一八五）。以上のような市場経済における農民の脆弱性と商工業者による中間搾取の可能性への危惧は、他の農林官僚にも共有されていた。

また、農村疲弊が市場メカニズムによってもたらされたという問題意識の下で、米価政策における中間搾取排除の意義と必要性について、石黒忠篤は以下のように述べている。「我農村の生死が日本国家の将来を制約するものである以上、農村に立脚せる米価政策が非常時国策中の上位を占む可きことは他言を要しない。而して此の米穀政策が、米穀取引所関係者の投機及び米穀商の中間利得の抑制排除に触れることあるは勿論である。米穀取引所、全国米穀商組合連合会、商業会議所等の米穀法、続いては米穀統制法、産業組合法反対の運動に抗し、断固として諸法の行政活動を進むるの外無いのである」（石黒 一九三四：一二一―一二二）。そしてこの食糧統制システムにおいて主要な役割を果たす主体として、石黒らが選択したのは産業組合であったが、それは彼らが産業組合は存在意義をそもそも「中間搾取の排除」と「組合員（農家）の経済的自立の促進（自助主義）」にあると認識していたためである。

また石黒は産業組合が中間搾取の排除の点で果たしてきた役割を、次のように評価している。「政府は明治三十三年に産業組合法を制定施行し、中小農民の斯くの如き商人に対するハンディキャップを除き、商取引に於ける実力を与えんとしたのである。産業組合は大正年間殊に世界大戦に依る好況期に於て農産物の共同販売若くは肥料其他雑貨の共同購入の機能を急激に発展せしめ、組合員が嘗ては個別的に取引して居た一部中間商人の手を排除し、産地若くは消費地の問屋や中央卸売市場へ直接販売を為し、肥料会社から直接肥料の共同購入をなすに至った為め、組合員たる農民が商人の中間搾取から一部分解放された事は周知の事実であるが、未だ斯《かか》る機能を有せざる段階に於てすら、産業組合は今日程多くの農民を組織しては居なかったが、商人に対する組合員の地位を有利に導き商策から農民を防衛する役割を務めたと云わねばならない（政府は明治三三年［一九〇〇年］に産業組合法を制定施行し、中小農民が持っていた商人に対するハンディキャップを取り除き、商取引における実力を与えようとしたのである。産業組合は大正の時代、とくに第一次世界大戦による好況期において農産物の共同販売もしくは肥料や雑貨の共同購入の機能を急激に発展させ、かつては個別に組合員と取引していた一部の商人を排除し、産地もしくは消費地の問屋や中央卸売市場へ直接販売し、肥料会社から直接肥料の共同購入をするようになったので、組合員である農民が商人の中間搾取から一部分解放されたことは周知の事実である。産業組合はこうした機能を持つ前は、今ほど多くの農民を組織してはいなかったが、商人に対する組合員の地位を有利に導き、商業から農民を防衛する役割を務めていたと言わざるを得ない）」（石黒　一九三四：一八八）。

米穀政策の立案を行った石黒らが、食糧統制システムの構築にあたって「中間搾取の排除」と「自助主義」を政策目標としたことを考えると、元来こうしたことを目的として設立された制度である産業組合が統制の主体となったのは、当然の帰結であると言えるだろう。言い換えれば、こうした背景を考えると、食糧統制システムが他の形（たとえば農会を主体にしたもの）に発展する可能性は、きわめて低かったと考えられる。また農家の経済的自立を促すためには、農林省が直接統制を行う形の食糧統制システムは好ましい形態ではなかった。つまり行政権限の最大化は、農林官僚の選好ではなかったのである。農林官僚は、組合員である農家が協同主義に基づいて、経済的な影響力を高め、市場経済の中で自立できる体制を築くことを志向していた。そして農林官僚が描いた日本農業の将来像の中で米穀政策と産業組合の発展促進との方向性が一致したことで、戦時期の食糧統制システム構築という農林官僚の選好が新しく形成されたと考えられる。

しかし、米穀統制において産業組合を優先する考えが、農林省全体で支持されていたというわけではない。農林省内部にも、産業組合優先に対して批判的な考えを持った官僚がいた。当時の評論家の島田晋作《しまだしんさく》によると、「農林省内にも産組再検討論や甚しきにいたっては産組解消論さえ一部に渦巻いている。（中略）石黒―小平を中心とする産業組合主義は今後の事変で遺憾なくその弱点が露呈した、第一、産組には農業の技術面を指導する能力がない、また産組の共同購入乃至共同販売の機構は高度に発達したというけれども、肝腎の農家へ肥料も農具も飼料も薬剤もなにひとつ満足に配給できていないじゃないか、之は明かに産組従来の発展方向に無理なものがあった結果だという批判が相当力強く省内でも行われている」。産業組合路線に批判的な農林官僚には、「元農林次官井野碩哉（現日本水産専務）の流れをくむ役人」で、その中には「井出正孝（東京営林局長）周東英雄（経済更生部長）若手では重政誠之（臨時農村対策部長）石井秀之助（米穀局勅任事務官）和田博雄（企画院調査官）」[18]といった人物がいたという（農林省内の意見対立については第5章で詳述する）。だがこうした産業組合に批判的な意見が、農林省の主流を占めることはなく、石黒・小平のリーダーシップの下、産業組合を通じた食糧統制システムが構築されたのである。

4　まとめ

本章では、昭和初期において、米穀および主要農業資材などに対する国家統制が強化されていく過程を検証した。米穀政策の事例においては、緊迫した経済情勢や戦時状況の悪化の結果、政党リーダーや農林官僚といった主要なアクターが望まなかったにもかかわらず、強制的な措置を含んだ米穀統制制度が構築された過程が明らかになった。一九二〇年代半ばから一九三〇年初めにかけては、農民や農業団体から米価調整への要望が上がったが、政府による市場介入に懐疑的であった政党リーダーや農林官僚たちは、当初米価調整を望んではいなかった。しかし経済情勢の緊迫によって、米穀法が改正されることになり、米価調整システムの導入が決定されることとなった。自らの選好にそぐわない政策の立案を担当することとなった農林官僚は、その選好を再形成し、かねてより政策理念としてきた「中間搾取の排除」や「中小農保護」といった点を反映するような形態の米価調整システムの構築を目指した。

そして戦時期になると、農林省は外米輸入を嫌った軍部の介入や社会秩序維持のためにコメの強制買い入れを求めた内務省の圧力にさらされ、より強力な食糧管理法の制定が避けられなくなる。農林官僚はまたしても自らの選好に反する政策の立案を余儀なくされるが、食糧統制システムの下で、米穀や農業資材の買い入れや配給といった点で産業組合が果たす役割を拡大し、産業組合の制度強化を実現させた。そうすることで、協同主義に基づいた中間搾取の排除や中小農保護といった政策理念の実現を図ったのである。

しかし産業組合の制度強化に対しては、商工業者などからの反発が起こり、反産運動といったような反対運動が起こり、米穀商や肥料商などを管轄していた商工省と農林省との縄張り争いも発生した。さらには農林省の内部からも反対の声が上がった。だが石黒と小平たちは、こうした反対を抑えて産業組合の制度強化を実現させた。軍部などの圧力によって米穀統制政策を余儀なくされ、それに対する反対運動が起こる中で、自らの政策アイディアを反映した政策を導入した農林官僚のしたたかさがうかがえる。昭和初期・戦時期の米穀政策の事例から明らかになったことは、同政策の発展過程は特定のアクターの所与の選好を直接反映したものではなく、さまざまな政治的・経済的背景から自らの選好に反して同政策の立案を行うことになった農林官僚が、その立場を利用して自らの政策アイディアをできるだけ政策に反映させようとした結果を反映しているということである。

注

(1) 小平権一は一八八四年長野県に生まれ、東京帝国大学農科大学農学科と東京帝国大学法科大学政治科を卒業し、一九一四年に農商務省に入省、農政課長や米穀課長などを経て、一九二九年に蚕糸局長、一九三一年に農務局長に就任した。一九三二〜三八年にかけて経済更生部長、一九三八〜三九年にかけて農林次官を務めた。

(2)　当時は、植民地などの「外地」から日本（内地）に入ってきたコメを「移入米」、外国から入ってきたコメを「輸入米」または「外米」と呼んでいた。

(3)　産業組合などの組織が政府から独立したまま「自治的」に統制を行う仕組みを「間接統制」と呼び、産業組合などを政府の統制下において統制を行う仕組みを「直接統制」と呼んだ。

(4)　この率勢米価という概念は、石黒忠篤が発案したもので、「明治三十三年十一月以降の日本銀行調査米価指数の物価指数に対する割合（米価率）を基礎とし当該米穀年度（十一月一日に始る）に於る米価率の趨勢値を算出しこれを基準価格決定の前月の物価指数に乗じたるものを十一円八十一銭（日銀調査の基礎年月たる明治三十三年十月の米価）に乗じて算出した価格をいう」と規定されていた。しかしその算出方法は複雑な「高等数学もどきの難物」であったため、「濱口総理だの井上蔵相さては算数にかけては頭のいいことを自負する大蔵省の連中さえただ眼をパチクリするばかり」であった（東京日日新聞　一九三〇年一一月二七日）。

(5)　さらに、一九三二年に「（第三次）米穀法改正案」が可決され、借入限度額は四億八千万円に引き上げられ、朝鮮・台湾からの移入米への統制も強化された。

(6)　これに先立って、一九二四年七月に帝国農政協会において採択された決議によると、米穀の関税率を軽減することを認める関税定率法第六条の削除が政府への要望として明記されている（中外商業新報　一九二四年七月六日）。

(7)　またコメの買い上げにおいて産業組合が果たす役割に関して、民政党は産業組合による間接統制を支持していたが、米穀商などの利害を考慮した政友会は、産業組合の権限強化には強く反対していた（大阪朝日新聞　一九三五年二月二四日）。

(8)　ほかにも、一九三二年に大日本米穀会の米穀専売統制調査委員会による米穀統制への反対決議には、こうした制度の技術的困難性や弊害が以下のように指摘されている。「其の国家財政上に及ぼす危険、米価公定の困難自家消費量の決定及び之が取締上の困難、穀物検査に関する党弊、専売による配給経費の増大に基く米価の騰貴、麦、粟等の代用食料の米専売制度に及ぼす脅威及掛売廃止による消費者生活上の入内なる脅威、其の他此の制度実施上に於ける困難及び弊害測り知るべからず」（時事新報 一九三二年一〇月二四日）。また同委員会のメンバーには那須皓や橋本伝左衛門といった石黒忠篤にきわめて近い人物がおり、当時識者の間で食糧統制の技術的困難性が広く認識されていたことがわかる。

(9) 後述するように、農林官僚らは一九三九年に陸軍と内務省の圧力を受けてさらなる統制強化を余儀なくされるが、市場介入措置の発動を意図的に行わず、一九四〇年に当時の農林次官であった荷見安が更迭されるまで、最大限市場介入を回避し続けた。

(10) 米穀調査会は、内閣総理大臣を会長とし、大蔵大臣と農林大臣を副会長としていた。そのメンバーには、帝国議会議員や関係省庁の政務次官や財界関係者や学識経験者などが含まれていた。

(11) フランス領インドシナ（現在のベトナム・ラオス・カンボジア）。

(12) これについて、この時点での日本の制度は「法律を以て公定価格に依る取引を強制する方法に依らず、国家が強力なる経済力を擁して米穀の売買を行ひ米穀の統制を図らんとするものである」と荷見は述べ、ドイツと当時の日本の統制制度の違いを指摘している（荷見 一九三七：四一）。つまり日本の制度は、強制手段を用いるのではなく、あくまでも需給のバランスを調整することで価格調整を行うものというわけである。

(13) この背景について政治学者の小田義幸は、「食糧行政へ注文を付ける外部勢力」への厳しい姿勢が、陸軍や内務省の反発を招いたと説明している（小田 二〇一二：二九）。

(14) その他の団体は、全国養蚕業組合連合会、全国水産会、全国山林会連合会などで、農林漁業の主要団体のほとんどが含まれていた。

(15) また内務省とその指揮下にあった地方長官などからは、町村自治体と農業団体との関係を明確にするため町村に農業団体に関する監督権を附与せよとの要求があり、内務省が農業団体に対する監督権を獲得しようとしていた（東京朝日新聞 一九四一年一一月一六日）。最終的に内務省の要求は退けられるのであるが、農業団体の統合の背景には、こうした内務省と農林省の縄張り争いもあった。

(16)　ほかにも産業組合中央会は、以下のような主張も展開している。「（産業組合が享受する）特典の過大ならざる所以を説き、また一般商業者と産業組合とは何れも営利事業を行うとはいえ前者は単なる個人的利潤を追うを目的となすに反し、後者は組合自体の収益を計るを究極の目的とせず、組合を利用せる組合員に利益の均分をなすを目的とする、従って産業組合そのものは何等排撃されるべきでなく、また両者の資本効率においても組合は団体信用または系統機関の利用の可能なるため、個人場合より優越性があり、ために収益率の増大を来すので不当に個人を圧迫するのではない」（大阪朝日新聞　一九三三年九月一一日）。

(17)　こうした団体が全国的な政党組織に発展することはなかったが、地方レベルでは産青連系の政治団体が設立されていた。

(18)　島田晋作「農村団体の統率者」読売新聞　一九四〇年一月三一日に掲載。

第5章
農山漁村経済更生計画
●戦時期における農村の組織化

第4章でみたように、一九三〇年代から戦時期にかけては、米穀を中心とした主要食糧の需給と価格の調整と流通ルートを統制する制度の構築が農林省に課せられた使命の一つであった。しかし同時期に農林省が推進したもう一つの重要政策に、「農山漁村経済更生計画」がある。農山漁村経済更生計画は、世界恐慌のあおりを受けて不況に苦しむ農村を救済する政策の一つとして一九三二年に打ち出されたものである。同計画においては、小作争議によって分裂する傾向にあった農村コミュニティを組織化し、農村経済の「合理化」を進める政策が推進された。

同計画は、農村疲弊の解消という面では目標を達成することはできなかった。しかし農村における農業団体の統合や、農林省による農業団体を通じた農村の行政管理ネットワークの構築といった面では、農業行政に重要な意味を持つ成果をあげた。そしてこの計画にも、その立案を担った農林官僚の政策アイディアが色濃く反映されており、それに基づいて構築された諸制度（農協の制度基盤となった産業組合とその系統組織など）は、食料管理法（食管法）とともに戦後農政の重要な礎となった。その意味では、この政策は小農論に基づいた戦前農政の集大成とも呼ぶべき重要な意味を持つ政策であった。以下では、同計画が立案・導入された過程とその背景を分析し、戦後農政の基盤となった農村における行政管理ネットワークが何を目的として構築され、どのように実現されたのかといった点を明らかにする。

1　農山漁村経済更生計画

昭和恐慌と農村疲弊

一九二九年に発生した世界恐慌のあおりを受けて、国際市場における農産物価格の急落は、当時日本の主要輸出品であった生糸や茶などといった産業に深刻な打撃を与えた。繭価の暴落によって、養蚕業を行っていた農家の収入は激減した。また東北地方では、深刻な凶作に見舞われ、食糧不足や娘の身売りなどが社会問題となった。さらに景気が冷え込んだ一九三〇年には、コメが豊作であったことで米価の急落も発生し、多くの農民が多額の負債を抱えたり、田畑を手放さざるを得なくなったりした。こうした農村の深刻な窮状は、当時「農村疲弊」や「農業恐慌」などと呼ばれた。

当時の新聞記事には、苦境にあえぐ農村の実情が以下のように伝えられている。「昨年度（一九三〇年）における我国農村は、国際的農業恐慌の影響を受けたばかりでなく、金解禁後に惹起された財界の異常な深刻化によって、その打撃を加重され、繭価の惨落を発端として一般農産物価の著しい下落を来たし、なかんずく豊作飢饉というが如き皮肉な珍現象を生じてわが特産物たる米価を未曾有の低き水準に陥れたので、全農家の有する負債は七十有億と算せられ、農村の実状は全く文字通り暗澹を極め、農民は非当の苦しみを受け、現在に至るもなおこの憂慮すべき常態が継続して居る」（中外商業新報　一九三一年二月一七日）。

さらに別の新聞記事には、「農家収入の中心となす米価は昨年の出来秋から一月までの平均は前年同期に比して四割四分四厘方の激落を来し」ため、「農家の収入はほとんど半額に減退している」と報じられている（東京朝日新聞　一九三二年二月六日）。ここでは農家の負債は四〇億円にのぼると推定され、「これを全国農家一戸当りにすれば八百円に上るのである従って農家の子供は生れながらにして一人当り百五十円からの借金を背負わされているわけだ。働けど働けど農家の暮しは楽にならざるのみか却《かえ》って働けば働く程苦しくなるようなものである」と、農村の惨状が伝えられている（同上）。

時局匡救事業

こうした農村疲弊の深刻化を受けて、第六三帝国議会（臨時会、一九三二年八月〜同年九月）が招集され、農村の救済を主要な議題として審議し、「救農議会」と称された。東京朝日新聞によると、この時の議会の様子は以下のようであった。「不況の重圧に堪えかね、それこそ手も足も出なくなった農民が、期せずしてこの議会を目がけ『救農』の叫びをあげるに至ったのは当然すぎるほど当然だった。第六十三議会が開かれるや、地方農民を代表する団体は続々と上京して、『農村を借金から開放せよ』『支払猶予令の即時断行』『債務の切下断行』『主要農産物の損失補償』等々… スローガンを掲げて農村の窮状を訴えた」（東京朝日新聞　一九三五年一二月一一日）。救農議会の招集は、農村からの切実な要望を反映したものであった。

救農議会では、農業恐慌対策として「時局匡救《きょうきゅう》事業」の実施が採択された。同事業は、「救農土木事業」と「農山漁村経済更生計画」という、二つの柱から構成されていた。まず救農土木事業は、農地・農道整備や灌漑工事や河川改修などといった土木事業が中心であった。こうした土木事業に対して、一九三二年から一九三四年までの三年間に一六億円の予算が付けられることとなった。そしてこれらの土木事業には、内務省土木局所管の「農村振興土木事業」と農林省耕地課所管の「農業土木事業」の二種類があった。(1) それらの事業は、農村において公共事業を行い、農民を土木事業で短期的に雇用することで、農民に現金収入の機会を与えることを目的としていた。その意味で救農土木事業は、戦後に入って活発に行われるようになった土木事業を通じた農村地区への所得分配・利益供与構造の原型となったとも言われる（岡田　一九八二b：六三―六四）。

しかし当時の新聞記事が指摘していたように、救農土木事業は「飽くまで応急対策であって、『現金飢餓』に喘ぐ農村に、政府又は地方が公共事業を起して仕事を与え、現金を握らせようというのがその狙い所であった。従って、このため三ヶ年間に実に十六億円という巨額の資金が振り撒かれたとはいえ、それは何《いず》れも、一時の急に備えるものであって、農村を真に更正せしめるためにはこの救済事業と併行して、自ら別個の工作―農村経済それ自体に活を入れる工作が進められねばならなかった」（東京朝日新聞 一九三五年一二月一一日）。そして、短期的・応急的な不況対策であった救農土木事業を補完するべく並行して実施されたのが、農村疲弊の長期的・根本的解決を目的とした農山漁村経済更生計画であった。

経済更生計画の概要

農山漁村経済更生計画（以下、「経済更生計画」と記述）は、市町村が主体となり「自力で」農山漁村コミュニティの合理化・組織化を行って、農村経済構造を改善させることを目的とした国民運動を起こしていこうとする計画であった。同計画では農村経済の弱点として、無計画性、無秩序、無統制などといった点があげられ、こうした弱点の改善が恒久的な救農事業となると考えられた。農村経済の合理化・組織化・統制にあたっては、産業組合の系統組織を利用して、政府と農村と農民を「有機的に結合」させることが追求された。そこでは、政府―産業組合（市町村レベル）―農事実行組合（集落レベル）―農民というネットワークを全国的に構築することで、政府の総合的な指導体制を拡大し、農産物の生産・流通の計画化と合理化を推し進め、農村経済を安定させることが図られた。そして同計画の推進を目的として、一九三二年に農林省内に「総合的特別指導機関」として経済更生部が設立され(2)、初代部長には元農務局長の小平権一が就任した。

一九三二年一二月に農林省が作成した「農山漁村経済更生計画樹立方針」には、経済更生計画の具体的な遂行指針が示されている。総合的な農業政策として立案された計画だけはあって、一二項目にわたる網羅的な指針となっているが、その骨子は①農村の組織化・統制強化、②農業団体の再編成・活動拡大、③農業経営の合理化、④農村金融の改善、⑤農村における教育と生活の改善（精神更生）の五点であった。

第一に、農村の組織化・統制強化に関しては、産業組合を基軸として農村を一元的に組織化し、政府による生産・販売に関する統制を強化して、農村経済に計画性を導入することが目的とされた。農村経済の「自力更生」のために、組織化・統制強化が図られた背景には、農村疲弊の原因が農村経済における計画性・秩序・統制の欠如にあるとする考えがあった。そのためこうした「禍因」を取り除かなければ、農村経済を立て直すことはできないと考えられたのである。当時の後藤文夫農相は、農村疲弊の原因が「内外経済界の異常なる不況によるのみならず、農山漁村経済の運営及び組織の根底に大きな禍因の存することを看過してはならぬ（国内外の異常な不況によるものだけではなく、農山漁村経済の運営や組織の根底に大きな災いのもとが存在することを見逃してはならない）」とし、「之が芟除に努めなければ、一般財界は不況は打開されても、農山漁村は独り取残されて窮乏の域を脱し得ないであろう。全国の農山漁家は此の根本的の欠陥を認識して農山漁村経済の全般に亘って計画的組織的に整備改善を図って、その経済の建直しを断行しなければならぬ（この災いのもとの除去に努力しなければ、経済社会において不況が打開されても、農山漁村は取り残されて窮乏を脱することができないだろう。全国の農山漁家は、この根本的な欠陥を認識して農山漁村経済の全般にわたって計画・組織の整備改善を図って、その経済の立て直しを何としてでも行わなくてはならない）」と述べ、経済更生計画の趣旨を説明している（神戸新聞　一九三三年一月八日）。つまり、農村を組織化することで、農村疲弊をもたらしている根本的な原因を取り除くことが、同計画の目的であった。

農村の組織化に関しては、産業組合が農村におけるさまざまな経済活動（生産・購買・販売・金融など）を総合的に主導し、各農民が産業組合の組合員となることで確立されるとされた。こうした農村の組織化は、小作争議による農村内の対立を解消させるために必要と考えられただけではなく、市場経済の発展に農村が取り残されることを防ぐためにも必要とされた。農林省が一九三二年に発表した「農山漁村経済更生計画樹立方針」という文書には、「（肥料や種苗などの）農業経営用品を、農家が各個において購入、加工、貯蔵等をなすことは極めて不利なるを以て、産業組合、農事実行組合、養蚕実行組合等を中心として、これが購入加工、貯蔵等を共同に行」うとある。[3] 生産・購買・販売などといった農村における経済活動を、産業組合とその系統組織によって組織的に行うことで、農村経済の強化が図られた。また農村の統制強化に関しては、主に生産物の販売や農業経営用品（肥料等の農業資材）の配給を、産業組合とその系統組織が中心となって統制することとなった。

第二に、農業団体の再編成・活動拡大に関しては、産業組合が農村の自律的な更生の主体となり、その他の農業団体を産業組合の組織下に統合することが目指されることとなった。「農山漁村経済更生計画樹立方針」には、こうした方針について「経済更生計画中販売、購買、金融、利用等の経済行為に関する事項及びその実行については、産業組合を中心として考慮すること」と明記されている。第4章で述べたように、主要な農業団体のほとんどが実質的に統合されたのは、一九四三年に農業団体法が成立した時点であるが、こうした農業団体の再編成・統合の試みが緒に就いたのは経済更生計画によるものであった。各農村（集落レベル）において、経済更生計画の実行主体となったのは、

「農事実行組合」と呼ばれた団体であり、農事実行組合は「農家小組合」と呼ばれた既存の農事改良組織を改組したものであった。農家小組合は、明治中期あたりから農村において組織されるようになり、その後帝国農会の指導の下、全国に普及した。経済更生計画では、農事実行組合を産業組合に加入させ、その指導下におき、各集落において経済更生計画の実行を担わせたのである。

そして産業組合による四種兼営（販売・購買・信用・利用）と各事業間の連絡統制が奨励された。また「区域内の住民をして洩れなく産業組合に加入せしめ、その利用を徹底せしむること」として、全農家の産業組合への加入が推し進められた。とくに零細な小作農家はこれまで産業組合の事業の対象外であったが、農事実行組合の加入を通じて、産業組合の影響下におかれるようになった。さらに「産業組合の設立なき町村においては、速にこれを設立せしむること」として、産業組合がまだ設立されていなかった町村も、産業組合を新たに設立し、その拡大を進めた。そして「新に設立する産業組合の組合員は、当初より区域内の住民全部を目標としてその大多数を網羅せしむること」として、すべての農民を産業組合とその系統組織によって組織することが目指された。

産業組合を経済更生計画の実行主体とする農林省の意向に呼応して、産業組合は「産業組合拡充五カ年計画」を採択し、以下のような目標を掲げ、その達成を目指すことになった。同計画は、①未設置農村の解消、②全戸加入、③四種兼業、④統制力強化の四点を重要目標として掲げており、「全農民を対象とした農業政策の末端を担い得る組織」として発展することとなった(4)。その結果として、「大正末年（一九二六年）には40パーセントにすぎなかった産組の組織率が１９３５年には75パーセントに達し(5)」、農村の組織化が急速に進んだのである。

第三に、農業経営の合理化に関しては、さまざまな分野において農民収入の増加・安定化・経営黒字化が図られた。まず、灌漑・排水の改善などによる耕地改良が推奨され、救農土木事業を使って推進された。次に、農業生産体制の合理化を目的として、共同作業（共同田植など）による労力の節約・調整や共同施設の普及・充実が進められた。また、副業経営や生産品目の増加などによる経営の多角化が推奨され、農村において簡易工業（農産物加工など）を興して、農産物の付加価値を高めたり、生産物の商品化を進める、いわゆる農村工業が奨励された。そして、農業資材などの自給自足体制を拡充させることで、農業生産コストの削減が模索された。また、生産性改善のために一戸あたりの耕作地の拡大が図られ、自作農地の維持・創設への支援が行われ、さらには寡少農民や小作農や次男・三男を満州移民に誘導することで、農地集約を行って一戸あたりの耕作地を拡大させるという強引な政策も推進された。

第四に、農村金融の改善に関しては、農村金融の一元化と計画化が図られた。上述のように、当時は恐慌のあおりを受けて多額の負債を抱えたり、農地を差し押さえられてしまう農民が急増していた。こうした農民の負債整理を促進するために、該当する農村の経済更生計画に負債整理計画を加えさせ、「町村民一致協力してその実行に務めしむる」ことが奨励された（中外商業新報 一九三二年一二月二九日）。また、農村の金融を産業組合の系統金融機関に統一させるため、「農家をして総て産業組合に加盟せしめ、余裕金の預入及び資金の融通は専ら組合を利用せしめる」（同上）こととされた。その上で、農村の負債整理計画や資金計画は、産業組合が各農民（つまり産業組合の組合員）の所要資金の用途や金額などを調査して作成することとなった。民間の信用機関や個人貸借は避け、従来の無尽《むじん》や頼母子講《たのもしこう》などは解消して産業組合系統金融で代替させることとされた。こうした方策を通じて、農村金融も産業組合とその系統金融が独占する体制が作られた。

第五に、教育・生活の改善に関しては、農村コミュニティを形成する構成員である農民の意識改革が図られた。これには、主に三つの目標があった。一つ目の目標は農村コミュニティの「精神更生」であった。それは経済更生計画自体が、下からの自主的な啓発運動を目指したものだったからであった。つまり農村の住人が、政府の支援に頼ることなく、自発的に経営合理化計画を立案し、自らの手でそれを遂行させていくことが前提であった。こうした啓発運動の遂行を可能にするには、農村全体の精神的な高揚が不可欠であったため、政府はあらゆる手段を使って運動に対する気運を高めていく必要があった。そのため、役場、学校、在郷軍人会、青年団、婦人会、寺院、神社といった農村のさまざまな団体や組織が、「勤倹力行」・「愛国勤労」・「献身報国」などといったスローガンの下、農村の意識改革を推進する活動を行った。そこでは、私的利益の追求を抑制し、公的利益への奉公といった意識を植え付けることが図られた。

意識改革の二つ目の目標は農村の一体化に関したものであった。第3章で述べたように、大正期に入って小作争議が全国的に拡大し、農村内の対立が激化したことで、農村における社会秩序の崩壊や左派勢力の影響拡大が懸念されていた。したがって「地主・小作の対抗的構図を回避し得る村内基盤を固め」ることが急務とされていた（平賀 二〇〇三：一五八）。そのため、「隣保共助」や「村内融和」や「挙村一致」といったスローガンと農村の中心人物の指導の下で、農村が一体となった更生運動に取り組むことで、地主層と小作層の対立解消や農村の統合が図られた。さらに「協同主義」を掲げる産業組合を中心として、農村関連の団体を一元化することで、制度的な農村の一体化も進められた。

意識改革の三つ目の目標は、農村における指導者の育成であった。都道府県レベルまたは町村レベルで農事講習所、修練農場（農民道場）、青年修練場などといった教習施設が設立され、農村において実際に経済更生計画を主導する中堅人物（中堅精農）の育成が行われた（今田 一九九〇：一九）。

経済更生計画の実行

では、経済更生計画はどのように実行されたのであろうか。まず都道府県単位で、経済更生委員会が設置された。この委員会のメンバーは、「県知事を委員長とし、経済部長、警察部長をはじめ県庁内部課長をすべて含み、その他、県農会、産業組合県支会、山林会、水産会など農林水産関係諸団体および県青年団、県教育会農学校長、社会教化団体長など網羅した大規模な陣容であった」（平賀 二〇〇三：一七二）。さらに郡単位でも、郡指導会が設立され、県の更生専任職員、郡農会技師、技手《ぎしゅ》や産業組合主事などによって構成されていた。

そして県の経済更生委員会によって、経済更生計画の実施対象となる指定町村が選択され、指定を受けた町村には計画の実行に助成が行われた。指定町村は、県に対して自らの経済更生計画案を提出することが義務付けられた。この計画書は、農林技手などによって構成される県の更生専門職員によって審査され、必要な指導が行われた。県の指導に従って町村は計画書案の修正を行い、計画書に基づいた事業の実行を行ったが、その後も計画実施状況や事業成果についても監督され、計画実施が芳しくない町村には注意や計画の修正勧告などが与えられた。平賀明彦の新潟県の事例研究によると、指定町村の特徴として、「本格的小作争議が大規模に闘われた町村」や「比較的容易に更生の実があがる町村」などが多かったという（平賀　二〇〇三）。これは、経済更生計画の実績をあげて小作争議を解消させた町村をモデル・ケースとして、他の町村にも同様に計画を展開していこうとする意図があったと推測される。

経済更生計画の成果

以上のような方法で実施された経済更生計画であったが、その成果はいかなるものであったのだろうか。経済更生計画の開始から四年が経った一九三六年に帝国農会が行った調査によると、一九三四年における生産増収計画の実績は、裸麦《はだかむぎ》を除くと「（一九三四年）不作であった稲作を始めいずれも予定成績に達していない」状況であったが、「稲作外の一、二を除けば八十％乃至九十％を示して大体において計画に近い成績を挙げた」とされている（中外商業新報　一九三六年一一月二三日）。米・麦穀の販売に関しては、個人売買を減少させて産業組合の系統組織による取り扱い高を増加させる計画であった。計画実施前の一九三二年には、個人売買の割合は米穀が六五パーセントで麦穀が五七・八パーセントであったが、産業組合の取り扱いは二四・五パーセントであった。これを、計画では産業組合の割合を七〇〜八〇パーセントに増加させることとなっていた。帝国農会の調査によると、一九三四年度の産業組合による取り扱いは、玄米が約四九パーセント、小麦四五〜四八パーセントまで増加し、個人売買は玄米が四〇パーセントで小麦が三〇〜四〇パーセントまで減少した。帝国農会は、一九三四年度予定目標には届かなかったが、「大体目的を達したるものと見て差支えない」と結論付けている（同上）。

平賀明彦も、増産・増収計画の成果について、以下のように評している。「主要生産品である米の増収は図れず、全体でも計画目標を上回る実績をあげたとは言えないが、麦類や蔬菜、果実、あるいは畜産品や副業品で計画的取り組みの成果と思われる実績を記録したものも少なくなかった」（平賀二〇〇三：一九二）[6]。さらに経済学者の岡田知弘によると、経営多角化の面では「農業生産分化の奉公として米の停滞・養蚕の縮小・畜産の増大という傾向が、一九三二年以降明確となってきた。しかも桑園にかわって果樹・蔬菜・小麦の作付け面積が増大するとともに、二毛作田が拡大していった」という（岡田　一九八二a：四一七）。同時に農業の機械化も一定程度進行し、「長期の恐慌下において、農業生産の文化傾向や農業生産技術の一定の進歩に示されるような商業的農業の振興があった」とされている（同上）。大阪府の指定村の事例を検証した今田幸枝も、「農会・産業組合による実行組合の指導統制が行われ、村内の経済が統制されるにいたった」としている（今田　一九九〇：三三）。また精神面での更生計画に関しても、一定の成果が得られたと考えられる。今田によると、「役場・経済機関・学校等村内のあらゆる機関の連携した指導体制が成立するとともに、精神の作興が行われ、経済・生活・行政などあらゆる部面にわたる村内の統制が行われるようになった」（同上：三三）という。

以上のように、農村の組織化や生産の合理化・多角化といった点では、一定の成果をあげた経済更生計画であったが、農村問題の根本的な解決につながる農業経営の黒字化という目標の達成には必ずしも直結しなかった。その理由の一つとして、同計画の全国画一的な遂行が指摘されている。本来経済更生計画は、道府県が選定した指定村に、自主的な更生計画を作成させ、村の実態を反映した「自立更生」を促すものであった。しかしその実行にあたっては「やはり上からの画一的農事指導行政としての性格は強く、市町村計画の樹立とそれに沿った各農家への役割分担という方法がとられたため、個々の農家の経営改善に必ずしも結び付かない場合も多かった」（平賀　一九九三：九九）ことが指摘されている。

しかしより深刻な問題であったのは、経済更生計画が農村問題の根本原因とされた土地所有体系（地主制度）の改革を棚上げした政策であったということである。同計画においては、経営体制が脆弱で赤字体質の零細自作農家の耕地拡大や小作農の自作農化といった対策は含まれていなかった。この背景には、一九三一年に小作法制定が断念されたことや、戦時体制における生産力拡大の強い要請があった。

2　利害構造に注目した説明——合理的選択論

では経済更生計画の立案と展開は、どのように説明することができるだろうか。まずはアクターの利益と選好に注目する合理的選択論の観点から説明を試みる。同理論においては、アクターの政策選好は自らの利益を最大化する政策であると想定される。では経済更生計画の政策決定過程に関連したアクターは、どのような選好を持っていたのだろうか。そして経済更生計画は、どのようなアクターの利益と選好を反映していたと説明できるのであろうか。

各アクターの利益と選好

まず農村危機の当事者であった農民の選好をみてみよう。未曾有の農村危機にあって農民は、農業収入の激減と負債返済の負担拡大に苦しんでいた。こうした状況のなかで農民が政府に要求したのは、借金の棒引き、軽減、償還延期（モラトリアム）、肥料購入のための補助金、移民・開墾事業への補助金、農産物価格の引き上げ、損失補償、税金の軽減などであった。なかでもとくに、負債返済のモラトリアムは、最重要課題とされていた（岡田 一九八二b：五四）。たとえば、長野朗《ながのあきら》、権藤成卿《ごんどうせいきょう》、橘孝三郎《たちばなこうざぶろう》といった人物が結成した自治農民組合は、一九三二年に全国から約五万人の署名を集め、農村救済請願運動を展開した。この運動は、いわゆる「救農議会」開催のきっかけとなったとされる。この運動で、自治農民組合は一九三二年六月政友会に対して、①「農家負債の三箇年間措置」、②「肥料資金反当り一円の補助」、③「満蒙移住費五千万円の支出」の三点を要求した（大阪時事新報 一九三二年八月二三日）。その後、同組合は他の政党や後藤農相にも面会し、同様の要請を行った。また、全国道府県農会長協議会も、①農家負債整理（政府低利資金の三か年据置その間利子免除、高利債の借換への助成）、②農産物価格の引き上げ、③農家負担の軽減、④農村の自力更生などといった点を要求していた（中外商業新報 一九三二年七月一五日）。

一方で、政党の選好は農民とはまた違ったものであった。以上のような農村からの声に対して、政党（少なくとも政友会・民政党の幹部ら）が直接それらの要請に応えるということはしなかった。第3・4章でも触れたように、この時期の政友会と民政党の農業政策は、自作農創設維持政策（政友会）と小作法（民政党）に集約されていた。しかし、自作農創設維持政策も中途半端な形でしか実現せず、小作法も廃案となり、両党の主要農業政策はいずれも頓挫していた。そして一九三二年五月の五・一五事件で、犬養首相（政友会）が暗殺され、政党内閣も終焉してしまう。とは言え、この当時軍部の政策決定過程における影響力はまだ限定的で、政党はその後も内閣の農政に一定の影響力を持ち続けた。犬養内閣の後を継ぎ経済更生計画の遂行を決定した齋藤内閣（一九三二年五月〜一九三四年七月）は非政党内閣であったが、内務大臣は民政党の山本達雄、大蔵大臣は政友会の高橋是清であった。

こうした政党政治家が農村救済対策として重視したのは、負債整理と土木事業であった。救農議会を前にした第六二議会において、政友会は農村振興に関する特別決議案を衆議院に提出し、民政党の賛同も得て、これを可決させた。その内容は、以下の四点を中心としており、政友会・民政党の政策は多少の違いこそあれ、おおむね同じようなものであった。①通貨流通の円滑、②農村その他の負債整理、③公共事業の徹底的実施、④農産物その他重要産業の統制（中外商業新報 一九三二年七月一五日）。このうち①は、平価切り下げ（つまり円安誘導政策）を意味し、農産物の輸出促進を主な目的としていた。負債整理に関しては、負債整理組合の設置や低利融資の融通などが中心で、農民が強く求めた負債モラトリアムは含まれなかった[7]。これは、モラトリアムを行うことで金融業者が大きな負担を抱えることになることを危惧したものと考えられる。

また公共事業に関しては、農村のインフラ整備に投資することで、地方経済の活性化と失業対策が図られたが、当然その背景には土木業者への利益供与を行おうとする政党の政治的な思惑があった。

当時の新聞記事にも、「今度の農村土木事業の第一義的な要求は、農村振興策にあって、その事業の総てが、丁度政友会の多年叫んで来た政策の具体化と一致するのである。故に政友会に取っては偶然にも口実を与える好機ともなる」（大阪時事新報　一九三二年九月三日）。こうした利益供与を狙っていたのは、政友会だけではなかった。過去には民政党の濱口内閣も、「今回（救農土木事業）と同様に、山村失業者救済として地方に土木事業を起した事があった」、そして県会議員、政党員らに多額の「金がバラ撒かれ、其結果醜態を天下に暴露した」（同上）。こうした政党による土木政策によって、「政党と腐れ縁を結んで不法不正の巨利を貪る或る種の大物筋」の土木建築請負業者が存在したという（同上）。

このように、政党政治家らは農村からの要請には直接応じることはなく、自らの利益拡大につながる政策（負債整理・土木事業）を推進したのである。それが彼らの選好であった。そのため、救農土木事業の分配に関しては、政党が干渉することが頻繁に起きた。しかし彼らは、非常時における恒久的な農村救済の方策に関して確固としたビジョンを持っておらず、経済更生計画の立案は、農林官僚に丸投げすることとなった[8]。そのため、同計画の内容に政党の選好が反映されることはほとんどなかった。

では時局匡救事業に関する官僚の選好は、どのようなものであったと考えられるのだろうか。救農土木事業に関しては、土木行政を管轄していた内務省が積極的に関与した[9]。その結果、一九三二年八月に開かれた第六三回臨時議会で承認された一億一五九〇万円の「時局匡救予算」のうち、「内務省が四千八百余万円、農林省が三千二百五十余万円で合計八千五十余万円に達し、既に全体の約七割を占め」た（中外商業新報　一九三二年八月一四日）。内務省（とくに土木局）にとって時局匡救予算は、土木関連の巨額な予算を獲得する好機であった。「内務省側の立場になって見れば、土木事業こそ農村救済の上に最も必要なもの」（同上）とされ、当初内務省は九九〇〇万円の予算を要求していたが、財政悪化を懸念する大蔵省の査定の結果約半分に減らされたものの、巨額の農業土木予算を獲得することに成功した[10]。

しかし経済更生計画の遂行は、結果的に内務省の省益を損なう展開となった。まず、「農村負債整理組合」の設立に関して内務省は、「損失を道府県や市町村に負担させることは、自治体財政を破壊に導くものである」として、農林省の「農村負債整理組合法案」に強く反対した（日本農業研究所編一九六九：二一六）ものの、同法案は帝国議会で可決された。そして内務省にとってより深刻な問題であったのは、経済更生計画によって農林省が主導する経済行政ネットワークが構築されたことである。「中央レベルの経済更生部と経済更生中央委員会から、府県と町村それぞれの経済更生委員会を経て、末端の農事実行組合にいたる農林省独自の行政ルートが整備され」（黒澤二〇一三：一八八）たことで、元来内務省が支配していた道府県・市町村を通じた地方行政ネットワークが弱体化されたのである。これに対して、内務省は一九三八年ごろになって「行政の綜合的運営」を口実に町村長の権限を強化することで、地方行政への内務省の影響力を取り戻すべく「農村自治制度改正案」を作成したが、各方面からの反対を受け、議会提出を断念した[11]。経済更生計画による産業組合・農事実行組合を中心とした農村の組織化は、内務省の弱体化につながった。したがって、経済更生計画の立案・遂行に関しては、内務省の選好は反映されていないと言える。

次に、政党内閣が一九三二年に終焉した後に主要な政治アクターとして台頭した軍部は、農政に関してどのような選好を持っていたと考えられるのであろうか。軍部にとって最重要事項は、当然のことながら国土の防衛であった。国防において、食糧の安定供給はきわめて重要な要素であり、軍部も農政に対して高い関心を持っていた。軍部の選好をまとめると、①食糧輸入への依存削減、②食糧自給自足体制の確立、③米価引き下げなどといった点があった。たとえば、一九三四年に陸軍新聞班が配布した政策提言書である「国防の本義と其強化の提唱」（いわゆる「陸軍パンフレット」）には、第一次大戦中にドイツが列強によって経済封鎖を受け、「食糧軍需資源の輸入杜絶により、著しき困難を嘗め」、「国家経済が窮地に陥った」実例をあげ、輸入食料品に依存することの危険性を訴えている。また軍需品や石油・鉄など海外から資源を調達するために必要な外貨を節約するためにも、食糧輸入はできる限り抑制する必要があった。

食糧輸入依存を削減するためには、国内における食糧生産拡大が必要であったが、それだけでは不十分であったため、海外の領地（台湾・朝鮮・満州）において食糧生産体制を確立し、食糧自給自足を実現する必要があった。とくに満州は、日本の食糧供給地として重視されていた(12)。さらに軍の食糧調達にかかる支出を抑えるために、米価引き上げには反対していた。当時農林次官を務めていた荷見安によると、軍の農林省に対する干渉が表面化するようになったのは、一九四〇年に近衛内閣によって経済新体制確立が推進されるようになってからであったという（荷見 一九六一：一五七）。軍部は、コメの搗精《とうせい》（精米）による量の目減りを抑制するために、白米の販売を禁止するよう農林省に要請した。その結果、市販のコメは七分搗で販売することを定める「米穀搗精制限規則」（一九三九年）が制定された。その後、軍部からのさらなる食糧節約の要請により、一九四二年には同規則が改正され、市販米は五分搗となった。

以上のような選好を持っていた軍部であったが、一九三二年に経済更生計画が立案されたころには、農業政策について具体的な政策案を持っていたわけではなく、農林省に対して目立った干渉もしていなかった。農村経済の再生は、食糧生産拡大にもつながるため、とくに軍部が同計画に介入する必要もなく[13]、またそうした影響力も当時はなかったと考えられる（荷見が証言するように、軍部の干渉が目立つようになるのは一九三〇年代末になってからであった）。経済更生計画に関して、軍部に関連するのは満州移民の部分であるが、これも前述のようにもともとは那須皓や加藤完治《かとうかんじ》のように農林省に近い人物が推進したものであった。したがって、経済更生計画の立案に関しては、軍部の影響はきわめて限定的であり、その選好が反映されたとは考えにくい。

農林官僚の選好と合理的選択論の問題点

では当時の農林官僚の選好はどのようなものであったと考えられるのだろうか。すでにみた通り、農林官僚の選好が、政党や軍部の選好を反映したものではなかったことは明らかであり、農林官僚は独自の選好を持っていたことがわかる。では農林官僚の選好は、予算および行政権限の最大化だったのだろうか。たしかに経済更生計画は、農林省による地方への影響力を拡大したという意味で、省益拡大につながったと言えるだろう。同計画が遂行された結果として、農林省―産業組合―農事実行組合―農民という、中央から地方へ広がる経済行政ネットワークが構築された。しかし、農林省がこのような予算・行政権限拡大を主な目的として経済更生計画を立案したとする説明にはいくつかの問題点がある。

第一に、経済更生計画の立案意図が、農林省の予算・行政権限拡大であったと仮定するならば、なぜ同計画の内容が、このような形になったかが十分に説明できない。経済更生計画は、あくまでも農村の「自力更生」を基本とした政策であったため、対象となる農村の自主的な計画遂行に委ねられ、かなりの自由裁量が与えられていた。「経済更生運動の、運動としての性格を鮮明に特徴づけるのは、その融通自在な特異な指導活動である。融通自在といっても行政の枠を大きくはみ出すことはできないから、そこに自ずと節度と限界があったことは当然であるが、中央・地方を問わず経済更生関係者の指導活動は、柔軟闊達なものであったといわれている」(『農林水産省百年史』編纂委員会編 一九七九中巻：二一九頁)。このような形態をとらず、より直接的な統制を伴う計画であれば、農林省の行政権限は格段に拡大されたはずである。経済更生計画はボトムアップ型の政策遂行形態をとっており、農林省の統制能力を拡大することを目的としていたとする見方とは矛盾している。

また予算の面でも、計画遂行の対象として指定された農村に対して与えられた小額の補助金(農山漁村経済更生特別助成金)以外には、特別にまとまった額の予算が計上されることはなかった。しかもこの特別助成が行われるようになったのは、同計画が開始されてから四年後の一九三六年になってからで、助成対象となったのも一部の町村のみであった。つまり巨額の予算が充てられた救農土木事業とは違って、経済更生計画自体は農林省予算の大幅な拡大にはつながらなかった。初めから農村へ直接補助金を交付することを基本とした政策にすれば、農林省の予算拡大につながったはずなのに、なぜ農林省は「自力更生」を政策基調としたのだろうか。産業組合・農事実行組合を通じた間接的な組織化・統制体制ではなく、農林省とその系統組織による直接的な統制体制にすれば、さらに予算と行政権限の拡大が可能であったはずである。そして第4章でも指摘したように、産業組合が肥大することで、それが政治化・圧力団体化するというリスクもあったのに、なぜこのような内容の計画を農林省は立案したのだろうか。

第二に、なぜ経済更生計画においては、精神更生や中堅人物の育成といったような施策が採用されたのであろうか。農村救済を目的とする同計画の立案にあたって、農林官僚にはいくつかの選択肢があったはずである。たとえば農民への直接的な補助金交付といったような施策に比べれば、精神更生や中堅人材育成といったような方法は即効性を欠き、実効性もかなり不確かなものであった。また、これらを採用せずとも全体の計画に支障をきたしたとは考えにくい。このように物質的利得の観点からみると何のメリットもないような施策が、同計画の根幹の一部を成したのはなぜなのか。農林官僚らはどのような意図を持ってこれらの施策を同計画に組み込んだのか。さらに同計画において中心的役割を果たすものは、中堅精農でなくとも、富農や地主でもよかったはずである。むしろ後者のほうが、その農村における影響力や指導力を考慮すると、より効果的な担い手になったと考えられる。なぜ農林官僚は、こうした選択をしたのだろうか。

第三に、もう一つ見逃せないきわめて重要な点としてあげられるのは、経済更生計画に関して農林省内部で意見の対立があったことである。農林官僚の中には、経済更生計画の実効性を疑問視し、同計画を推進する石黒や小平の方針を厳しく批判した者が少なからずいた。彼らがこの計画を批判した最大の理由は、同計画が農村問題の根本的原因とされた土地制度の改革には全く手をつけようとしなかったからである。農林省内の対立については後で詳述するが、農林省内の反対意見の例として、農林官僚で当時内閣調査局（後の企画院）に出向していた和田博雄の発言がある。和田は一九三七年に発表した論稿の中で、「経済更生計画は土地問題の調整には極めて冷淡であり、わずかに耕地の分合整備の如き技術的方途を示せるのみであった」[14]と指摘している。これは、自作農主義を基本として地主制度を解体することで農村問題を解決することを目指してきた農林省の旧来の方針に基づいた批判であると言える。

もし農林官僚らの選好が予算・行政権限拡大であり、経済更生計画の立案意図が単純に農林省の省益を拡大することにあったのであれば、同省内からこのような反対意見が出るというのは考えにくい。なぜなら実際に同計画によって、ある程度は農林省の行政権限が拡大されていたからである。にもかかわらず、なぜ省内の対立は起きたのか。経済更生計画を批判した農林官僚は、いかなる理由から同計画を批判したのだろうか。以上にあげたような疑問に対する答えを探るには、物質的・環境的な要因からアクターの利益や選好を推察して説明しようとする合理的選択論的な手法では不十分である。次節では、アクターの政策アイディアに注目して、経済更生計画の立案過程の説明を試みる。

3　政策アイディアに注目した説明——構成主義制度論

混乱の中での政策立案

まず、農林官僚らが経済更生計画の立案にあたった一九三二年当時の状況について考察を進めよう。本章の冒頭でも記述したように、一九二九年に発生した世界恐慌のあおりを受けて、日本の主要貿易相手国は軒並み国内産業の保護と輸入削減を実行した。その結果、日本の主要輸出品であった綿織物や生糸などといった製品の価格が暴落した。そして国内の景気が冷え込んだことで、農産物の価格も下落し、農民の収入も激減し、多くの農民（とくに小作農）が負債を抱え苦しむようになった。これまでにも景気の変動によって農村が影響を受けることはしばしば起きていたが、こうした前例のない世界規模の大恐慌という未曾有の事態の中で、どのように農村経済を立て直すべきかといった確固たる見解を持つアクターは存在しなかった。その意味では、当時の状況は「ナイト的不確実性」が非常に高い状況であったと言えるだろう。そのため、政党は、農村窮困の根本的な解決策の立案を、農林官僚に丸投げした。その結果として、経済更生計画には農林官僚の政策アイディアが色濃く反映されることとなったと言える。

しかし例外的であったと言えるのは、救農土木事業の事例である。同事業に関しては、農林官僚のアイディアの影響は限定的であった。この理由は、土木事業と経済効果（さらには地元への利益供与がもたらす効果）の間の因果関係に関するアクター（政党政治家・内務官僚・農林官僚）の理解は、はっきりとしていたからである。上述のように政党政治家は、農村における土木事業を行うことで地元の土木建設業者や日雇い労働の職を得る農民への利益供与を通じて、選挙での支持拡大を狙えると考えていた。また土木行政を管轄していた内務省は、同事業が自らの予算増につながると考え、農林省も同様の見解を持っていたと考えられる。したがって、応急処置的な農村救済政策の立案にあたっては、ナイト的不確実性が低い状態だったと言えるだろう。そのため救農土木事業に関しては、農林官僚の政策アイディアの影響は限定的で、各アクターの選好が直接反映されている。ゆえに救農土木事業に関しては、合理的選択論的な観点からの説明が可能である。

だが土木事業による応急的な対策では不十分であることは明確で、農村疲弊への根本的な対策が求められていた。未曾有の大恐慌によってもたらされた農村問題の根本的解決策を立案するにあたって、確固たる答えを持っているアクターはいなかった。農林省内においても意見の対立が生じていたのは、農林官僚が混沌としたきわめて不明瞭な状況の中で政策の立案を行わざるを得なかったということを示唆している。したがって農村疲弊の根本的対策に関しては、アクターの利益や選好すら明確ではない状況、つまりナイト的不確実性が非常に高い状況であったと言える。そうした状況の中で政策決定を行うアクターは、自らが指針とする政策アイディアに依存することで、不確実性を低減させようとする（Blyth 2002; 佐々田 二〇一一 a、Sasada 2012; 加藤 二〇一二）。こうして政策指針となったアイディアは、アクターの選好を構成することとなる。そして、そのアイディアが他のアクターにも拡散することで、集団行為・連合形成を促進し、新しい政策の実現可能性を高くする(15)。こうした因果過程が、経済更生計画のケースで観察され得るかどうかを、以下で過程追跡を通じて検証してみよう。

経済更生計画の立案にあたって、農林官僚の指針となった政策アイディアは、やはり小農論であったが、それはこれまで検証してきた理論発展を経て、主に次の五つの要素から構成されていた。①小規模自作農主義、②農地規模適正化、③協同主義、④中間搾取の排除、⑤農業の特殊性、である。以下では、小農論が農林官僚らの選好を構成し、経済更生計画の立案につながったプロセスを辿り、同計画が上記のような形に構成された理由の説明を試みる。

経済更生計画の主要アクター

まず経済更生計画の立案に主要な役割を果たしたアクターを明らかにするために、同計画が作成された一九三二年の農林省がどのような体制であったかについてみてみよう。当時の農林大臣は後藤文夫であった。後藤は内務省の元官僚で、一九二四年に台湾総督府総務長官に就任し、一九三〇年から貴族院議員を務め、齋藤実内閣において農林大臣に任じられた。後藤は、内務省において警察行政の経験があったが、農相になるまで農政には直接携わったことはなく、「農政の素人」であった（「農林水産省百年史」編纂委員会編 一九七九中巻：二一〇）。その後藤を補佐したのが、当時の農林次官であった石黒忠篤であった。そして経済更生計画の遂行にあたって、その中心組織となる経済更生部が一九三二年九月に新設され、初代の経済更生部長には小平権一が就任した。

また、農林省は同年一一月には「経済更生協議会」という審議会組織を立ち上げ、那須皓（東大教授）や東畑精一（東大助教授）といった学者や篤農家らを招き、後藤農相・石黒次官・小平経済更生部長以下職員多数が参加し、同計画の研究討議を行った。さらに一九三八年には経済更生部の外郭団体として、「農村更生協会」が設立され、石黒と小平は協会理事を務めた(16)。そして、石黒や小平らによって農林省令「経済更生計画特別助成規則」が作成され、「議会への法案提出・審議という過程をいわばバイパスして政策決定がなされ」ることとなった（森邊 一九九六：一四二）。このような体制の下、またしても石黒と小平が経済更生計画の立案と遂行を主導することになった。したがって、本章においても主にこの二人に注目をして分析を進める。

農林官僚の問題認識と選好形成

では経済更生計画の立案を行った農林官僚らは、当時の農村疲弊の原因をどのように分析し、またどのように認識していたのだろうか。この時期の農林官僚らの言説から読み取れるのは、以下のような点である。①元来自給自足的であった日本の農村が、商工業の発達に伴って貨幣経済に取り込まれてしまい、商業者による中間搾取の対象となってしまったことが、農村疲弊を引き起こしている。②農村経済が統制・計画・組織化を欠いていることが、その弱体化をさらに進めている。

一九三三年四月に後藤農相が地方長官会議において行った訓示の中には、「（農村疲弊の）主要なる一因は我邦農漁業が過小企業にして企業能力薄弱且無統制なるとともに企業形態が単一農業に偏重せるに在り（農村疲弊の主要な原因はわが国の農漁業が小規模経営体で、経営能力が脆弱かつ無統制であることと、経営形態が単一の農業に偏重していることにある）」とされ、「殊に生産及配給方面に於ける統制に至りては殆んど無組織に放任せらるるの現状に在り、多少有望なる生産物あれば相競つて増産し一朝生産過剰に遭遇するや他の企業により収支の均衡を補ひ難き状態にあり（とくに生産および配給の面における統制にいたってはほとんど組織されず放置されている現状で、多少有望な農産物があれば相競って増産を行い、生産過剰に遭遇するとすぐに他の事業で損失を補塡しようとする状態にある)」と論じられた。[17]また、経済更生部発足から一カ月後の一九三二年一〇月に出された農林大臣訓令においても、「現下農村疲弊の由来せる素因」が「内外経済界の異常なる不況に職由するのみならず深く農村経済の運営及組織の根底に横はるものある実情を明にし農山漁家の自瞎を促すと共に其の禍因の芟除に努力せしむるの要あり（国内外の経済の異常な不況だけによってもたらされているのではなく、農村経済の運営と組織の根底に横たわっているもの［禍因］もあるという実情を明らかにして、農山漁家の自覚を促すと共に、その禍因の除去に努力させる必要がある)」とされ、農村経済の統制・計画性の欠如が、農村疲弊の要因であったとの認識が明確に示されている。

さらに一九三八年に石黒が行った講演の中では、「昭和五年以降の未曾有の農業恐慌に遭遇するに及んでは、今回の農村経済更生計画に依り農村の再組織を持ってせんと努めて居るのであって、其の基調は国家農民の共存同栄、中間搾取の排除牽制にある」として、経済更生計画の政策目的が述べられている（石黒 一九三四：一〇四）。また一九三七年に行った別の講演で石黒は、「農業は資本主義の悪より取り残されたる聖地である。吾々は此の聖地に於て、資本主義の悪を除き、農家、部落、村へと此の理想を進め、引いては社会、国家へと進展せしめたい念願である」[18]と述べ、資本主義に修正を加え、経済更生計画によって自らが理想とする農村経済を構築したいとの意欲を語っている。

ほかにも、戦後農林大臣や経済安定本部長官を歴任し、当時農政課の事務官であった和田博雄も、一九三七年に寄稿した文章のなかで、資本主義による農業支配が農業疲弊を引き起こしたとして、以下のように述べている。「農業問題が農業に於ける資本の発展の問題であるとすれば、農業団体の発展段階は資本の発展段階に、換言すれば資本の農業支配の発展段階に相応すると一般には云ひ得る。この意味に於て、昭和以降の農業団体の発展乃至農業団体の問題の発展は、昭和以降に於ける日本資本主義の地盤たる零細農業に対する資本の支配の発展の問題である」[19]。さらに経済更生計画の立案過程に農林省経済更生部の嘱託として協力した本位田祥男（東大教授）[20]も、一九三二年に出版した『農村更生の原理』の中で、「現代農村の疲弊は、交換経済へ織り込まれる事によつて、資本主義企業と対立し、其の直接間接の搾取を受けた結果である」（本位田　一九三二：三七）と説明している。

農林官僚らが、当時の農業疲弊の原因は資本主義の弊害にあると考えた理由は、彼らの政策指針として受け入れられてきた、小農論のアイディアに依るところが大きい。第3章で触れたように、石黒らが発展させた小農論は、農業の特殊性や商工業と農業の違いを強調するものであった。それによると、農業は商工業と違い、小規模家族経営を基本とした、貨幣経済・市場システムとは無縁の自給自足的産業であり、災害等の影響による不確実性が高く、効率性・実利性が低いものであると考えられていた。ところが一九二〇年代以降、資本主義経済が急速に発達したことで、非効率的なまま市場システムに取り込まれてしまったことで、景気変動の影響を直接受けるようになったことが、農村疲弊につながったと考えられたのである。

たとえば、石黒忠篤は、明治以降日本の農業がどのように資本主義経済に取り込まれ、経済的に脆弱な立場に追い込まれるようになったかを、以下のように論じている。明治維新の後、「全農家の二、三割を占むるとされた小作農家」は、それまで「貨幣経済に直接触れる必要がなかった」が、「今迄現物で年貢を納めて居たものが、地租改正に依って貨幣化されねばならなくなった為、地主や自作農は農産物の販売者としての機能を合わせ有せざるを得ざるに至ったのである」。農産物が正当な価格で販売されるには、「農業者が商人と経済的に対等の地位に置かるる事を要する」が、「永く自給自足的農業に従事して居た我が国農民に右の条件を求めるは無理であった」。そのため一部の地主層や都市周辺の自作農を除いて、ほとんどの農民は「自然と商人の餌になるに至ったのである」（石黒 一九三四：一八五—八六）。また本位田も、資本主義の発達に伴って農村の「交換経済化」が進展し、農業資材などの購買、農産物の販売、経営資金調達といった面で、商人や金融業者らから「搾取される機会を多くした」（本位田 一九三二：一五—二六）と説明している。

つまり石黒ら農林官僚の問題認識は、元来自給自足を基本としていた農村経済が、市場競争に基づいた資本主義に取り込まれ、その経済的立場の脆弱化が進行したことで、商工業者から搾取されるようになった結果として当時の農村疲弊が生じているというものであった。

農林官僚らが、農村疲弊は中間搾取によってもたらされたものであるとの問題認識を持つようになったことで、資本主義の弊害を排除することが、農村救済における彼らの選好となったのである。もし石黒らが、農業も商工業も基本的には同様の産業であると考えるアイディアを受容していたとすれば、彼らの問題認識は全く別のものになっていただろう。第3章で指摘したように、柳田のように農林官僚にも農業の特殊性をことさら強調する必要性を否定する者もいた。市場原理に基づいた観点からすれば、農村疲弊の原因は資本主義の弊害ではなく、むしろ農業経済の近代化（市場化）が遅れていることと考えられ、農村の組織化や統制強化といった資本主義の修正を目指す政策目標が設定されることはなかったであろう。

その他の選択肢

また農林官僚が、他の選択肢（たとえば、市場主義的政策や補助金政策）を選ばなかった理由を考察すると、なぜ資本主義の修正が農林官僚の選好となったのかがより明確になる。まず、市場主義政策が導入されなかった理由は、上述したように農林官僚らが、農村疲弊の原因を資本主義の弊害であると認識していたことからである。そこから、彼らが農村経済における資本主義のさらなる進展・浸透を推進する政策を選ぶことはあり得なかったとわかる。しかし、彼らが別のアイディア（たとえば大農主義）を指針としていれば、そうした選択肢を選んだ可能性は十分に考えられる。

市場主義政策が選択されなかった理由は、割と容易に説明できるが、補助金政策については、そう単純ではない。補助金政策は、土木事業と同様に利益誘導的な側面があり、議会と内閣で影響力を持つ政党政治家からの支持も得やすく、この分野での予算獲得もできたはずである。当時産業政策において補助金制度は広く使われ、農業関係でも蚕糸業に対しては施設整備などには利用されていた。また、実際に経済更生計画が行き詰まった一九三六年以降は一部の町村に限られていたとはいえ、特別助成制度が導入され、同計画にも補助金制度が組み込まれた。もし農林官僚らが予算拡大を主な目的としていたのであれば、当初から経済更生計画を補助金制度中心の政策として立案していたはずである。[21] その意味では、農林省が農村救済をわざわざ低予算型の「自主更生」をもとにした計画にデザインした理由は、合理的制度論の観点から説明することは難しい。

なぜ農林省は、農村救済に補助金制度を採用しなかったのだろうか。この点を説明するにも、やはり農林官僚らのアイディアを探る必要がある。経済更生計画において補助金制度が活用されなかった理由は、農林官僚らが農民の自助努力を重視する協同主義の影響を受けていたからである。農林官僚は中小農の救済を目指していたが、彼らが重視したのは、農民に金銭的な援助を与えたり、負債を肩代わりするといった救済ではなく、農民が収益性を高め、経済的に自立することを支援するといった意味の協同主義的な救済であった。そして農林官僚は、補助金政策に対して否定的な見解を持っていた。

補助金制度の弊害について石黒は、以下のように論じている。「(救農土木事業のような) 補助金制度には幾多の弊害を伴う処あることを決して軽視してはならない。即ち漠然たる補助は農漁民の依頼心を惹起することあるべく、中間に奸智の徒を介入せしめざるを保し難い。また補助金が無限に交付されるのではなく、或特定の事業団体に与えられる為め、農林当局の国家的見地よりする公正且適切なる被補助事項選定に困難を伴い、其の選定妥当なるを得るも農林当局の補助目的が裏切らるるが如くに当該補助金の使用せらるる事があり得るのである (補助金制度には多くの弊害が伴うことを決して軽視してはいけない。つまり漠然とした補助は農漁民の依存心を生じさせることがあり、[政府と農民の] 中間に悪意のある者の介入を避けることが難しい。また補助金がすべてに交付されるのではなく、ある特定の事業団体に与えられるため、農林当局が国家的見地から補助を受ける事項を選択するのには困難を伴い、妥当な選択をしても農林当局の補助目的を裏切る形で補助金が使われてしまうことがあり得るのである)」(石黒 一九三四：一六五―一六八)。また本位田も、農民に補助金を与える形の農村救済は不適切であるとし、農民の自助努力を促すことが不可欠であると主張し、以下のように述べている。「徒《いたずら》に資金を融通しても債権者たる銀行救済に終わる虞《おそれ》がある。全部的救済は農民の自立心を損ひ、将来経済生活に全責任を背負つて立つ危害をなくする。困れば誰か救済してくれるだらうと云う意識が、農民の経済を合理化しない最大の原因なのだ。何等かの負債整理の方策をたてるとしても、彼等の自主的な又自立的な努力を刺激する如き手段によらなければならない」（本位田 一九三二：三九）。

補助金制度に対する否定的な姿勢は、農林官僚の問題認識の点からも説明が可能である。彼らは、農村疲弊の原因を資本主義の弊害や商業者による中間搾取と考えていたが、補助金制度はこうした農村疲弊の原因を解消する手段ではなかった。農民に一時的に資金を与えても、結局のところは商工業者を利するだけであり、農民の経済的自立を阻害すると考えられたのである。つまりこのように問題が認識されたことで、補助金制度は彼らの選択肢から外れてしまったのである。

その結果として経済更生計画の当初の形態は、補助金制度を含まない形で立案された。だが同計画の施行から数年が経ち、資金不足によって計画遂行が危ぶまれる町村が現れ、特別助成制度が導入されることとなった(22)。しかし経済更生部は「特別助成は自力更生の方向転換でなく其の生成発展である」(23)として、同計画があくまでも自力更生を目指すものであることを強調していた。また「町村民に更生の熱意なく村内融和を欠き自力で為すべきことも為さぬ如き町村は、如何に窮乏していてもこの助成金は交付しない」として助成金交付に条件を付け、「経済力が十分で自力を持って計画を完成し得る町村は除外せられる」として、すでに計画遂行がうまくいっている町村に対しては助成金を与えなかった。

もう一つ、選ばれなかったがあり得た選択肢としては、農業の公営化・集団化も考えられる。これは公営農場もしくは共営農場などといった制度を導入することで、農業経営の大規模化・効率化・生産力拡大などを図るものである。こうした政策を導入すれば、より強力な農村統制を行うことができるため、農林省の行政権限の最大化にもつながったと考えられる。後述するように、戦争末期には「農業増産報国推進隊」といった形で農業の集団化を目指す政策が導入されたこともあった。しかしこうした政策が、経済更生計画に採用されることはなかった。その理由も、農林官僚の問題認識を考慮すれば自ずと明らかになる。

農林官僚は、市場経済の進展によって農民がさまざまな弊害に直面していると考えていた。しかし彼らは、市場経済そのものが農村疲弊を引き起こしていると考えたわけではなかった。彼らが目指したのは、市場経済におけるいくつかの問題点（とくに中間搾取）を排除することであり、そうすることで農民は市場経済と共存することができると考えていた。そのため経済更生計画には、経営多角化や規格統一などといった市場原理に則した目標も含まれていたのである。また農業の公営化・集団化は、彼らの政策指針であった小農論の重要な要素である小規模自作農主義と矛盾していたため、そうした政策が同計画に含まれることはなかった。あくまでも彼らにとっては、自身で所有する農地を自ら耕作する農家こそが、理想の担い手であったため、集団農場といったような経営形態は好ましくないと考えられたのである。

たとえば、小平はこの点に関して以下のように述べている。「農山漁村の更生は、村全体の更生計画より、更に各戸に及ぼさなくてはならない。而《しか》して各戸の更生の基本を為すものは、何と云うても、耕作地は耕作者が之を所有することである。(中略)各戸の農業経営を合理化するには、自作農にしなくてはならないことは云ふ迄もない。仍て農村経済更生運動に於ても、此の計画は重要事項として強調せられた」[24]。戦争末期に導入された「農業増産報国推進隊」などの集団農場制度は、戦況悪化に伴う農村における非常に深刻な労働力不足を解消するための苦肉の策として導入されたものであった。言い換えれば、極限まで追い詰められるまで農林官僚がこうした政策を考慮することはなかったということである。

農林官僚の政策意図

では資本主義の弊害の排除を政策目標としていた農林官僚らは、どのような手段でその目標を達成しようとしたのであろうか。同計画は農村の一体化・統制強化、農業団体の再編成・活動拡大、農業経営の合理化、農村金融の改善、精神更生といった政策によって構成されていた。これらの政策手段は、その達成目標によって大きく分けると、①資本主義の修正、②農村の組織化、③自給自足経済の確立の三つに分類することができる。以下では経済更生計画にみられるこれらの達成目標に注目しながら、各政策がどのような意図をもとに立案されたのかという点について検証してみよう。

経済更生計画の第一の政策目標は、資本主義の修正である。上述のように農林官僚らは、商工業や金融業や市場経済の急速な発展によって、農村経済が資本主義の弊害にさらされるようになったことで農村疲弊が生じたと認識していた。つまり、農民の大多数を占める中小農は、商工業者や金融業者による中間搾取によって貧困に瀕しており、こうした状況を克服するためには、農村経済から中間搾取を排除することが不可欠であると考えられたのである。まず金融の面では、民間金融業者に対して多額の負債を抱えた農民を救済するために、農民への資金援助を行ったり負債整理を促進する農村金融を強化し、農民の金融業者への依存を解消することが模索された。その方策として、産業組合の下に農村金融を一元化し、農村が主体となって負債整理計画を作成することを奨励した。市場経済に関する面では、産業組合による四種兼業（販売・購買・信用・利用）を促進することで、市場における農民の経済的立場を強化し、農民に対する搾取を防ごうとした。たとえば、農民が農業資材や肥料などを購入するにあたって、肥料商などの商業者によって不当に高い値段で商品を買わされるようなことを防止するというものである。これは、産業組合設立時からの基本理念であるが、こうした産業組合の機能をより強化することで、農村経済における中間搾取を徹底的に排除することが目指された。

これらの政策には、協同主義のアイディアが色濃く反映されていることがわかる。協同主義は、経営力の脆弱な農民（つまり中小農）が協同で販売・購入・金融などを行うことで、彼らの経済的立場を強化するという理念であった。農村金融の一元化や産業組合の四種兼業の促進といった政策は、まさにこの協同主義が目指していたものであり、経済更生計画を通じて農林官僚がその理想を実現させようとしたことがわかる。農村救済における協同主義の重要性に関して石黒は、「協同主義の普及と云うことは農村更生の一重点であります。農業に関しては総て何事でも個々離れ離れではいけない。競争では到底やって行けない、同じもの同士が固く結び付いて、お互いに思いやり乍《なが》ら、初めから終わりまで協同でやって行かなければならないのであって、このために共同自立の主義が絶対に必要なのであります」と述べている[25]。同様に、農林省経済更生部長の小平権一は、「我が国の農山漁村は永久に隣保共助の精神、協同の精神で行かなくてはならない、其の方針の下に経済更生運動は、日本の協同組合即ち産業組合運動を猛烈に行った。農村の使命達成上に於て、隣保共助の精神を以て貫いて居る協同組合は経済更生の中心であった」（小平 一九四八：九）と述べている。

経済更生計画の第二の政策目標は、農村の組織化であった。急速な発展を続ける資本主義体制の中で、発展途上にある農業が生き残るためには、農村が一体となることで効率性を高める必要があると考えられたのである。前出の「農山漁村経済更生計画樹立方針」には、「中小産者が各個無統制に産業を営み、または経済を行い、各種団体がそれぞれの分野に則せずしてその事業を経営するにおいては、経済更生の効果を挙ぐることを得ざるを以て、これが適切なる更生の実を挙げしむるため、中小産者をして産業組合に結合せしめ、その産業及び経済を統一総合し、且つ各種団体の分野に即せざる統制なき活動を矯正する（中小規模の生産者が各自無統制に産業を営み、経済活動を行い、各種団体がそれぞれの分野に適さない事業を行うならば、経済更生の効果をあげることはできない。適切な更生の成果をあげるために、中小生産者を産業組合に結合させ、産業と経済を統一総合して、かつ各団体の無統制な活動を矯正する）[26]」とある。つまり経済力の脆弱な農民がバラバラの状態で経済活動を行っていても、農村疲弊を解消することはできないという考えである。したがって、農村における対立を解消し、明確な指示系統の下に組織化することが不可欠とされた。こうした目標を達成するために、各種の農業団体を産業組合の組織下に統合したり、政府—産業組合—農事実行組合—農民とつながる指示系統を構築したり、産業組合への全戸加盟が促進されたり、産業組合による販売・配給統制の強化などが進められることとなった。

農村の一体化・組織化が推進された背景には、組織化による農村経済全体の効率性の向上や経済的影響力の強化などといった意図があった。しかし農村の一体化は、単に農業団体の統合といった制度的な施策だけではなく、農民たちの意識レベルでも進められた。経済更生運動においては「隣保共助」や「共存同栄」といった協同主義のアイディアをもとにしたスローガンが随所で使用され、そうした概念に基づいた農村融和が計画の根幹を占めていた。たとえば、一九三二年一〇月に発布された農林省訓令の中にも、農村疲弊の禍因を排除するためには、「農村部落に於ける固有の美風たる隣保共助精神を活用しその経済生活の上に之を徹底せしめ以て農山漁村に於ける産業及経済の計画的組織的作新を企図せざるべからず政府が今回新に農林省に経済更生部を設置し経済更生計画に関する諸般の方策を実施せんとするの趣旨も亦茲に存す（農村集落における固有の美徳である隣保共助の精神を活用し、そこでの経済生活にこれを徹底させることで農山漁村における産業と経済の計画・組織を新しく作ろうとしなければならない。政府が今回新たに農林省に経済更生部を設置して、経済更生計画に関する諸般の方策を実施する趣旨もここにある）」とあり、[27]「隣保共助」の概念が強調されている。

そして小平権一経済更生部長も、「更生計画樹立実行其のものの精神運動としては、我が国古来の美風たる隣保共助の精神即ち協同心を中心とし、之を発揚し、之を以て更生計画樹立実行の全体を貫くこととされた」として、同計画における協同主義の重要性を指摘している。[28]小平はまた、新聞への寄稿の中で、農村の負債整理に関しても「若し農家が隣保共助の精神に基づき、部落民が一致協力して、先ず農家の経済組織を改善し、負債償還計画を立て、債権者ともよく協定を遂げ、債権者、債務者、隣人相寄ってよく話し合いをつけ、償還の計画を立てるときは、充分整理して行ける」と述べている（神戸又新日報 一九三三年一月六日）。

さらに農林官僚らは、農村の一体化を進めることは、小作問題の改善にも寄与すると期待していた。一九二〇年代に農林官僚が目指した小作法の制定は頓挫してしまったが、彼らは小作問題の解決を諦めたわけではなかった。小作法が目指した土地制度改革の実現可能性がほとんどなくなり、小作問題の根本的な解決（地主制度の解消）は望めない状況であった。しかし地主・大農・中小農が混在する農村に、共通の目標を与えることで共同体意識を植え付け、村内融和を実現することを目指した。すなわち各農村において独自の更生計画を作成し、農村の構成員すべてが計画目標の達成に向かって協力することで、大農と中小農、地主と小作農といった農村内の対立が緩和されることが期待されたのである。

経済更生計画の第三の政策目標は、自給自足経済の確立であった。ここで言う自給自足経済とは、各農村が他との接触を断って孤立するというような意味ではなく、自立した農業経営を行うことを可能にするという意味であった。つまり農民が政府からの支援や保護に依存することなく、発展を続ける市場経済の中でも、安定した経営を持続できるようにすることで、農村疲弊を克服するというものである。これは、農林官僚らの小農論を構成していた協同主義や収益性向上といった概念を反映した政策目標であった。第3章で述べたように、協同主義や農民の収益性向上に注目する農政観は、そうした概念を欠いていた明治農政に批判的であった柳田国男が唱え、その後の農林官僚によって受容されるようになったものである。経済更生計画には、柳田が提唱した考え方が色濃く反映されている。

たとえば、農業経営の合理化政策では、自作農地の維持・創設への支援が行われ、満州移民を奨励して、国内の一戸あたりの耕作面積を拡大させることが目指されたが、これは収益性向上に欠かせないと柳田が考えた農地規模適正化にほかならない。また、経営の多角化や生産コストの削減といった政策目標も、農民の収益性に注目した政策であることは明らかである。

これを裏付けるように、小平は農民の負債額増加と並んで、農業経営の収益性低下が、経済更生計画を導入するきっかけになったとして以下のように述べている。「農業所得の点より見ても、大体総生産高の六割を農業所得とし、大正十四年を常時とすれば、昭和元年より六年迄に約五十億一千五百萬円の農業所得減となる。此の如き有様なるを以て若し此の儘推移するときは、農家の負債は益々増加し、由々しき問題を惹起するかも計られざる状態となった。茲に於て、農山漁村の根本の組織を再検討し、之が更生に関する根本策を樹立実行せしむることとなった。之れ即ち農山漁村更生運動の発端である（農業所得の点からみても、総生産高の約六割が農業所得である。大正一四年と比べて、昭和元年から六年の間に約五一億一五〇〇万円の農業所得減となっている。こうしたありさまなので、もしこのまま推移するならば、農家の負債はますます増加し、由々しき問題を引き起こすかもしれない状態となった。ここで農山漁村の根本的な組織を再検討し、その更生に関する根本策を樹立して実行することとなった。これが農山漁村更生運動の発端である）」（小平 一九四八：六五）。このように農業経営の収益性に注目したことは、生産拡大を重視した明治農政とは大きく異なる点であり、柳田の農政観が石黒や小平らに継承され、経済更生計画にも反映されていることがわかる。

さらに経済更生計画が農林省による上意下達の政策ではなく、あくまでも下からの自主的な啓発運動を目指す形で立案されたのは、自助努力を重視する協同主義の考え方を反映したものであった。たとえば、小平は各農村における経済更生計画の実行状況について、「村民は眞《まこと》に自發的に協力一致し、村内の老若、男女凡てのものが協同し参加して居る。即ち挙村一致総力を結集して努力して居る。更生計画の決定は村民大会で定めて居る」と評している（小平 一九四八：六六）。さらに小平は、一九三三年に経済更生計画の一環として進められた標準農村確立運動における各農村の目標達成計画の立案についても「国に於ては、あまり干渉せず、農村の自力に依りて、又農村毎に独自の考へ方にて樹立すべきものとして居る」と述べている（同上：一四七）。つまり農業経営の合理化や負債整理にあたって、各農村に自ら計画を立てさせ、それを自律的に実行させることで、農村の一体化や協力体制の構築を促し、持続的な農村経済の更生が可能となると考えられたのである。前にも述べたように、もし農林官僚が行政権限の強化を目的としていたならば、農林省が作成した計画を農村に与え、明治農政のころのように強権的な手段でその実行を強制しただろう。だがこうした手法ではなく、農村の自主性を強調した手法がとられた理由は、経済更生計画を立案した農林官僚が協同主義を理想としていたからであると考えられる。

統制経済論の影響

経済更生計画には、小農論のほかにも、当時の日本において強い影響を持つようになっていたもう一つの政策アイディアの影響もある程度みてとれる。その政策アイディアとは、「統制経済論」というものである。一九三〇年代半ばごろから戦時期にかけて、日本の経済政策の立案過程において、軍部と商工官僚らの影響力が急激に拡大した。当時、「革新官僚」と呼ばれた岸信介や椎名悦三郎といった商工省の若手官僚らは、軍部（主に「統制派」の）将校らと連携して、戦時経済体制の構築に力を注いでいた。そして彼らの政策指針となったのが、「統制経済論」と呼ばれた政策アイディアであった。その理想とするところは、民間に対する政府の統制を強化し、資本主義経済と社会主義経済の融合を目指すというものであった。統制経済論は、資本主義システム自体を否定するものではなかったが、民間経済活動が無秩序・無統制の状態で行われることで、民間企業が利己的な利益追求に傾倒した結果、世界恐慌のような経済危機を生じさせたと考えていた。そのため、政府による経済統制を強化し、民間企業が私的利益の追求ではなく、公的利益に奉仕するよう「指導」することが必要であるとされた。

一九三二年の満州国建国を主導した関東軍の石原莞爾《かんじ》らは、岸や椎名らとともに、満洲国において統制経済論に基づいた国家設計を行い、その後日本においても同様の「経済新体制」の構築が進められた（佐々田 二〇一一a、Sasada 2012）。無秩序・無統制の状態にある民間経済に国家統制を加える必要があるとする理念が、農林省の経済更生計画にもみられるのは、統制経済論の影響と考えられる。また農村における主導者的存在を育成するといった発想も、統制経済論が受容したナチス経済思想の「指導者（フューラー）原理」に近いものがある。

このように経済更生計画には統制経済論の影響も多少みてとれるが、同計画が統制経済論の産物であるかというとそうではない。小農論と統制経済論の間には、重要な理論的相違があり、そのためこの時期の農林省と商工省（および企画院(29)）の政策にも大きな違いがあった。たとえば、資本主義の弊害に関して、統制経済論は民間企業による私的利益の追求が弊害の根源であるとしたのに対して、石黒らの小農論は商工業者らによる中間搾取を問題視していた。つまり、商工官僚らの統制経済論は適切な統制を行えば、商工業者は公益に資する存在となると考えていたのに対して、農林官僚らは商工業者の経済活動そのものが資本主義の弊害であり、農村疲弊をもたらしているとしていた。そのため、農村経済を商工業者から隔離するために協同主義に基づいた統制体制を構築する必要があると考えていた（第4章で述べたように、肥料の統制に関して、商工省と農林省は激しく衝突したが、その背景にも統制経済論と小農論の理論的な対立があったと考えられる）。

また、企画院と商工省によって一九三八年に導入された「生産力拡充四カ年計画」では、企画院を中心として生産力拡充計画が立案され、民間の自主統制機関として各産業に設立された統制会を通じて各企業に生産目標が割り振られるという上意下達的な手法がとられた。そして国家総動員態勢の中枢機関とされた企画院は、統制計画の立案のみならず、物資・資本・労働の統制を担うきわめて強力な権限を持つ組織として機能した（佐々田 二〇一一a：一〇八）。これは、あくまでも協同主義や中間搾取の排除を目指した体制を標榜していた小農論に比べて、統制経済論がより強力な国家統制を理想としていたからであると言える。

また業界の主導者育成に関しても、商工省の場合は各業界の再大手企業の経営者を統制会の会長として主導させたのに対して、農林省の経済更生計画の場合は農村の富農や地主ではなく「中堅精農」を主導者とする方針であった。さらに商工系の革新官僚らが統制会を通じて、間接的な経済統制を産業界に対して行った手法は、産業組合を中心とした間接統制の手法とよく似ているが、前者が上意下達的な統制であったことに比べて、後者が下からの自主的な啓発運動を目指したことを考えると、両者の間には実質的に大きな違いがあったと言える。

農林省内の意見対立

最後に、農林省内で経済更生計画に関する意見対立が起きたという点について検証したい。経済更生計画を立案・遂行したのは、一九三二年に新設された経済更生部であった。同計画が一九三〇年代の農業政策の主流となると、農林省内においても経済更生部が「一躍時代の花形として脚光を浴びること」（平賀 二〇〇三：二二七）となった。他方で、これまで同省の中核的存在で、自作農創設維持運動や小作法制定を主導した農務局農政課は、同政策の行き詰まりもあって傍流に追いやられていた。こうした状況にあって、「当時の農政課内では、政策の主流となっていた更生計画に対して批判的見解を示すものが多く」（同上：二二八）、農政課の職員の中には、経済更生計画を公然と批判する者もいた。

農林省内において経済更生計画批判を展開した人物に、和田博雄がいた。和田は、当時農政課に所属し主席事務官や同課課長代理を務めていた。和田は一九三四年三月ごろに「農政一般」と題して行った講義の中で、以下のように経済更生計画の政策手法を批判している。「われわれの注意しなければならないことは、経済更生の出発点が農村経済の運営および組織の改善といふ点に置かれてゐることであって、しかもこんな方法において農村疲弊が救はれると看られてゐることである」[30]。農政課による経済更生計画批判の大きな理由としてあげられるのは、同計画が農村経済の根幹を成す地主制度に対してなんら手を加えようとしなかったことである。

和田もこの点に関して、「当初経済更生計画は土地問題の調整には極めて冷淡であり、僅かに耕地の分合整備の如き技術的方途を示せるのみであった(31)」と述べており、直接石黒に手紙を出してまでこの計画の批判をしたという。和田は、経済更生計画が主に農村を支配する地主層を利するだけで、小作農や小農らに対しては効果が少ないと考え、「更生計画の効果が挙れば挙る程村の地価は上昇し、不在地主は座ながらにして村の更生の果実を享受し得るの矛盾を真剣なる村の指導者達は知るに至った(32)」と批判している。同様に、東畑四郎（農政課長一九四三〜四七年）も、戦時期の農政は「土地問題を回避して、村づくりというきれいごとの農政(33)」であったと批判的に回想し、「私は今でこそいえるがあまりこの政策には協力しなかった」と後年になって語っている（東畑・松浦 一九八〇：二一八）。

和田らは農村疲弊の解決には、地主制度の改革を含む農地政策を断行するよりほかに道はないと考えていた。これについて、和田は「経済更生が真にその効果をあげる為には、単に販売、購買、信用等の流通部面に於ける合理化のみならず、生産に於ける合理化が要求さるるに至たる事も亦必然の事である。生産に於ける合理化、換言すれば合理的労働生産性の工場が必須となるの結果は、必然的に土地の問題に触れざるを得ないであろう」と述べている（平賀 二〇〇三：二二九）。

また自作農創設維持を主な目的とした移民促進運動についても、意見の対立があった。和田の手記には、経済更生計画に関しての審議の中で「移民計画なき更生計画は砂上の楼閣」であると主張する加藤完治に対して、「果たして然るや。北海道へ移民せる十津川の村民(34)は果たして従前より改善されたりや。構造の変改、条件の変更を考へずして、単に労働力を減じ一戸当の耕地面積を増加するのみにて農村の救はるるとなすの論には賛成出来ない（はたしてその通りだろうか。北海道に移民した十津川の村民［の生活］ははたして以前より改善されたのか。構造の改革や条件の変更を考えないで、単に労働力を減らして一戸あたりの耕地面積を増やすだけで農村が救われるという議論には賛成できない）」と述べている。そして「数字的に考へれば、日本の農業人口を減らし得ても、それで残余の農業人口の生活条件が良くなると云ふ事は言へないと思ふ。それよりも、今の組織の下で日本の農業生産力の発展と云ふものを非常に阻害して居る社会的条件を除く事に依って農業におちる所の所得部分を増大すると云ふやうな方法（数字的に考えれば、日本の農業人口を減らすことができても、それで残りの農業人口の生活条件が良くなるとは言えないと思う。それよりも、今の組織で日本の農業生産力の発展を阻害している社会的条件を取り除くことによって農業所得を増加させる方法）」を促進するべきであると主張している[35]。

さらに農村の組織化と農業団体の一元化にあたって、産業組合が中心的な役割を担うことになった点についても、省内に異論があった。帝国農会と産業組合は、当時同様に農業団体として機能し、組織規模にも大きな違いはなく、双方ともに農林省と近い関係を持っていた。実際に明治農政期において帝国農会は、「小農に対しては農事改良の指導奨励を行」い、「明治農政の下請け機関としての役割」を果たしていた（宮崎　一九八〇ａ：四七八）。そのため産業組合ではなく、帝国農会の役割拡大を支持する声も同省内にあった。当時の新聞記事によると、「石黒―小平を中心とする産業組合主義」に対して、批判的な見解を持つ農林官僚が少なからず存在した。そして産業組合拡大の動きに対して、農会とそれに近い農林官僚らは、「農産物の販売斡旋のような経済行為は欲しくば産組系統に与え、農会はガッチリ生産統制と指導の機能を握ろう」と考え、「それがために絶えず農村当局に働きかけ、農会の発言権を拡大しようと力《つと》めて」いたという（読売新聞 一九四〇年一月三一日）。さらに和田は、経済更生部による産業組合を中心とした農村組織化について、産業組合の内部に階級構成が存在し、地主的性質を帯びていると、その問題点を指摘している。そして農事実行組合を中心として、小作農・小農を取り込むことで、農村組織を大衆化する必要を強調している（大竹 一九八一：八六）。そして産業組合による販売・配給統制の状況について、「明かに産組従来の発展方向に無理なものがあった結果だという批判が相当力強く省内でも行われ」、「農林省内にも産組再検討論や甚しきにいたっては産組解消論さえ一部に渦巻いてい(36)」たという。

省内対立が生じた背景

では、こうした農林省内における意見の対立は、なぜ起きたのだろうか。上述のように、農林省が省益拡大を目指して経済更生計画を推進したとする合理的選択論的な観点から、この問いに対する答えを導引するのは難しい。もし同計画が省益拡大にかなうものであれば（もしくはそう信じられたものであったならば）、省内から反対意見が生じるというのは考えにくいからである。またこうした意見の対立が起きたことは、農林省を単一のアクターとして捉えるGeorge-Mulganなどの研究においては、見落とされている重要な点である。さらに、省内に意見対立が起きたことを考慮すると、農林省が産業組合と農会どちらの団体を経済更生計画の中心組織として選択していてもおかしくはなく、その意味でこれら二つの選択肢は両方とも技術的にも制度的にも選択可能なオプションであり、農林省が産業組合を選択した理由は、合理的選択論的な観点からは説明が難しい。

これまで本書でみてきた通り、農商務省・農林省内においては、何度も意見の対立が生じ、そのたびに政策の方針転換が起きた。明治初期の勧農政策、強制的な技術指導を中心とした明治農政（サーベル農政）、そして小農保護を目標とした大正期の石黒農政というふうに政策方針が変化した背景には、省内における主流政策への批判意見があった。その意味では、農商務省・農林省には複数の意見が存在し、政策論議が交わされ、こうした省内の対立が農業政策決定過程に与えた影響は無視できない。その意味では、農林省を単一のアクターとして捉える分析手法には深刻な問題があると言える。

大正期にはサーベル農政から小農保護政策への政策転換が起こり、一九二〇年代には省内が小作法制定という目標に向けてある程度一丸となっていた時期があった。しかし同法制定が頓挫し、経済更生計画が主要政策となった一九三〇年代には、再び省内に意見の対立が生じていた。和田と同じ農政課に属し、その後農政課長を務めた東畑四郎によると、「従来は一体的だった農林省が分化し、これがのちに物動派[37]だの農政派だのとジャーナリズムによくいわれる」ようになったという（平賀二〇〇三：二二八）。このような意見の対立が生じたのは、これら二つのグループが農村疲弊の原因について、異なる認識を持っていたことに起因すると考えられる。

石黒や小平といった経済更生計画を立案・推進した農林官僚ら（物動派）は、農村疲弊は資本主義の発展に伴って、農村経済が無防備で脆弱なまま市場システムに取り込まれてしまったことで生じたと考えていた。これに対して農政派は、資本主義がもたらす弊害について否定はしなかったが、農村疲弊の根本的な原因は、旧態依然とした地主制度によるものであると認識していた。そのため、いかに産業組合の下で農村の組織化・合理化を進めようとも、移民促進によって多少耕地を拡大しようとも、地主制度を改革しなければ、小作農・小農の家計が改善することはなく、農村経済の強化にはつながらないと考えたのである。こうした問題認識の違いが、省内の意見対立を生じさせたと考えられる。

異なる問題認識

ではなぜ彼らの問題認識に違いが生じたのだろうか。大竹啓介は、土地制度改革を政策目標とする農政派の農政観について、大正中・後期の石黒農政を継承したもので、「原点の石黒農政」と呼んでいる（大竹 一九七八）。つまり農政派の農林官僚らの路線は、大正期以来の農林省がとっていたもので、一九三〇年代に同省内で主流を成した物動派の路線が新しいものだったのである。農政派と物動派が異なる問題認識を持つにいたった理由は、彼らの政治情勢に対する認識に違いがあったためと考えられる。物動派官僚は、当時の政治情勢と小作法制定の挫折を受けて、土地制度改革について（少なくとも短期的には）実現可能性がないと認識していた。そのため、土地制度改革を考慮に入れないことを前提として、農村疲弊の原因を検証した結果、主に資本主義の弊害に注目することになったのである。またそれゆえに、地主・小農・小作農が協力することによって農村疲弊を克服するとする協同主義のアイディアに大きく依存することになったとも言える。これに対して、農政派農林官僚らは土地制度改革の可能性を排除していなかったため、農村疲弊の根本原因は地主制度であるとする自作農主義を重視した問題認識を持ち続けたのである。農政派の官僚らは、その後も土地制度改革を目指した農地政策の推進を支持し続けた。

こうした農政課と経済更生部の対立については、単に立場の違いによるものという説明もできる。つまり所属部署の利害を反映しただけであるとの見方であるが、当時の農林官僚の行動を検証すると、こうした説明が当てはまらないことがわかる。大竹啓介によると、農林省内では定期的な人事異動があり、農政課事務官が経済更生部に兼務を命じられたり、異動を命じられることがあったが、「兼務発令されても、重政事務官や黒河内事務官などは、農政課的立場を容易に曲げず小平部長を手こずらせたようである」（大竹　一九七八：二〇三）という。また一九四〇年の新聞記事によると、石黒─小平を中心とする路線に対して批判的な農林官僚として、「井出正孝（東京営林局長）周東英雄（経済更生部長）若手では重政誠之（臨時農村対策部長）石井秀之助（米穀局勅任事務官）和田博雄（企画院調査官）」といった人物（肩書きは一九四〇年当時のもの）があげられており、こうした意見対立がその後も続いていたことがわかる。つまり、彼らは他のポストに異動させられても、問題認識は容易に変化せず、自らの理念に基づいた行動をしていた。こうした意味で、意見の対立は単にポストに依存したものではないと言える。

また、経済更生計画の中心団体として農会ではなく産業組合が選ばれた理由も、農林官僚の政策立案に協同主義・小農論のアイディアが大きな影響を与えたことを考慮すると、その理由を説明することができる。前述のように、産業組合はそもそも協同組合主義のアイディアをヨーロッパから導入した品川弥二郎や平田東助らが、中小農保護を目的として創設された組織であった。他方で、帝国農会は地主層を中心とした農業団体であった。そのため、協同主義・小農論を指針とする農林官僚らが、経済更生計画の中心組織として帝国農会を選択しなかったのは、当然の帰結であったと言える。経済更生計画による産業組合の拡大と協同組合主義の発展が密接につながっていたことについて、農水省の官僚であった大竹啓介は「『経済更生運動』は、『共存同栄』の協同組合主義が産業組合の画期的拡充を通じて、わが国農村に日本的定着をみせた過程であったといえる」と述べている（大竹 一九八一：八六）。

こうした意見の対立は、農政派と物動派が小農論を構成するいくつかの要素の中で、異なる点を重視したことによって生じたものであるとみることができる。農政派は、自作農主義・耕地適正化という要素を最重要視したため、農村疲弊を根本的に解決するには、土地制度の改革が不可避であると考えた。その意味では、農政派の立場は従来からの農林省の方針を踏襲したものであった、そしてそれが大竹の言う「原点の石黒農政」観であろう。他方で物動派は、土地制度改革に対する強力な政治的抵抗のため、協同主義を通じた中間搾取の排除といった点を重視していた。そのため地主制度に手を加えず、別の方法（農村の一体化・組織化、産業組合の活動拡大、そして次節で触れる満州移民政策など）で農村疲弊の解決を目指す政策が立案されたと考えられる。さらに大正期の「原点の石黒農政」が、その後「新しい石黒農政」に変化していった過程は、官僚の問題認識と選好が時とともに柔軟に変化する可能性を示唆するものである。次節でそれを見ていこう。

4　満州移民政策、「皇国農村確立運動」、そして終戦へ

満州移民政策

経済更生計画の遂行は一九四一年まで続けられたが、その後の展開について簡潔にまとめたい。経済更生計画では、地主的土地所有体系の改革に手を付けずに、耕地面積が狭いことによる経営脆弱性を解消しなければならないという困難な問題に直面していた。その解決策の一つとして浮上したのが、満州への移民政策であった。農村に存在する零細農家を満州に移転させることで、国内に残る農家の耕地面積の拡大を可能にし、経営力強化・黒字化を実現しようというのが、この政策の骨子であった。

満州への移民政策が開始されたのは、一九三二年の満州国成立後であったが、当初の移民対象は、東北や北信越地方の在郷軍人に限られ、移民の総数も比較的小規模なものであった。一九三二年から三六年の五年間に送出された移民は、合計三一〇六戸、一万五四六三人にとどまった（蘭 一九九四：四五）。しかし一九三四年以降は移民対象が全国の一般成人に拡大され、一九三七年以降は本格的に移民事業が展開された。そして「二〇ヵ年百万戸送出計画」（一九三七年）、「分村移民計画」（一九三八年）、「満州開拓政策基本要綱」（一九三八年）などの移民計画が採択され、政府の全面的な後押しを受けて、一九三七年から四一年の五年間で四万二六三五戸・一六万五〇七〇人の移民が満州の地へと送り出された（同上：四九）。

当初満州移民政策については、「二〇ヵ年百万戸送出計画」（一九三七年）を作成した拓務省と関東

軍が中心となっていた。関東軍は、在郷軍人を満州に植民することで、国境を接するソ連や地元の抗日武装集団に対する防備を固め、治安維持の向上につなげようとしていた（浅田 一九七七：三〇九―一一、蘭 一九九四）[38]。しかし「分村移民計画」（一九三八年）の作成にあたっては、農林省が拓務省に全面的に協力し、以後満州移民事業に積極的に関与するようになった。これは、経済更生運動で土地問題を解決しないまま農村の合理化を進めることの難しさに直面していた農林省が、満州移民を農村問題の根本的解決の一策として考えるようになったからである。歴史学者の浅田喬二《きょうじ》は、「地主的土地所有の存続を前提にしたうえでの『土地飢餓』農民の解消は、当然のこととはいえ、かれらを国外・植民地へ送出する以外に、その方法の無いことは自明のことであった」と指摘している（浅田 一九七七：三二五）。

分村移民計画では、各町村において農業経営を黒字化することができる「適正規模農家」の数を算出し、各町村の耕地総面積を適正規模農家の数で割り、農家の数が過剰であるとされた場合は、「過剰農家」を満州に移民させることで、各農家の耕地拡大・経営力強化・黒字化を達成することが目指された（浅田 一九七七、平賀 一九九三）。そして町村や産業組合や農業会などが推進役となり、全国各地で移民希望者が募られたが、分村移民の主な対象となったのは、主に経営力の乏しい零細農家が中心であった。「かれらは、日本本国では『適正規模農家』として『更生』する道がなく、ただ満州においてのみそれが可能であるとされた」（浅田 一九七七：三二五）[39]。この点について、石黒は一九三六年に行った講演の中で以下のように述べている。「普通の水田の労働収穫から考えて見ても、一戸当りの耕地面積を広めて（中略）二町または二町五反以上に致して、労働力の分配をよくしなければ、なかなか経営上の逼迫を緩和しうる程度には行かないように思われます」「然るに農村自体は他に人口を減らす目的で他に移すことなどは到底難しいことです。また農業の生命的基礎である土地が足らないからとて、これを広げると云うことも殆んど為し得ないことです」としつつ、「然るに満州に於ては所謂五族共和の満州国創業が出来上りまして、昭和七年以後我が警備軍の大努力の結果、漸次満州の天地が農民に開けて来たのであります。今後は農民が自ら鍬をとって、自給自足を本体とする、真の農民生活を新天地に営もうとするならば、優に夫れを行い得る見据えが附いて参ったのであります」(40)。

そして満州への集団移民の対象となった農家には、政府から一戸あたり一〇〇〇円の補助金が支給され、日本国民高等学校などで開拓事業の訓練を受けた後、満州開拓団として組織され、満州内の指定された入植地へと送出された。最終的に一九三二年から一九四五年までの一四年間に満州に送り出された移民の総数は約一〇万戸・約二七万人にも上った。しかし当時の専門家による調査研究によると、農耕法が異なること、治安の維持が不十分であること、土地に対する権利の獲得が困難であったことなどの理由で、「満州に於ける法人農業経営は極めて不振の状態にあると云はざるを得ない」（日本学術振興会編　一九三五：三五―三六）と報告されているように、満州移民は非常に困難な農業経営を強いられることとなった。

皇国農村確立運動

満州移民政策が本格化する中で、経済更生計画は一九四一年に終了し、一九四三年から同計画の後を継ぐものとして「皇国農村確立運動（標準農村確立運動）」という政策が打ち出された。同運動の骨子は、①自作農創設維持事業の拡大、②標準農村の設定、③錬《れん》成《せい》機関の設立などといった政策であった。まず①の「自作農創設維持事業の拡大」では、「自作農家は矜恃を以て農業に其の全力を傾倒し得る皇国農民の中核[41]」とされ、小作農が専業自作経営農家になることを促進させることが決定された。自作農創設維持事業は前述のように小作争議対策の一環として一九二六年から行われ、主に小作農に対して「自作田畑」の購入を目的とした資金借入に対して補助金を交付するというものであった。皇国農村確立運動では、「自作農創設に関する従来の計画を拡充し既墾地に付ては昭和十八年度より昭和四十二年度迄に約百五十万町歩、未墾地開発に付ては昭和十八年度より昭和三十一年度迄に約五十万町歩に付之を実施するを目標とすること」とされていた。一九二六年の自作農創設維持事業の対象となったのは、全小作地面積のわずか二三分の一にすぎなかったが、皇国農村確立運動では事業対象が全小作地の半分強にまで拡大された（暉峻 一九七九）。

②の「標準農村の設定」においては、「農業の適正経営の確立を中心として農民生活の健全安定を図る」ことが目標とされ、全国から試験的に「適当なる農村」が選出され、「当該地方に於ける適正経営の確立」が図られた。標準農村においては、三か年計画の作成が行われ、「土地の交換分合、分村計画の促進、自作農の創設」、「家畜の導入、農道の設置、共同収益地其の他共同施設の設置」、「真に皇国農民たるの矜恃を保持せしむる為必要なる精神的訓練」、助成金の公布などが行われた。

③の「錬成機関の設立」については、農業生産の担い手となる農民を修練養成するために農事訓練施設の整備・拡大が行われた。その目的としては「皇国農民精神を体得し農業生産に必要なる技術に

習熟し、食糧増産に挺身すべき指導的農民を錬磨養成し且其の活動を促進する」とされていた。具体的な方策としては、「中央に在りては中央修錬農場を拡充し、地方に在りては地方修錬農場に付収容人員の拡大、女子部の設置等を為し得る如く其の施設を整備拡充すること」となっていた。この「中央修錬農場」とは、石黒忠篤、那須皓、加藤完治らによって設立された「日本国民高等学校（茨城県中原、加藤完治校長）」を指し、地方でも同様の農事訓練施設で技術指導などが行われた。こうした農事訓練施設では、自立可能な経営力を持つ自作農の育成や、国内の新規開墾地や満州に入植する予定者に対する営農実習などが行われた。

皇国農村確立運動では以上のような方策で農村の「適正化」が図られたが、基本的な政策理念や政策手法は、経済更生計画とさほど大きな違いはなく、戦時下で逼迫する経済状況の中で、とくに遂行が容易で実効性が高いと考えられた施策に集中して、食糧増産を進めていく体制がとられた。また同運動の目的達成のためには、「過剰農家」を解消することが不可欠と考えられ、国内における新規開墾地や満州への入植・移民がいっそう促進されることとなった。

しかし、その後太平洋戦争の戦況悪化に伴って、多数の男子農業従事者が徴兵され戦地に送られたり、軍需工場等へ動員されたりしたことで、今度は農村における労働力不足が深刻化し、食糧生産体制の維持が危ぶまれるようになった(42)。そのため、政府は農村の「中堅青壮年」を「農業増産報国推進隊」や「食糧増産隊」といった団体に組み込み、農事訓練を受けさせ、「これを通じて報国運動を全国的に組織化せん」とした（大阪朝日新聞　一九四一年一〇月七日）。さらに数百万人にのぼる青年や女子、および高等・中等学校の生徒を動員し、農村部で共同生活をしながら農作業に従事させる勤労奉仕運動が一九三八年ごろから導入された。動員された者は「農業報国移動労働班」などとして組織され、各地の農村へ送られた。しかしこうした政策が、期待通りの成果を上げることはなかった。その理由としては、「労働力としての生徒の力量という問題があった。たとえば高女の生徒が田植に投入された場合、経験不足であるうえに技術的・肉体的にも不相応な作業であった。（中略）また村当局や農家の受入態勢が整っていないことや、勤労奉仕による学校教育へのしわ寄せも問題であった」（伊藤 二〇一三：三三）。

このように農村における労働力不足に対していろいろな方策が打ち出されたものの、「総力戦の遂行自体が農業生産力の基盤を根本から掘り崩しつつあったのだから、戦争完遂と農業生産力確保の両立は不可能な政策課題であった。この矛盾は戦争進展とともに深まり、戦争末期には主要農産物を含めて農業生産力は一気に崩れていったのである」（暉峻 二〇〇三：一一〇）。その結果、国内の食糧供給は危機的な状況に瀕し、深刻な食糧不足が発生したが、当時の日本政府・農林省に食糧危機を回避する力はもはや残されておらず、戦争遂行も困難となり、一九四五年八月のポツダム宣言受諾へとつながった。

5 まとめ

本章では、農村疲弊の対策として導入された農山漁村経済更生計画の政策立案過程を検証した。一九三〇年代初め、日本は世界的な経済危機に直面し、景気が急速に停滞した結果、農村経済の疲弊が深刻化した。農民や農村団体からの強い要請を受けて、政府は農村経済の抜本的な改善を図る政策を打ち出すことを迫られた。当時の政府を主導していた政党リーダーたちは、高度に専門的な政策を提言する能力を欠いていたため、政策の立案を農林官僚に委任することとなった。

未曾有の農村疲弊に対処する総合的な政策の立案という作業は、石黒や小平といった経験豊富な農林官僚らにとっても初めてのことであった。農村問題の実情を分析するにあたって、彼らは自らの政策アイディア（小農論）に大きく依存した。その結果として農林官僚は、資本主義の弊害（商工業者らによる中間搾取）や農村における統制・組織化の不徹底といったものが、農村疲弊を引き起こしていると考えた。こうした彼らの問題認識に基づいて、彼らは産業組合の活動拡大や農村の一体化・組織化や自給自足経済の確立といった政策目標を掲げるようになった。このようにして形成された農林官僚の問題認識と選好を反映して作成された経済更生計画は、直ちに全国レベルで実行に移されることとなった。その後の戦況悪化によって、同計画の成果は限定的となった。しかし農村の一体化・組織化といった面では一定の効果を持ち、戦後になって農協が農村を総括的に指導するというシステムの基盤が、この時期に形成されることとなった。

経済更生計画の立案には、農林官僚らの小農論が色濃く反映されていたが、小農論の解釈には農林省内でも多少の相違があり、その結果として省内で意見の対立も生じた。この対立は、小農論を構成していたいくつかの要素のうち、どの要素を重要視するかという違いによって起きたものであった。自作農主義を重視した農政派は、従来からの土地制度改革の実現にこだわり続けた。他方で、より現実的なアプローチをとり、協同主義に重きをおいた物動派は、土地制度改革には手を付けずに、産業組合を最大限に利用することで農村疲弊に対処しようとした。こうした省内の対立は、農林省を単一のアクターと考え、その利益・選好を所与のものと仮定する合理的選択論では説明できないものである。農林官僚らの政策アイディアを詳しく分析することによって初めて、経済更生計画に重要な影響を与えた複雑な歴史的・思想的要因を理解することができるのである。

注

(1) 内務省が主導した救農土木事業は、主に道路改修工事と河川改修工事から構成され、農林省の事業は耕地改修事業と林野関連事業と漁港関連事業があった。

(2) 経済更生部は、総務、金融、産業組合、副業の四つの課によって構成されていた（後に販売改善課も追加）。

(3) 農林省「農山漁村経済更生計画樹立方針」（中外商業新報 一九三二年一二月一八日に所収）。

(4) 太田原高昭「農協のかたち」（農業協同組合新聞 二〇一三年七月一日）。

(5) 同上。

(6) しかし平賀は、以下のように但し書きをしている。「比較的取り組みが容易なもので成果があがっている例が多く、しかも、全体として個々の農家利益の向上に直接結び付く結果とは言い難い」（平賀 二〇〇三：一九一）。

(7) このほか、各派有志代議士会や全国労農大衆党などのように負債モラトリアムを明確に支持した勢力もあった。

(8) 経済更生計画の中の負債整理組合設立に関しては、政党の意向とも合致しているが、その具体的な内容について政党が提言することはなかった。

(9) この背景には、一九三〇年を境として内務省が土木事業を失業対策行政の中心として捉えるようになったという同省内の政策転換があったという（岡田 一九八二b：五五）。

(10) しかし土木事業の予算配分・施行箇所を土木局が作成したところ、「関係地方長官の割込運動や政党支部の猛烈な分取戦などのため政治的解決で妥協し、ために原案に多少の変改を加え」ることを余儀なくされたという（大阪毎日新聞 一九三二年五月一二日）。

(11) 黒澤良によると、内務省の権限弱体化につながる内容だったにもかかわらず経済更生計画が遂行されたのは、齋藤内閣の農相を内務省出身の後藤文夫が務めていたからであるという。当時の内務省の主要ポストを占めていた人物は、後藤の後輩にあたる者が多く、内務省も当初は農林省に協力的であったという（黒澤 二〇一三：一九〇）。

(12) 陸軍省経理局長主計監「国家経済上より観たる我国の満蒙政策」（一九三二年、中外商業新報 一九三二年一月一三日に掲載）。

(13) むしろ軍部は経済更生計画に積極的に協力する姿勢をとった。報知新聞によると、陸軍は軍需品の調達にあたって「仲介的な御用商人を避けて直接生産者即ち農会、産業組合等から（農産物を）購入する方針」をとり、農村救済に率先的に着手した（報知新聞 一九三四年五月九日）とある。

(14) 和田博雄「農業団体の発展段階と綜合」『昭和農業発展史』（一九三七）、大竹（一九八一）八六頁に所収。

(15) 経済更生計画のケースでは、直接的に比較対象となる既存政策はなかったので、三つ目の因果効果「既存制度の脱正当化」については割愛する。

(16) そのほかにも、東畑精一（東大教授、農林官僚東畑四郎の兄）や橋本伝左衛門《でんざえもん》（京大教授）といった農林省とゆかりのある学者らが同協会の委員を務めていた。同協会は、「農家簿記運動」などを通して、農家経営の合理化・健全化を推進した。

(17) 平賀（二〇〇三）一六二頁に所収。
(18) 昭和一二年二月、日本国民高等学校における講演。大竹（一九八四）二〇一頁に所収。
(19) 和田博雄（一九三七）「農業団体の発展段階と綜合」、大竹（一九八一）九〇頁に所収。
(20) 本位田は一九一六年に農商務省に入省し、一九二四年に東京帝国大学で助教授（経済学部）に就任し、一九二六年に教授に昇進。一九三九年に東大を辞職後は、産業組合中央会参与も務めた。
(21) 経済更生計画遂行の初年度にも「経済更生計画樹立費」という名目の助成金があったが、これは計画作成にかかる経費（調査・印刷など）への助成で、各指定町村に一年限り「些少な額」（一〇〇円）が支給されるのみのもので、農業に対する補助金政策というわけではない（『農林水産省百年史』編纂委員会編 一九七九中巻：二一五）。
(22) 経済更生部作成の「農村経済更生特別助成施設案要綱」（一九三五年）には、「資金乏しきが為、村民の熱意と努力とに拘らず、重要なる計画事項を実行すること能はず、計画全体を水泡に着せしめんとするの處あるも少なからず」と、当時の状況が説明されていた（今田 一九九〇：八）。
(23) 農林省経済更生部（一九三六年）「特別助成町村ニ於ケル経済更生計画ノ概要」（『農林水産省百年史』編纂委員会編 一九七九中巻：二三一に所収）。
(24) 小平（一九四八）「農村経済更生運動を検討し標準農村確立運動に及ぶ」一三頁、楠木編（一九八三）七一頁に所収。この論文は、一九四四年に小平によって書かれたもので、戦中に経済更生計画を総括することを目的にしていた（楠木編 一九八三：四）。
(25) さらに石黒は、「殊に我が国の農業は総家族労働によって行われる、集約的な小農であるから、一家のうちから始めて家族間でも労働を老若男女の間に適当に配分して、一家全体の仕事として助け合って勤しんで行かなければなりませぬ。此点からして商工業と違った特長があります。之を家の外にしても、個々の農家の競争ではなく協同で行かねばならぬ。そこで各種の組合が発達し、一村、一県、全国を通じて協同で行くと云うことになるのは事物発展の当然の事です」として、協同主義の重要性と意義を論じている（石黒忠篤「農村の生きる道」一九三六年五月東京中央放送局より放送された石黒の講演、大竹 一九八四：一九二に所収）。
(26) 「農山漁村経済更生計画樹立方針」（中外商業新報 一九三二年一二月一八日に所収）。
(27) 「昭和七年十月六日農林省訓令第二号・農山漁村経済更生計画ニ関スル件」（『農林水産省百年史』編纂委員会編 一九七九中巻：二二五―二六に所収）。
(28) 小平権一（一九三四）「農村経済更生運動を検討し標準農村確立運動に及ぶ」八頁、楠木編（一九八三）に所収：六六頁。
(29) 企画院は、経済統制遂行の中枢機関として一九三七年に設立された。企画院は商工官僚や陸軍将校などからの出向者を中心としていたが、農林省からも和田博雄らが出向していた。
(30) 富民協会（一九三五）『実際農業講義録』（大竹 一九八一：八六に所収）。
(31) 和田博雄（一九三七年）「農業団体の発展段階と綜合」（同上：八六―八七に所収）。
(32) 同上。
(33) 前述の東畑精一東大教授の弟。一九五三年から五四年にかけて農林事務次官を務める。
(34) 明治二二年に起こった水害によって甚大な被害を受けた奈良県十津川村の住民が、北海道の空知地方中部（現在の新十津川町）に集団移住した事例を指している。
(35) 『和田博雄日記』昭和一一年七月一六日（大竹 一九八一：九二に所収）。
(36) 島田晋作（一九四〇）「農村団体の統率者」読売新聞 一九四〇年一月一九日～三一日に掲載。
(37) 「物動派」とは、経済更生部を中心とする経済更生計画の推進をになった農林官僚のことで、彼らが主に農業製品や肥料や農業資材の購買・流通・配給などの合理化に力を入れていたことから、そうした呼び名がついた。
(38) 当初、関東軍は移民にさほど前向きではなかったが、日本国民高等学校校長の加藤完治や東京帝国大学教授の那須皓といった石黒忠篤にきわめて近い人物らの働きかけによって、移民政策を推進することとなった。

(39) また国内で自立して農業を営むことが難しいとされた農家の次男・三男は、「満蒙開拓青少年義勇軍」として教育され、「義勇軍開拓団」として入植が奨励された。

(40) 石黒忠篤講演録 一九三六年五月東京中央放送局より放送(大竹 一九八四：一九三―九四に所収)。

(41) 「皇国農村確立促進ニ関スル件」(昭和一七年一一月一二日、閣議決定)、農地制度資料集成編纂委員会編(一九七二)七一九―二〇頁に所収。

(42) 当時の新聞記事によると、「軍需工業従事者の八〇%が農村の転業者」で、深刻な「農村労力不足」が発生していた。「応召、軍需労働両者による農業労働力の減少は最も多いところで二割五分程度」と推定されると報じられた(大阪時事新報 四月二六日)。

第6章
日本農政の来た道とこれから

　ここまで本書は、明治維新から第二次世界大戦期にかけて日本の農業政策が形成され、発展を遂げてきた過程をたどってきた。最終章となる本章では、この過程追跡から得られた知見をもとに、保護政策の起源、官僚の選好形成、政策アイディアの因果効果などといった点を検証し、構成主義制度論に基づく農政研究の有効性を議論する。次に、明治から戦時期にかけての農政の展開が戦後農政に与えた影響や、戦前から戦後にわたる農政の制度的な連続性について議論を展開する。最後に、日本農業が現在直面している課題や日本農業の将来に関して、本書の知見が何を示唆するのか、考察を行う。

1　農業保護政策の起源

保護政策と鉄の三角同盟の関係

まず政治学における農政研究では通説とされる「鉄の三角同盟論」の妥当性について検証してみよう。日本における中小農向けの保護主義的農業政策の源流は、一九〇〇年に制定された産業組合法であったが、その導入の原因となったのは鉄の三角同盟ではなかった。また明治から戦時期にかけての日本には鉄の三角同盟と呼べる利益誘導体制自体が存在せず、それが形成されたのは戦後に入ってからのことであった。まずは戦前における鉄の三角同盟の不在という点から議論を進めてみよう。

戦前の農村では地主層と中小自作農と小作農といったように社会的・経済的な階層化が進み、その結果としてそれぞれが異なる利益と選好を持っていた。とくに地主層と小作農は大正期に入って激しく対立し、小作争議が各地で発生した。そのため戦後のように、農村が一体となって政治活動を行うようなことはなかった。農業団体に関しても、地主層は農会によって組織されて政治的に動員されたが、農会はあくまで地主層のみを活動対象としていた。産業組合も一定の政治的活動を行うこともあり、中小自作農や小作農の利害を反映する活動を行ったこともあったが、農会ほど積極的に政治的活動を行うことはなかった。経済更生計画の下では、農林省と産業組合の指導の下に農村の組織化や農業団体の統合などが目指されたが、戦後の農地改革で地主制度が解体されるまでは、農村が実質的に一体化することはなかった。

さらに農村と政党とのつながりも、戦後に比べると限定的であった。地主層は政友会との深い関係を築いていたが、中小自作農や小作農の政党とのつながりは希薄であった。したがって、戦後の自民党のように一つの政党が農村全体の利害を代表するというような構図はみられなかった。また、後述するように農林官僚に対する政党や政治家の影響も限定的で、政策立案過程において農林官僚は、さほど政治的な制約を受けずに政策の設計を行うことができた。政策決定過程においては、議会内の政党間の対立やその他の政治的要因の影響を受けて、農林官僚が立案した政策が議会の承認を得られず、廃案に追い込まれたり、法案の修正を余儀なくされることもあった。しかし、政治家の選好を直接反映する政策を、農林官僚が立案することを強制される（もしくはそれ以外の選択肢を持たない）というような状況ではなかった。そして大正期以降の農林官僚の政策は、中小自作農や小作農の利害を反映したものが多かったが、それは政治的な圧力を受けた結果ではなく、農林官僚が自らの政治理念に基づいて立案した結果であった。

つまり戦前の日本においては、鉄の三角同盟はまだ存在しておらず、それゆえに保護政策は鉄の三角同盟の帰結ではなかった。逆に保護政策が打ち出され、土地制度（地主制度）の解体や農村の一体化を目指した諸政策の結果として、鉄の三角同盟が形成されやすくなる素地が整えられた。そのため、占領期に農地改革によって地主制が解体され、日本のほとんどの農家が中小規模の自作農となり、農村の保守化が進み、保守政党の統合（自民党結成）が起きて初めて、鉄の三角同盟が形成されることとなったのである。そして戦後における鉄の三角同盟の形成は、保護政策が再生産されることを容易にし、政策転換を困難にした。その結果として戦後の長きにわたって、農業保護政策が維持されるこ程だけを捉えた議論であると言える。

とになったと考えられる。そして政治学における「鉄の三角同盟論」は、この保護政策の再生産の過程だけを捉えた議論であると言える。

官僚の選考とその形成

次に、官僚の選好とその形成過程について検証してみよう。従来の研究において官僚の選考は、主に①予算の拡大、②行政権限の拡大、③政治家の選好を反映したもののいずれかの仮定に基づいた合理的選択論的視点から議論されることが多かった。たしかに農林官僚もこうした点について無関心であったわけではないし、彼らの行動がこうした要因に多少の影響を与えたのは否定できない。たとえば、食糧管理政策や経済更生計画が展開した結果として、農林省の予算や行政権限が拡大したのは事実である。また大正期における政党政治の発展に伴って、農林官僚は政党政治家からしばしば干渉されるようになった（また戦時期には、軍部の圧力にさらされた）。しかし本書で取り上げた事例研究が示すように、明治後期から戦時期に導入された農業政策は、農林官僚の予算や行政権限拡大を目的として立案されたものではなく、政治家の意向を直接反映したものでもなかった。

まず、予算や行政権限に関する点から考察してみよう。官僚があえて自らの省庁の予算や行政権限の縮小につながるような政策を推進することはまれであろうし、官僚が予算や行政権の拡大を否定的に評価することはないだろう。その意味では、予算や行政権限の拡大は官僚の行動に全く影響を与えないとは言えない。しかし新しい政策が導入された結果として、省庁の予算や行政権限が拡大されたからといって、その政策が予算や行政権限の拡大を目的として打ち出されたと言えるのだろうか。そもそも新しい政策を導入すれば新規の予算が充てられることになるので、予算が拡大するのは当然の帰結であり、新しい分野に行政権限が広がることも往々にしてあるだろう。その意味では、予算や行政権限を拡大させる選択肢は複数存在すると考えられるが、では官僚は複数の選択肢の中から予算や行政権限を最大化させる選択肢をとると言えるのだろうか。

明治期から戦時期の農林官僚のケースをみると、予算や行政権限を最大化するような政策が優先されたわけではないことがわかる。たとえば、産業組合制度のケースにおいては、産業組合のような民間の産業組合を中心とした農村金融制度ではなく、政府が直接運営する金融機関を中心にした制度を設計し、全国各地に政府系農村金融機関を創設していれば、農商務省の予算や行政権限は格段に拡大していただろう。また明治後期の中央集権的・強権的な「サーベル農政」を撤廃しなければ、農商務省は農村に対する非常に強力な権限を維持し続けられたであろう。そして食糧管理政策や経済更生計画においても、産業組合を通じた間接的な統制ではなく、農林省の組織・人員拡大等を通じた直接的な統制を行っていれば、予算や行政権限はより拡大されたはずである。さらに経済更生計画のケースにおいても、もし農林官僚が予算と行政権限の最大化を追求したのならば、農林省予算の大幅増につながる補助金制度中心の計画や、上意下達の中央集権的な計画になっていたはずである。しかし実際に農林官僚が立案した計画は、低予算の自主更生をもとにした計画で、農村の自主性を強調したボトムアップ型のものであった。

予算や行政権限の最大化は必ずしも最優先されるものではない。多くのケースにおいて、予算や行政権限を拡大する選択肢は一つだけではなく複数あることを考慮すれば、官僚の政策立案における重要な要因はそれ以外のものであると考えられる。言い換えれば、予算や行政権限の拡大は必要条件ではあるものの、十分条件であるとは言えない。

次に政治家の影響について考察してみよう。明治初期の農政においては、大久保や松方といった藩閥政治家が直接政策立案に関与したため、その影響は非常に強かった。そのため彼らが政策指針とした大農論を思想的基盤とした勧農政策が推進されることとなり、官僚は同政策の遂行に従事した。そして松方の勧農政策を公然と批判し、農商務省を追われた前田正名の例からもわかるように、当時の農林官僚は藩閥政治家の意向に従わざるを得なかった。つまり明治初期においては、農林官僚の選好は藩閥政治家の選好を反映したものであったと言ってよいだろう。しかしこのような状態は、近代的な官僚機構が未発達であったこの短い期間に限定され、近現代日本の政治においては例外的であると言える。

明治後期に入ると、大学や文官試験が整備されたことで、高等教育を受けて専門知識を有する官僚（専門官僚＝テクノクラート）が、中央省庁において重要な役職を占めるようになった。そして農業政策の立案は農林官僚が主導するようになった。明治後期から戦時期の政党政治家（や軍部）は、農業生産の拡大や小作争議の沈静化や農作物価格の安定化や農村疲弊の解消などといったきわめて漠然とした農政の方向性や政策目標を示すことはあったが、具体的な政策の立案作業は農林官僚に一任することがほとんどであった。第3章の小作関連法案のケースでは、政党が政策課題の設定を行ったが、政策の立案や政策執行にあたっては農林官僚が主導した。第4章の米価政策のケースにおいても、農林官僚が消極的であった米価調整制度の導入を政治家が強要する形となったが、結局のところ農林官僚が立案した政策は、農林官僚の選好（中間搾取の排除、中小農保護）を反映したものであった。そして第5章の農山漁村経済更生計画のケースにいたっては、農村疲弊の解決を迫られた政治家たちは、同計画の立案を最初から農林官僚に丸投げした。戦前の政治家の農政における役割が限定的であったのは、農政に精通していた政治家が数少なかったことや政党内のリーダーシップが脆弱であったことに加えて、それまで日本が経験したことのないような経済危機に対処する必要に迫られたからであった。それゆえに政治家の農政への関与は、明治初期に比べて大幅に縮小し、大まかな方向性や目標の選択以上のものにはならなかったのである。

戦前日本農業が直面した数々の問題について、具体的な解決策を提示し、政策を立案することは、農林官僚が担った役割であり、その結果として農業政策には農林官僚自身の選好が色濃く反映された。しかし農業政策の立案における農林官僚の選好は、あらかじめ形成された所与のものではなかった。なぜなら各時代において発生した農村の危機は、農業の専門知識を持っていた農林官僚にとっても未経験の事態であったからである。たとえば、明治中期の中小農の没落は、急激に進展した社会の近代化や市場経済の発展によるものであった。大正期の小作争議の全国的な拡大も、地租改正による農地売買の許可や社会運動の高まりなどによって起こったものであった。そして昭和前期の農村疲弊は、市場や戦争などの影響を受けた景気循環や世界的な経済恐慌などに伴う経済不況によって発生したものであった。国内外の新しい経済・政治的要因によってもたらされた農村の危機は、長きにわたって鎖国政策と封建制度を維持してきた日本人にとって、初めて直面する事態であった。そして大学において欧米の進んだ経済学や農学を学び専門知識を養った専門官僚らにとっても、理論上の問題ではなく実際の問題として対処した経験はなく、やはり未曾有の事態であったといえる。つまり農林官僚たちは、常に不確実性の高い状態での政策立案をせざるを得なかったのである。そのような状態（ナイト的不確実性）の中では、官僚の利益や選好も明確ではなく、ほぼ白紙に近い状態からの作業であったといえるだろう。

農林官僚と小農論

暗中模索の政策立案にあたって、まず農林官僚が取り組んだのは、その時点で農村が直面していた危機の本質を知り、危機をもたらしている原因・根源を突き止めることであった。そして農林官僚の問題認識に大きな影響を与えたのが、彼らの政策アイディアであった。非常に不確実性の高い状況で「今、農村で何が起こっているのか」や「何が危機をもたらしているのか」といった問いへの答えを探るにあたって、農林官僚たちは小農論という政策アイディアに大きく依存した。なぜなら小農論が、農林官僚らが農村の現状を把握することを容易にし、その解決策を提示することを可能にしたからである。そうして得られた問題認識と解決策は、農林官僚の間で広く共有され、農林省が一体となって問題解決の実現に取り組むこと（集団行動）を促進した。

小農論は、明治中期ごろから農政の専門家（農林官僚、農学者、政治家など）によって提唱されるようになり、官僚らが海外で学んだ経済理論（協同主義）や日本の伝統的な農業思想（報徳思想や農本主義）などの要素を取捨選択して融合させ、本格的な農業思想として形成された。その後、環境の変化に応じて必要な修正を加えつつ、より洗練されたものへと理論発展を続けた。ここでもう一度小農論の概要をまとめると、以下の五つの構成要素があげられる。

小農論の構成要素
- 小規模家族経営自作農主義
  ≻大地主借地農主義の否定
- 農地規模適正化による採算性の向上・経営安定
- 協同主義（自助努力、隣保共助）
- 中間搾取の排除（資本主義の修正）
- 農業の特殊性（効率性・実利性の排除、工業との差別化）

第一に、日本農業の担い手は中小規模農であるとされ、自ら所有する農地を家族単位で耕作し経営することが理想とされた。そしてそれは、小作農が地主から土地を借りて耕作する大地主借地農主義を明確に否定するものであった。第二に、農家の経営安定・採算性向上には、各農家の農地を適正な規模にすることが有効な手段であり、最も根本的な解決策であるとされた。それは、多くの場合において農村の貧困は、農地の狭小性や小作関係によってもたらされていると考えられたからであった。第三に、急激に発展する市場経済の中で、経済的に脆弱な小規模農家の利益を守るためには、農家が共同で助け合うことが不可欠であると考えられた。第四に、巨大な資本力を持つ企業（金融機関や農具メーカーや肥料商など）による中間搾取を排除するために、農家が自主的に協同組合を組織して、経済的な脆弱性を克服しなくてはならないとされた。そしてこうした活動は、あくまでも自助目的で農家が自主的に行うものであると考えられていた。最後に、気象条件などに左右されやすい農業の経営は、工業や商業などとは異質の特殊なものであり、農業政策は効率性や実利性を優先するべきではないとされた。

小農論は、欧米の学術的知識と在来の農業思想を融合させ、日本の経済的・気候的実情に適応させる形で発展した。そして農業政策の立案者たちは、その時代の小農論をもとに問題を認識した。こうした問題認識は、農商務省・農林省の官僚の間で広く共有され、農林官僚全体の選好が形成され、それに基づいて政策の立案が行われた。たとえば、明治中期の平田東助や品川弥二郎らは、彼らがヨーロッパで学んだ協同主義を政策指針とし、中小農の没落の原因は、市場経済の急速な発展と、中小農が資金調達の方法を持たないことであると考えた。そしてその解決策として信用組合（産業組合）の創設を模索するようになった。また「農地規模適正化」を重視した大正期の石黒忠篤や小平権一らは、小作争議拡大の原因が当時の土地制度にあると考えた。そのため小作契約の明確化や小作料の引き下げなどといった表面的な対策では小作問題は解消しないと信じていた。したがって各農家が適正な規模の農地を所有し、持続可能な農業経営を行えるようにならなければ、小作問題は解消しないと考えたのである。彼らが小作関連法案を立案し、その実現に注力したのは、こうした背景からであった。

そして一九二〇年代から三〇年代に米価の急激な変動が社会問題となった時には、協同主義的観点から流通業者による中小農と消費者の中間搾取を問題視し、業者の利益追求行動を制限する米価政策を導入した。また協同主義を反映して、食糧管理における産業組合の権限が大幅に拡大されることとなった。さらに世界恐慌に端を発した一九三〇年代前半の農村疲弊にあたって、石黒や小平らは世界恐慌やその後の深刻な不況が資本主義経済の弊害によってもたらされたものであると認識した。そして農村の無計画性・無秩序・無統制が問題を深刻化しているとされた。そこで、問題を抱えた資本主義経済においては、産業組合の系統組織を利用して、農村経済の合理化・組織化・統制が不可欠であると考えられ、経済更生計画が立案された。そして同計画の下では、政府と農村と農民を「有機的に」結合させ、農村の経済的脆弱性を克服することが追求された。

以上のように農林官僚の政策立案にあたって、小農論は農林官僚に農村で発生している問題の構造を明らかにし、その解決策を導引することを可能にした。そしてその問題認識と解決策のイメージが、農林官僚の間で共有されることによって、農林省が一体となって政策立案とその実現に力を注ぐ集団行動を容易にした。さらに小農論に基づいて農林官僚が打ち出した農政の将来像は、既存の政策や制度の正当性を否定し、新しい政策や制度の導入につながったのである。本書で取り上げた事例研究においては、こうした政策・制度発展のメカニズムが観察され、政策アイディアの因果効果が確認される結果となった。

それでは、彼らが何か別のアイディアに基づいた問題認識を行っていれば、立案された政策も全く別のものになっていたのだろうか。これまでもたびたびこうした反実仮想を行って、本書の主張の妥当性の堅牢さ（robustness）を検証してきたが、今一度ここでも検証してみよう。たとえば、もし石黒や小平らが大久保利通や松方正義と同様に、産業の近代化や経済の国際化への対応の遅れによって農村疲弊が生じているという大農論的な認識を持っていたならば、小麦などの商品作物の生産・輸出奨励や企業参入の促進や農地大規模化などといった政策を志向していたかもしれない。また小作争議への対応も、小作権を強化したり、自作農を創設するよりも、イギリスのように地主制度を基盤とした農業経営を発展させ、大規模な企業体中心の農業形態を奨励し、その枠組みの中で小作（従業員）の待遇改善を図るといった方策を模索したかもしれない。地主層と強いつながりを持った政友会が影響力を持っていた当時の政治状況を考慮すると、地主の権限を重視した解決策を追求する政策のほうが実現可能性は高かったと言える。また経済更生計画の立案においても、産業組合を中心とした農村の自主更生を目指すのではなく、農会と地主層中心の組織化が目標とされたり、農業関係の商業者の市場競争を促進するような政策が模索された可能性もあるだろう。

しかし実際には、地主優先の政策もしくは市場志向型の政策が選択されることはなかった。その理由は、そうした政策が小農論のいくつかの構成要素と矛盾するものであったからである。まず「小規模自作農主義」は、地主もしくは企業主体の大規模農業経営体が農業の担い手となることを否定しており、また「農業の特殊性」の概念においても農業は工業や商業のように経営されるべきではないとされる。さらに「協同主義」の概念は、市場経済には弊害が伴うと想定しているため、市場志向型の政策とは相容れない部分が多い。そのため、小農論を政策指針としていた農林官僚らがこうした政策を選択する可能性はきわめて低かったといえる。

官僚の選好の変化

以上でみたように、農林官僚の政策に関する選好を形成したのは、彼らの問題認識であり、その決定要因となったのは、彼らの政策指針となった小農論であった。しかし、たとえ同じ政策アイディアを指針としていても、それを構成する複数の要素のうちどれを重要視するかによって選好に相違が生まれ、官僚内の対立が発生することもあった。つまり小農論の解釈によって、そこから導き出される政策も複数存在し、小農論の枠内に限定されるものの、官僚内で政策論争が起きる可能性もあるということである。

第5章で触れたように、経済更生計画に対して、農林省内の物動派と農政派の官僚たちの間で意見の対立が起きた。同計画を立案した石黒や小平らの物動派は、同計画に基づいて農村の組織化や購買・流通・配給の合理化を進めることで、市場経済の弊害を取り除き、農村疲弊を解消することができると考えていた。他方で、和田博雄や東畑四郎らの農政派は、土地制度には手を付けない経済更生計画では不十分であるとし、あくまでも農村疲弊の解消には地主制度の解体が不可避であると考えていた。農政派のアプローチは、小作関連法制定を目指していたころの農林省の姿勢を継承したもので、物動派は小作関連法制定の挫折をうけて、より現実的な路線に軌道修正したものであった。とはいえ両者ともに、小農論の枠組みの中で発展したものであり、複数ある小農論の構成要素の中で、農政派は農地規模適正化を重視し、物動派は中間搾取の排除を重視したために生じた意見対立であった。官僚機構の内部で生じた意見対立はほかにも、勧農政策に異を唱えた前田正名の例（第2章）や、酒匂常明の明治農政を批判した柳田国男の例（第3章）や、産業組合を中心とした食糧統制制度に対する批判の例（第4章）もあった。

こうしてみてみると、政治学者George-Mulganの研究や「鉄の三角同盟論」のような合理的選択論に基づく研究の多くが想定するように官僚機構は一枚岩なのではなく、内部で意見対立が発生することもあり、時とともに選好を変えていくこともある。言い換えれば、同じ環境や制度的要因の影響を受けていても、選好が異なったり、選好が変化していったりすることもある。これは官僚の選好が所与のものではないことの証左であり、特定の時点だけを捉えたスナップショット的な分析方法が妥当性を欠くことを示唆する重要な知見である。

構成主義制度論

本書ではアクターの政策アイディアに注目する構成主義制度論を応用して、日本農政の形成と発展過程を明らかにしてきた。では本書の知見から、政策や制度の決定過程や発展過程の研究に関してどのような示唆が得られるのか、構成主義制度論の分析手法の特長と留意点に注目しながら考察を行いたい。

(a) 構成主義制度論の長所

まず構成主義制度論に基づいた分析には、以下のような長所がある。第一に、不確実性が高い状況下での政策決定に対して、説得力のある説明を提示することができる。本書の事例研究が示すように、政治家や官僚たちは非常に不確実性が高い状態の下で、国の将来を左右するような重大な意思決定を迫られることがしばしばある。どのような政策が自らの利益につながるか不明であったり、何が問題の原因であるかさえ明確でなかったりする状況では、政策決定者たちは問題解決の手がかりを求めて何らかの政策アイディアに依存することが多い。その結果として、特定の政策アイディアを大きく反映した政策が立案されることになるのである。

第二に、構成主義制度論はアクターの選好の形成過程や変化を説明することができる。第1章でも触れたように、合理的選択論においてはアクターの選好は所与のものとして扱われ、その形成過程が検証されることはない。また選好の変化は、アクターをとりまく環境や制度的制約といった外生的要因の変化によるものと想定されている。しかし実際には、アクターの選好は所与のものではなく、さまざまな過程を経て形成され、外生的要因だけではなく内生的要因によっても変化することがある。選好の形成に関しては、アクターの政策指針となったアイディアが問題認識を決定づけることで、アクターの選好が形成される。つまり、「何が問題の原因となっているか」という認識が、ある政策アイディアに基づいて形作られると、その解決策が自ずと明らかとなり、アクターの政策選好が形成されるということである。そしてアクターの政策アイディアに理論的な発展や修正が加えられると、アクターの選好もそれに伴って変化することがある。こうした内生的要因による選好の変化を捉えることができることも、構成主義制度論の強みである。

第三に、アクター間における対立を説明することが可能であること。政治学者George-Mulganの研究にみられるように、合理的選択論に基づいた研究においては、官僚機構および各省庁は一体のものとして扱われることが多い。それは同じ環境と制度の影響を受けるアクターは、同じ選好を持つものと想定されているからである。しかし本書の事例研究が示すように、同じ省庁内でも意見対立が生じることはしばしば起こる。農林省以外でも、一九六〇年代の通産省内で産業の規制緩和や市場の自由化に前向きであった「国際派」と、あくまでも国内産業の保護育成や市場規制の維持にこだわった「国内派」の間に生じた激しい対立は広く知られている例である（Johnson 1982; ジョンソン 二〇一八）。こうした対立が生じる原因の一つには、アクターによる政策アイディアの解釈の差異がある。政策アイディアはいくつかの要素から構成されているため、どの構成要素を重視するかによって、アクターの選好にわずかな違いが生じることがある。上述した、農林省内の「物動派」と「農政派」の対立は、前者が協同主義を重視した一方で、農政派は農地規模適正化にこだわったことで起こったものであった。このような理由から、同じ環境と制度の影響を受けるアクターでも選好に違いが生じることがあり、そうした集団内のダイナミズムを捉えることができることも、構成主義制度論の長所であるといえる。

第四に、政策・制度の発展過程における経路依存のメカニズムの一つを説明することができることである。筆者が以前行った商工省・通産省の産業政策についての研究によれば、戦時期の日本においてドイツやソ連の経済政策などを発展させる形で確立された「統制経済論」という政策アイディアが、戦後の通産官僚の間においても世代を超えて受け継がれた結果、主導的官僚機構（pilot agency）や統制会（戦後は業界団体）といった戦時期に構築された制度やその産業政策が、戦後の長きにわたって維持されることとなった（佐々田 二〇一一 a、Sasada 2012）。こうした政策アイディアが世代を超えて受け継がれることによって、政策や制度が長期にわたって再生産され、抜本的な変革が起こりにくくなる現象、つまり経路依存が生じるのである。

農林省のケースにおいても、小農論が農林官僚の間で広く共有されるようになると、中小農保護を目的とした政策が農政の中核を占めるようになり、いわゆる「石黒農政」が大正・昭和前期を通じて維持されることとなった。そして、中小農保護政策は戦後においても維持され、現在においても抜本的な改革はなされていない。本書は日本農政の形成過程に注目しているため、戦後から現在にわたる政策や制度の経路依存性については議論の対象としていないが、戦前から戦後にかけての農政を俯瞰すると、農政においても顕著な経路依存性が確認される。この点については、後述するように今後の研究の課題としたいと考えている。

最後に、本書では主要な議論とはならなかったが、政策決定者は時に自らの利益に反する内容の政策決定を行うこともあるが、構成主義制度論はそのような政策決定の過程も説明することができる。たとえば、戦時期の商工省の岸信介や椎名悦三郎らといったいわゆる革新官僚らは軍部将校らと協力して、工業生産力の拡充や産業開発などを目的として官僚主導の統制経済体制を確立したが、この経済体制はほとんど成果を上げることができず、政財界の激しい反発を招き、商工官僚ら自身が受けた恩恵も限定的であった（企画院事件のように、むしろ政治抗争に巻き込まれ失脚してしまうこともあった）。しかし、政策目標を達成することができなかった上に、政財界からの強い反発を受けたにもかかわらず、戦後の通産官僚らは同様の経済システムを再構築した。このような政策決定の背景には、商工・通産官僚らが彼らの政策指針であった統制経済論の妥当性を強く信じていたことがあった（佐々田 二〇一一 a、Sasada 2012）。

農林省の事例でも、利益に反するとまでは言えないが、上述のように同省の予算や行政権限を最大化するような選択肢がとられなかったことを考慮すると、利益よりも政策アイディアが優先されることがあることが示唆される。このような事例における政策決定過程の説明には、構成主義制度論の分析手法が非常に有効であり、アクターの利益にのみ注目する手法では適切な説明を提示することは困難である。

（b）構成主義制度論についての留意点

以上のように構成主義制度論は、政策決定過程や制度発展過程の分析においてさまざまな利点を持っている。しかし当然のことながら、完全無欠の理論というわけではなく、その応用にはいろいろな注意が必要である。政策アイディアに注目する研究に対してしばしば寄せられる指摘や批判として、アクターの利益とアイディアをどのように区別するのかというものがある。またわざわざアイディアを検証しなくとも、利益や利害関係に注目するだけでも説明が可能ではないかという指摘もある。

たしかに事例によっては、アクターの利益とアイディアが重複し、区別が困難なこともある。つまり政策アイディアに基づいて立案された政策が、アクターの利益の最大化にも直結するようなケースである。たとえば、第5章で取り上げた救農土木事業のケースでは、救済的な公共事業を展開することで農村の収入増につながるだけではなく、農林省の予算が大幅に拡大することにもなった。さらに戦後の鉄の三角同盟による保護政策の再生産過程においては、農水省が保護政策を維持することで中小農の経営安定を図り、同時にその見返りとして予算案や法案の国会審議において自民党から便宜を図ってもらうことが期待できた。

長期にわたって政権交代も起こらず、極端な政治的変化（戦争や政党政治の終焉）や世界恐慌などといったような未曾有の事態が起こる可能性が低い、つまり不確実性が比較的低い状況においては、アクターは自らの利益・選好を明確に理解しているため、政策アイディアに対する依存度も低くなり、政策アイディアの因果効果が強力に発揮されないことも考えられる。したがってそのようなケースでは、シンプルな合理的選択論に基づいた説明だけでも十分であるかもしれない。

さらにアイディアに注目した研究の中には、アクターの利益とアイディアを明確に区別することなく分析したり、アイディアの因果効果が限定的であるような事例を扱っていたりするものもみられる。こうした研究は、利益や利害関係に注目するだけでも説明が可能ではないかという指摘に対して、説得力のある反論を提示できないこともある。しかしそれは、構成主義制度論の有効性の問題ではなく、リサーチ・デザインの問題であるといえる。

なぜならば、すべての政策決定過程において、必ずしもアクターの政策アイディアにまで掘り下げて分析する必要はなく、アクターの利益に注目するだけのシンプルな分析でも説明が可能な場合もあるからである。とくに不確実性が低く、何が自分自身の利益につながるかアクターが明確に認識している場合には、単純な合理的選択に基づいて意思決定を行うことが多い。そのような事例においては、あえて政策アイディアに踏み込んで複雑な説明（いわゆる thick explanation）を提示する必要はないかもしれない。要するに、事例の本質によって合理的選択論向きのものと、構成主義制度論向きのものがあり、構成主義的アプローチをとる際には、なぜ政策アイディアを取り上げる必要があるのか熟考しなくてはならない。

分析手法の使い分けの重要性について、例をあげて説明してみよう。たとえば、二つの地点をつなぐルートが二つあり、より早く到達できるルートを選択したいとする。もしそれが平坦な土地で道路状況（舗装状態や混雑具合など）に大きな違いがないとすれば、各ルートの距離の情報さえあれば十分なので、二次元（2D）の地図だけで適切な選択ができるだろう。必要以上に情報量の多い地図ではかえって不便をきたすかもしれない。しかし起伏の激しい土地であれば、距離だけではなく高低差や途中のアップダウンの回数といった情報も必要となるので、三次元（3D）の情報が不可欠となる。合理的選択論と構成主義制度論の関係も、これに近いものがあるといえる。つまり、政策効果などについての情報が十分にあり、アクターの利害関係が明確なケースにおいては、アクターの利益に注目するだけでも十分に説明が可能である。しかしナイト的不確実性の高い状況で、アクターが自分自身の利益・選好についても明確な認識を持っていない場合においては、合理的選択論的アプローチでは説明できないこともあるため、政策アイディアにまで踏み込んだ構成主義制度論のアプローチが有効となるのである。

(c) 社会構築と因果効果

最後に構成主義制度論の根幹を占める社会構築の概念と、その農政研究における応用可能性について考察したい。第1章で述べたとおり、社会構築という概念は、現実の世界における物事や現象を、人々の頭の中で共通の理解として作り上げる行為を意味する。社会構成主義は、あらゆる物事や現象が人間の行動に影響を与えるには、客観的・物理的に存在しているだけでは不十分であり、それらの意味や重要性が人々に理解され、共有されて初めて因果効果をもたらすと考える。また人々が物事や現象をどのように理解するかによって、それらの因果効果は変わってくるとされる。

たとえば、かつて冷蔵庫や冷房器具などの触媒として使用されていたフロンガスは、一九三〇年代に商品化され、人体への安全性と使いやすさから「夢の化学物質」と言われ広く使われていた。しかし一九七〇年代になって、フロンガスとオゾン層の破壊との関係を指摘する多くの研究が発表されると、国際社会の中でフロンガスが環境にもたらす弊害が理解され、世界的に共有されることになった。フロンガスの環境リスクの国際的な理解とその共有が、各国の共同行動を促進し、一九八七年にはフロンガスの製造・消費・貿易を国際的に規制するモントリオール議定書が締結された（Haas 1992）。このケースでは、フロンガスによる環境破壊は以前から存在していたが、フロンガスがオゾン層を破壊しているという理解が世界的に共有されて初めてフロンガス規制への国際的な共同行動が実現したのである。つまり環境破壊という現象が物理的に存在しているだけでは、因果効果は生まれなかったということである。

ほかにも、国際政治において（国際紛争の予防）や（国家間の共同行動）が困難であったりする原因は、国際社会における無秩序状態（アナーキー）であるとされてきたが、国際政治学者の Alexander Wendt は国際社会の無秩序状態という現象は、社会構築の産物であると指摘している。つまり、国家間の共同行動や紛争の予防が困難である理由は、すべての国家が「国際社会は無秩序状態である」と理解し、その理解の下に意思決定をしているからであるというのである（Wendt 1992）。逆を言えば、国家が国際社会には何らかの秩序が存在するという理解の下で意思決定を行えば、国家の行動や国際関係は全く別のものになる可能性があるということである。

さらに医学の分野を例にあげると、「病気の発見」が医師の行動や医療体制に大きな影響を与えることが頻繁に起きる。たとえば「発達障害」という概念が生み出されたのは一九六〇年代のことであり、またそれが一般的に広く認識されるようになったのは、さらに後のことである。だが当然のことながら、発達障害に該当する症状は古くから存在していた。この概念が広く認知されるまでは、そうした症状は個人の性格によるものとして軽視されたり、医療の対象であるとは認識されなかった。しかし子供（あるいは大人も）の問題行動が発達障害によるものであるという問題認識が形成され、それが広く共有されるようになると、そうした障害への支援方法が確立され、医療体制にも大きな変化が生じた。

さらに、数百万年にもわたるヒト科の生物の進化の過程においても社会構築が重要な要素となったと考える研究者もいる。たとえば、近年世界的なベストセラーとなった『サピエンス全史――文明の構造と人類の幸福』の中で、著者で人類史学者のユヴァル・ノア・ハラリは、過去に多数存在したヒト科の生物の中で、われわれ（ホモ・サピエンス）だけが文明を築き大きく繁栄することができた最も重要な理由として、ホモ・サピエンスが現実世界の複雑な物事や現象をイメージ化し、それを共有することで高度な共同行動をとることが可能であったからであるとしている（ハラリ 二〇一六）。ハラリはこうしたイメージの共有化を「虚構を信じる力」と記述している。

たしかに人類の共通理解は必ずしも客観的事実に即したものとは限らない。たとえば、貨幣の価値は、国家の信用に大きく依存しているものであるが、国家が貨幣制度の安定を保証できるのか（またそのための財政能力を持っているか）否かは定かではない。貨幣そのものにはほとんど価値がないにもかかわらず、それを価値あるものとして使用して、巨大な金融システムを築くことができたのは、人々が国家による保証という「虚構」を信じる力があったからにほかならない。最近では、国家による保証すらない「仮想通貨」が世界的な発展を遂げているが、その名が示す通りこれこそ人々のイメージの中にのみ存在するものであり、虚構を信じる力なしでは存在できないものであろう。そのほかにも、人類の文明の中で重要な位置を占める制度のほとんど（たとえば国家や宗教や法律や資本主義経済など）も、虚構を信じる力（つまり社会構築）がなくては機能できないものであるといえる。

以上で示したように社会構築という行為は、われわれ人類のあらゆる活動と切り離すことができない重要な行為であり、それがわれわれの意思決定に重要な影響を与えることは当然であるといえる。そのため、政策決定過程の研究においても、アクター間の社会構築とその影響に細心の注意を払う必要があるだろう。そしてそれを可能にするのが構成主義研究の強みであり、その醍醐味でもあるといえる。

では社会構成主義および構成主義制度論が、明治から戦時期日本の農政の発展過程に与える示唆とは何か。それは、この時期の農政の発展過程を形成したものは、農村に実際に何が起きたかではなく、農村に何が起こっていると農林官僚が理解したか（つまり彼らの問題認識）であったということである。かつて経験したことのないような農村の危機に直面して、農林官僚のリーダーたちは、農村がどのような問題に直面しているのか、農村問題の原因は何かという問いに対して、小農論に依存することで答えを導きだし、それが彼らの問題認識を形成し、不確実性を低減させた。この問題認識は多くの農林官僚の間で共有（社会構築）され、農林省が一体となって集団行動を行うことを可能にした。そして彼らの問題認識の中で農村問題の原因となっているとされた既存の政策や制度の正当性が疑問視されることで、新しい政策や制度の導入を容易にし、政策・制度変化につながったのである。明治から戦時期にかけての日本農政においては、このような因果メカニズムによって、政策や制度の変化が起こったと考えられる。もし彼らの問題認識が別の政策アイディアに基づいて社会構築されていれば、彼らの農業政策も全く違ったものになっていただろう。その意味では、政策決定者がどの政策アイディアに依拠して、どのような問題認識を行い、それを共有したかが、政策決定過程の重要な要因となるといえる。

2　戦前農政の遺産

戦後体制への移行

本書では明治から戦時期にかけての日本農政の発展過程をたどってきたが、以下ではこの時期の農政の展開が、戦後日本の農政に与えた影響について考察していきたい。本書の事例研究からは、明治から戦時期の期間に農林省による産業組合を通じた間接的な統制体制の基盤が形成され、中小農を対象とした保護政策が農政の根幹を占めるようになる過程が明らかになった。これは戦後の農水省による農協を通じた間接的な農村の統制体制、および中小農向けの保護政策に直接つながっていったのである。しかし戦前と戦後の間には、終戦直後の混乱や占領期の改革などといったさまざまな政治的環境の変化が存在し、その制度発展の過程は直線的で単純なものというわけではなかった。

農村の組織化・一体化を進めるために、一九四三年に産業組合や農会やその他の農業団体を統合して設立された中央農業会は、一九四八年にＧＨＱの指令により解体され、農業協同組合（農協）が設立された。GHQの政策意図は、農協を政府から独立した農業経営者の自律的な組織にするというものであったが、それとは裏腹に農協は戦前の産業組合や中央農業会と同様に、政府による農村の統制を担う行政代行機関として存続することとなった。また、発足直後に経営破綻する農協が続出したため、農協組織の経営指導や監査を行う農業協同組合中央会が作られ、その中央組織として全国農業協同組合中央会（全中）が設立された。全中は農協の経営指導・監査だけではなく、最高意思決定機関として機能するようになり、農協の中央集権的性格が強まった。さらに全中は、政党や政府へのロビー活動や農協会員の政治動員などを行う政治組織としての役割も果たすようになり、農協と政党・農林省との政治的なつながりも強化された。

また一九四八年の農地改革によって、農村における土地制度が抜本的に改革され、地主制度が解体されることとなった。本書でも繰り返し言及してきたとおり、地主制度の解体は一九二〇年代から一九四五年にかけて農林官僚が悲願としてきた政策目標であったが、それを実現したのは皮肉にもGHQの指令であった（しかし農地改革の具体的な方策の作成においては、和田博雄ら農林官僚が深く関与していた）。農地改革におけるGHQの政策意図は、財閥と並んで軍国主義的政治勢力の一翼を担った地主層を解体し、農地を農民に分配することで、民主的かつ平等な農村社会を築くというものであった。しかしながら、ここでもその後の制度発展はGHQの政策意図とは裏腹なものとなった。農地改革によって自分の土地を所有し自作農となった農家は、政治的には現状維持を志向するようになって保守化が進み、保守政党とのつながりを強めた。またほとんどの農家が小規模の経営体となったことで、農村の一体化が実現し、政策選好が均一化されることとなった。農村の一体化は、農協による農村の政治動員を容易にし、農村の政治的重要性を高めることにつながった。とくに農村部の選挙区に大きく依存していた保守政党は、農村票をきわめて重要視するようになっていった。

一九五五年に自民党が結党され、いわゆる五五年体制が確立されると、法案や予算案の国会審議における自民党の影響力が拡大し、それに伴って自民党の中央省庁への影響力も強くなっていった。農村の政治的重要性の高まりを反映して、自民党は農業政策（とくに米価や補助金制度など）への介入を行い、農林省（一九七八年からは農水省）に対する圧力を強めていった。法案・予算案の国会審議において自民党の協力を得る必要があった農林省は、農政の多くの分野において利益誘導体制の一翼を担うようになった。

こうした政治変化の結果として鉄の三角同盟が形成され、中小農保護政策の再生産へとつながった。またこの排他的な利益誘導体制が確立し、政策過程における制度化が進むと、その他のアクターが農政に影響を与える余地がさらに制限されることとなって、政策・制度転換が難しくなり、農政の経路依存性が強まることとなった。その結果として、戦後の非常に長い期間にわたって保護主義的性質の強い農業政策が維持されることとなったといえる。上記のように、鉄の三角同盟の形成の直接的なきっかけとなったのは、戦後における農地改革と農協設立と自民党の結党であったが、戦前・戦時期の農林官僚らによる土地制度改革の模索や産業組合を中心とした間接統制システムの構築などといった政策が、鉄の三角同盟が形成される素地を作っていたことも確かである。

鉄の三角同盟が戦後の農政に大きな影響を与えていたことは否定できない事実であるが、鉄の三角同盟論だけでは説明できない点も多い。たとえば、戦後の米価政策においては鉄の三角同盟の構成者の政策選好には違いがあり、三者一体となって同一の政策を模索していたわけではない。農家・農業団体は一貫して米価の引き上げを要求していたが、農林官僚は米価を抑制するべきであるという姿勢をとっていた。そして自民党の議員の中には米価引き上げを志向する「ベトコン議員」や、総合的な農業の振興を支持する「総合農政派」がおり、必ずしも農業団体の選好を直接反映していたわけではない（荒幡 二〇一三：二〇七―二〇八）。

また一九六一年に「農業の向かうべき新たなみちを明らかにし、農業に関する政策の目標を示すため」に制定され、後に「農業界の憲法」との異名をとるようになった「農業基本法」に関しても、鉄の三角同盟の構成者の間に重大な選好の違いがあり、そこで意見の対立が生じた。同法の立案過程においては農林官僚が主導的な役割を果たし、彼らの理想とする農業像が法案に色濃く反映されていた。農林官僚らが立案した法案は、生産合理化や経営合理化や生産性向上や農地の規模拡大などといった農業の抜本的な構造改善を伴うものであった。「日本農業の産業的な自立」（暉峻 二〇〇三：一七六）を目指した農林官僚の政策意図には、本書で取り上げた「農地規模適正化」や「協同主義」などといった小農論の要素が反映されていた。しかしこの野心的な法案は自民党議員や農業団体からの反発を招き、政策決定過程においてさまざまな面で骨抜きにされてしまった。結果として、もともとの政策意図とは異なり、価格維持や補助金政策といった面が強調されることとなり、保護政策への依存や兼業農家の割合が増えるなどして、かえって日本農業の競争力が低下してしまう結果を招いてしまった（暉峻 二〇〇三：一七六―九六、本間 二〇一〇：一一二―一一四）。

以上のように、戦前・戦時期の農政は、農村の組織化・一体化を促進し、戦後になって鉄の三角同盟の形成という制度的な帰結をもたらした。とくに予算編成や農業貿易政策などといった面では、鉄の三角同盟の構成者の政策選好がほぼ一致し、こうした分野での保護政策の再生産につながった。しかし米価政策や農業基本法のケースなどを考慮すると、通説として考えられているほど鉄の三角同盟の影響は強力なものではなく、戦後においても農林官僚の政策選好は、必ずしも自民党（および農業団体）の選好を直接反映したわけではないと考えられる。むしろ戦後の農林官僚は、鉄の三角同盟という枠組みの中で、政治的・制度的制約を受けながらも、自らの政策アイディアを反映した独自の政策立案を模索したと言えるのではないだろうか。こうした点については、筆者の今後の研究において明らかにしていきたいと考えている。

連続性と断絶

ところで、戦前から戦後にかけての非常に長い時間軸を持った分析を行う研究においては、戦前と戦後の政策や制度に連続性があったとみるか、それとも両者の間は断絶しているとみるかという問いを避けては通れない。日本の政治学・行政学・経済史・日本近現代史などの分野においては、いわゆる「戦前戦後連続論」と「戦前戦後断絶論」の間で論争が交わされてきた。前者は、戦前および戦時期に導入された政策や制度は、終戦後の占領期を経ても維持され（もしくは同様の姿で再構築され）、戦後の政治経済制度の根幹部を占めたと主張する。他方で後者は、戦前の政策や制度は、占領期の政策によって抜本的に改革され、戦後の政策や制度との直接的なつながりはないと主張している。

日本における中小農向けの保護政策の起源を明治期の産業組合法とする本書の主張は、「戦前戦後連続論」の立場に近い。また明治中期から戦時期にかけての小農論の理論的発展が、その後の農政に大きな影響を与え続けたという主張も連続論に沿ったものである。しかしながら、本書でも示したように農政はつねに変化を続け、その途中で失われ「断絶」してしまった要素も多い。また鉄の三角同盟のように戦後になって新しく出現した制度的要素もある。したがって筆者は、戦前と戦後の農政には連続した部分と変容した部分の両方があり、あえてどちらかを強調する必要はないと考えている。英語の表現に「Is the glass half empty or half full?（このコップに水は半分しか残っていないのか、それとも半分も入っているのか）」というものがある。もともとは楽観主義者と悲観主義者の違いを表現するものであるが、同じものでも全く異なる見方があるという含意もある。連続論と断絶論の関係も、これに通じるものがある。つまり、コップに水が半分も入っているとみるか、半分しか残っていないとみるかという見方の違いでしかないということである。その意味では、連続か断絶かという問いには、イデオロギー的な意義は別として、学術的にはさほど重要な問いではないと言えるのではないだろうか。

3　現在の農政論争との関連性

さて本書第1章でも指摘したように、戦前の日本と現在の日本が抱える農村の課題には多くの共通点がある。戦前と現在ともに、日本農業のあるべき姿が根本から問われる重大な岐路に直面した状態である。両者の間には、非常に大きな時間の隔たりとさまざまな条件の違いがあることは当然であるが、過去と現在の共通点は、日本農業の将来を考える上できわめて多くの示唆を与えてくれる。そして過去を振り返ることで、より大局的な視点から現在の農業問題を検証することも可能となる。以下では、二つのケースの共通点を探りながら、そこからどのような教訓が得られるか検証してみたい。

明治期には、他国との貿易が盛んになり日本経済の近代化や資本主義システムの確立が進められた。産業界では家内《かない》制手工業から工場制機械工業へと発展する産業革命が起こり、近代的な市場・企業・流通システムが整備される中で、旧態依然とした伝統的な農法と小規模な手作業中心の家族経営であった農業は、拡大する商工業者の経済力や海外からもたらされる輸入農産物に対して、全く無防備な状態であった。

そして現代の日本は、経済のグローバル化や自由貿易協定（ＦＴＡ）の締結や農村で急速に進む少子高齢化・過疎化の影響などにさらされている。二〇〇二年にシンガポールとの経済連携協定（ＥＰＡ）を締結して以来、日本が締結した同様の協定は二〇一八年四月一日の時点で一五件にのぼる（二〇一八年七月にはＥＵとのＥＰＡに署名した）。さらにカナダやオーストラリアやニュージーランドといった農業輸出国を含む環太平洋地域の一一カ国との自由貿易協定であるＴＰＰ11にも署名し、同協定は二〇一九年に発効することになっている。この結果、コメの輸入枠が拡大されたり、肉・乳製品などへの関税が大幅に引き下げられることとなっている。一方で農村においては高齢化が進んでいる。二〇一七年における農業従事者の平均年齢は六六・六歳にのぼり、若者が職を求めて都市へ移住した結果として、農村の過疎化や後継者不足が深刻化している。(1) 農業市場の競争の激化と農村の過疎化によって、日本農業は今後ますます厳しい状況となることが予想されている。その意味では、日本農業の現状は本書で取り上げた戦前の数々の未曾有の事態と同様に深刻なものであるといえるだろう。

いずれのケースにおいても、これまでの農業形態では立ち行かないことは明らかであり、抜本的な農業の構造変化が必要であることに疑いの余地はない。しかし、どのように変化すべきかという点においては、大きく見解が分かれるところであり、日本農業の将来についての論争が続いている。ここにも戦前の農政論争との共通点を見出すことができる。

明治初期には、大農論を支持した大久保利通や松方正義らが、伝統的な稲作から脱却し、大規模経営体の育成や農業の近代化・欧米化を進めて商品作物の生産・輸出を進めるべきであると主張し、勧農政策が推進された。しかしその後、谷干城と田口卯吉との論戦や、松方と前田正名との農商務省内での対立や、農業経済学界における論争にみられるように、小農論的立場から大農論に対する批判が起こるようになった。そして大正期になると小農論を支持する農林官僚の影響が拡大し、稲作中心の中小自作農を担い手として、技術改良や協同組合を利用することで、農業の生産性や収益性の向上を目指す保護主義的政策が打ち出されるようになった。

そして現在の日本においても、大農論 vs 小農論という構図の論争が繰り広げられている。政府の経済財政諮問会議や規制改革推進会議などにおいては農業の抜本的な改革に向けた政策提言が打ち出され、農地の集約・大規模化、企業の農業参入の振興、農産物の輸出促進、農協の分割・再編や株式会社などへの転換、農業規制の緩和などが提唱されている。たとえば、安倍政権の下で設置された日本経済再生本部がとりまとめ、二〇一七年六月九日に閣議決定された「未来投資戦略２０１７」においては、「攻めの農林水産業の展開」として、「農林水産業の生産性を高め、基幹産業としての維持・

発展と従事者の所得向上を図る」ことが目標として掲げられている。具体的には「農地の大区画化や汎用化・畑地化等の実施を強化する」ことや、「今後10年間（2023年まで）で法人経営体数を2010年比約4倍の5万法人とする」ことや、「2019年に農林水産物・食品の輸出額1兆円を達成する」ことなどが目標とされている。(2)

また政府の農林水産業・地域の活力創造本部がとりまとめた「農業競争力強化プログラム」（二〇一六年一一月二九日）においては、農業資材価格の引下げや農産物の流通・加工構造の改革を目的として、JA全農による農産物の販売方法や農業資材の購入方法などの改革を促し、こうした分野での新規参入や市場競争を促進させる提言が盛り込まれた。この内容をもとに、農業競争力強化支援法が二〇一七年五月一二日に国会で可決された。

このように規制緩和・市場競争の促進・効率化を目標とする農業改革の提言の多くは、新自由主義（ネオ・リベラリズム）のアイディアに基づいたもので、日本農業の未来には、より市場整合的な農業政策・制度への抜本的な転換が必要不可欠であると主張している。

こうした農業改革への提言に対して、急激な構造改革には消極的な農協やその支持者たちは、従来の協同主義や自作農主義に基づいた反論を展開している。たとえば、安倍内閣が二〇一四年六月二四日に閣議決定した「規制改革実施計画」が農協改革の一環として打ち出した農協組織の株式会社化・一般法人化については、「協同組合原則が示すように、農協は『共通の経済的・社会的・文化的なニーズと願いを満たす』ことを目的としており」、株式会社化・一般法人化が実現すれば「農協は『金銭的利益を求める組合員のための金銭的利益を追求する組織』に変質するであろう」として協同主義を前面に出した反論を行っている（石田信隆 二〇一四：一一三）。また株式会社の農業参入に関しては、戦後日本の農地法は「自作農主義を明確にし」、「農業の主要な担い手を農家、農民とする基本線は、最近まで変更されることがなかった」とし、「高品質・安心・安全の分野」において「企業農業がこの点で、『精耕細作』の農民経営よりうまくやるとはとても思えない」として強く反対している（大田原 二〇一四：七七）。

また「新自由主義の考え方は、協同組合の理念とは相容れないものである」とし、「新自由主義がもたらす弊害を克服するために協同組合には、多様な仲間が手を結びながら事業や活動のしくみを地域社会に育み、協同を通じて実践していくことが求められている」（日本農業新聞編 二〇一七：二一八―一九）というような、理念上の反論も提示されている。改革反対派が提示する意見に戦前から続く小農論のアイディアが色濃く反映されていることは、その影響が現在においても非常に強力であることを示唆する大変興味深い点である。

こうした論争の背景には、新自由主義 vs 協同主義という理念上の対立があり、さらにそれによって生じた問題認識の違いがあると考えられる。まず一つには、現在の国際的な経済環境の変化に対する認識の違いである。改革推進派は、経済のグローバル化や市場開放を避けては通れない時代の変化と考え、その新しい環境の中で日本農業が生き残るためには、大規模化や企業参入による競争力向上が不可欠であると考えている。一方で、改革反対派は経済環境の変化は政治的に対応が可能な問題であると考え、他国との交渉を通じて何らかの規制や貿易政策を維持し、従来の小農論的視点から中小農を保護していく必要があるとしている。また農協を通じた農家間の共同行動をさらに促進させることによって苦境をのりこえられると考えている。そしてもう一つは、農業の特性に対する認識の違いである。改革推進派は新自由主義的な視点から、農業と他の産業との間に根本的な違いはないものと想定しているため、大規模化や機械化による効率性の向上を進めることで、競争力を高めることができると考えている。他方で、改革反対派は農業の特殊性を強調し、気候や災害などへの脆弱性に加えて、農業の社会的・文化的・環境的重要性からも政府の保護が必要であるとの主張を展開している。(3)

そして将来の日本農業を考える上で問われるのは、農業の産業形態だけではない。政府および農水省が果たす役割も重要な問いの一つである。これまでのように、行政代行機関としての農協を通じた中央集権的な指導体制を維持するのか、それとも規制緩和を進めて農業法人や企業などの民間のバイタリティと知恵を活用する行政を行うのか、今後の農業行政の基本方針を明確にする必要がある。石黒忠篤が考えたように、資本主義経済には中間搾取といった弊害がつきもので、それを排除する必要があるのならば、政府と農協による積極的な市場への介入と指導が不可欠なのかもしれない。しかし柳田国男が指摘したように、農業と他の産業との間に特別な違いが存在しないのであれば、農家の収益性や競争力を向上させることで、手厚い保護を行わなくても商工業と同様に市場で利益を上げて成長していくことも可能かもしれない。

たしかに現状において日本の農家は、小規模でさらに兼業の農家が大部分を占めている。(4)こうした農家が保護政策なしで生き残ることは望めないだろう。その意味では、政府と農協の市場への介入や保護政策を大幅に削減することは短期的には困難かもしれない。しかし一方で、インターネットやSNSなどを通じて独自の販路を開拓したり、海外市場への進出に成功している生産者も増えてきている。また商工業者ではなく農協によって搾取されていると主張する農業従事者や識者がいることも事実である（神門 二〇〇六、山下 二〇〇九、岡本 二〇一〇）。もし小農論に基づいた従来の農業行政がむしろ日本農業の足かせとなってしまっているのであれば、規制緩和や農水省・農協の権限縮小は避けられないのかもしれない。

今日の日本農業が直面する問題の深刻さを考えると、もはや付け焼き刃的な改革やその場しのぎの対策では、将来の発展や成長が望めないことは明らかである。過去に日本農業が歩んできた道を今一度振り返り、環境の変化と現状を十分に考慮した上で、今後数十年の日本農業のあるべき姿を慎重に議論し、ある程度の合意を形成する必要がある。言い換えれば、現実に即した問題認識を新たに社会構築して、それに基づいた新しい政策・制度の立案と設計を行い、日本農業の新たな未来を築いていくことが必要である。

4　今後の研究課題

最後に今後の研究課題について簡潔に述べて、本書の締めくくりとしたい。本書の事例研究は、明治から戦時期にかけての日本農政の展開が、戦後農政の制度的基盤となったことを強く示唆しているが、実際に終戦から占領期を経て戦後農政が形成された過程については、本書の理論枠組みを応用しながら詳細に検証して明らかにする必要がある。そこでは、占領期に中央農業会が解体されて農協が設立され、農地改革によって地主制度の解体が実現し、農村が保守化して農協による政治動員が進み、自民党との政治的連携が確立し、鉄の三角同盟が形成され、農業保護政策が再生産されていく過程を追跡していくことになるだろう。

しかし上記のように、戦後においても農政のすべてが鉄の三角同盟論で説明できるわけではない。鉄の三角同盟を構成するアクターの選好も、環境要因や制度的制約といった外生的要因のみによって形成されたものではなく、政策アイディアや社会構築といった内生的要因によっても大きな影響を受けていると考えられる。とくに農林官僚については、戦前の小農論から持続的に影響を受けていた可能性が高い。したがって、米価政策や農業基本法といった戦後の重要な農業政策の立案・決定過程における農林官僚の問題認識や選好の形成といった点に注目しながら、戦後農政の検証を行い、政策アイディアと社会構築の因果効果をさらに解明していきたい。

注

(1) 農林水産省「農業労働力に関する統計」農水省ホームページ：http://www.maff.go.jp/j/tokei/sihyo/data/08.html

(2) 「未来投資戦略2017」平成二九年六月九日閣議決定、一四五―五〇頁。

(3) また農協の事業についても、「複数の事業を営みながら相乗的な利益を求めていくことが協同組合事業の特質であり、一般的に言うビジネスとは異なるものである」（日本農業新聞編 二〇一七：二一八）といった、特殊性を強調する主張がみられる。

(4) 二〇一七年における農家一戸当たりの耕地面積は二・四一ヘクタール（北海道を除くと一・七二ヘクター

ル)、全農家にしめる兼業農家(一種・二種を含む)率は六八・三パーセントにものぼる(出所:農水省ホームページ「農地に関する統計」、「農家に関する統計」www.maff.go.jp/j/tokei/shiryo/index.html)。

あとがき

われわれの身の回りで起こるさまざまな現象のメカニズムには、最新の科学技術をもってしても解明されていないものが多く存在する。そうした現象の中には、われわれの生活にごく身近なものも多い。たとえば、氷の上で足が滑るのはなぜか、医療用の麻酔薬がなぜ痛みを感じさせなくするのか、なぜ磁石にはN極とS極が存在するのかなどといったものである。氷の上が滑りやすいとか、磁石にN極とS極があることについて、われわれは当然の知識として理解しているが、そうしたことが起こる理由を説明することはできない。同様に、普段われわれが当たり前のことと考えているものでも、意外とそれがいつどのように形成され、誰によってなぜ作り出されたのかを知らないものも多い。

日本の農業政策についても、それが中小農の保護を重視し、関税や価格維持政策や補助金などを基本とした保護主義的なものであるということは広く知られている。そして「鉄の三角同盟」と呼ばれる利益誘導体制が、農業の自由化や補助金削減を困難にしたことで、保護政策が長い間にわたって維持されてきたことも、よく知られている事実である。だが、日本の農業保護政策がいつごろ、誰によって、どのような理由で導入されたのかという点について、政治学の研究書や論文の多くでは説明がなされないままにされている。もちろん農政史や農業経済史を専門としている研究者の間には、農政の歴史について膨大な知識の蓄積があるが、一般の人々や他の分野の研究者の間では、当然のように日本は昔から政府が農業を保護してきたと考えられていることが多い。

わずか一〇〇年ほど前のことでも、失われてしまった情報は少なくない。たとえば、札幌という地名の由来については、アイヌ語がもとになっていることは知られているが、実際に何という言葉がもととなったのかについては専門家の間でも諸説ある。また明治維新の功労者である西郷隆盛は、写真嫌いであったために、本人の写真は一つも残っておらず、西郷の本当の姿を知るものはいなくなってしまった（現在残る肖像画や銅像は、西郷の死後に親類をモデルに作成されたものであるという）。またわれわれの個人的なレベルでも、明治時代を生きた四〜五代前の先祖がどのような人物であったかを詳細に知っている人は非常に少ないだろう。われわれが考えているほど、人類の記憶というものはしっかりとしたものではなく、数十年も経てば多くのことはすっかり忘れられてしまうものである。本書のテーマである農業政策の起源と発展過程の研究も、そうした忘れ去られた記憶を探る試みである。

本書は日本における中小農保護政策の起源を明らかにしたが、全く未知のメカニズムを発見したというわけではなく、誰も知らなかった新事実を明らかにしたというような大それたものでもない。本書が提示している内容の多くは、農政史や農業経済史の専門家などには知られている歴史背景であり、本書の研究も既存研究が提示している知見を参考にしている部分が大きい。しかし既存研究の多くは、農業政策の起源を大局的に捉えることはせず、長期的観点からの体系的な分析を欠いており、筆者はそうした分析を提示することで農政研究に貢献したいと考えたのである。つまり本書が目指したのは、既存研究や既刊の資料の中に断片的に散在する知見や記録を集約し、構成主義理論の手法を用いて体系的に分析することであった。政策アイディアや社会構築の影響に注目して、より理論的に農業保護政策の起源と発展過程を解明した点が本書の特性であり独自性であると自負している。

筆者が二〇一一年に出版した『制度発展と政策アイディア』（木鐸社）も、日本の産業政策の源流を探る試みであった。同書においても、商工官僚のアイディアに注目しながら、明治期から戦時期にかけて日本の産業政策や官僚主導体制が形成されてきたプロセスを明らかにし、その起源の一つが満州における産業政策にあることを指摘した。そして、戦時期に形成された政策や制度が戦後に入っても再生産・維持されたメカニズムを解明した。

こうしてみると、制度や政策の起源をたどることが、これまでの自分の研究関心の根幹であった。なぜ自分がそのような研究に惹かれるのかと考えてみると、筆者が幼い頃に、幼なじみと近所を流れていた川の源流が知りたくて、ひたすら川の上流を目指して探検した経験が思い浮かぶ。それはさして大きな川ではなかったが、小学生の力では自転車で何時間も山道を登っても、源流にはたどり着けなかった。結局、その探検は途中で雨が降り出した上に、歩ける道がなくなってしまったことで断念せざるを得なかったのだが、源流が見たいという単純な知的欲求を満たすことができず悔しい思いをしたことをいまでもはっきりと覚えている。

本書における農政の起源をたどる道のりも、筆者にとっては決して平坦なものではなく、まるで生い茂る草木をかき分けながら険しい山道を登るような思いであった。産業政策の研究で培った分析手法を利用して農業政策の起源を明らかにしようとする研究計画を立ててから、早いもので六年以上の月日が経ってしまった。当初はわりと楽観視していた面があったが、研究を進めるうちに自分の見通しの甘さを痛感させられ、何度も挫折しそうになった。しかし「源流が見たい」という知的要求を原動力にようやく本書の出版にまでこぎつけることができた。

本書が扱っている内容は歴史的なものが大部分であるが、ただの政治史・歴史研究書としてだけではなく、一般の読者にも手に取ってもらい、日本農業が今後進むべき道を考える上で参考になるような本にしたいという思いを抱いて執筆を行ってきた。本文内でも触れたように、明治時代と現在の農政論争には共通する部分が多く、時代背景に違いはあれども、政府や農家は似通った問題や課題（農業経営の効率化、農地大規模化、農業と商業の関係など）に直面している。スナップショット的に現状を分析しただけでは、歴史の教訓を得られず、過去の過ちを繰り返してしまう恐れがある。その意味では過去に日本がたどってきた経路を理解し、先人たちが交わした論争や政策過程を十分に踏まえた上で、日本農業の今後について真剣に考える必要がある。「故《ふる》きを温《たず》ね て新しきを知る」という格言が示す通り、明治期から戦時期にかけての農業政策の発展過程を知ることが、未来への道しるべの一つになるのではないかと思う。こうした意味で、本書の内容が日本の農業の将来に示唆を与えるものとなれば、望外の喜びである。

これまで学会や研究会などの場において、主に本書の第1・2章の内容をもとにした研究報告を行い、さまざまなコメントをいただき、本書の執筆にあたっては大いに参考にさせていただいた。まず、北海道大学政治研究会で研究報告をした際には、会員の皆さんから生産的なコメントを多数いただき感謝している。また日本政治学会二〇一七年度研究大会分科会「政策のアイデアとその発展過程」においても研究報告を行い、討論者の木寺元さん（明治大学）と佐藤健太郎さん（千葉大学）から多くの有益なコメントをいただいた。さらに清水唯一朗さん（慶應義塾大学）、前田健太郎さん（東京大学）、北山俊哉さん（関西学院大学）、城下賢一さん（大阪薬科大学）にも示唆に富んだご指摘をいただいた。この場を借りてお礼を申し上げたい。そして、勁草書房の上原正信さんには、なかなか進まない執筆を辛抱強く待っていただき、より多くの読者に興味を持ってもらえるような内容の本に仕上げるために多くの有益な助言をいただいた。大変ありがたく思っている。そして本書は、日本学術振興会科研費基盤研究（c）「農政制度発展過程の構成主義的制度論的分析」（平成二七年度～三〇年度）の助成を受けて行った研究の成果をもとにしたものである。日本学術振興会からの支援にも感謝したい。

本書の執筆にあたっては、多少因縁めいたものを感じる部分もある。筆者の父方の祖父は、筆者の出身地である熊本県天草で、戦前に農林省の地方支分部局の一つである食糧事務所に勤務していた。祖父は戦時中徴兵され、フィリピンで戦死したため、祖父の食糧事務所での仕事については祖母から聞いた情報しかないが、仕事で天草内の農村をくまなく回っていたという。コメなどの作付状況といった食糧生産関係の統計調査を行っていたのだろうと推察される。そうした祖父の業務も、本書第4章で取り上げた食糧統制システムの末端を担っていたのだろう。祖母の話では、仕事で訪れた農家からよく野菜や豆などのおすそ分けをいただいて帰宅していたという。いまになって考えると、役所と農家の友好的な関係が垣間見えるようである。祖父が食糧事務所で勤務していた一九三〇年代から四〇年代初めにかけては、本書で述べたように日本の農村が未曾有の危機に瀕し、天草も例外ではなかったはずだが、当時の困難な状況を祖父がどのように考えていたのだろうかと思案することがある。同様にいまとなっては知りようもないことであるが、農林省の小農論や農政派と物動派の対立などについて祖父がどのように感じていたのか、非常に気になるところである。そんな祖父をよく知る祖母も昨年一〇二歳で他界してしまったが、もっと多くのことを聞いておくべきだったと後悔している。

そして、熊本の両親と二人の姉たちに感謝の念を伝えたい。筆者が住んでいる北海道から遠いこともあって、実家で何かがあってもなかなか帰ることができず、長男としての役割をほとんど果たすこともできず、とくに上の姉夫婦に頼ってばかりで申し訳なく思っている。ここ数年実家でいろいろと大変なことがあったにもかかわらず、仕事と研究に専念することができたのは姉夫婦のお陰であった。心から感謝している。

最後に、妻の智恵子と息子の日護にも感謝の言葉をおくりたい。仕事にかまけて家庭のことはあまり顧みることがない筆者だが、文句も言わずにサポートしてくれる妻には非常に感謝している。「Work hard, play hard（よく働き、よく遊べ）」という言葉を信条としている筆者は、休日になると一人で釣りや草野球に出かけたりすることも多いが、嫌な顔一つせず気持ちよく送り出してくれる優しさには本当にありがたく思っている。そして好奇心旺盛で自然科学や歴史に関連した本を読むのが何より好きな息子と過ごす時間は、筆者にとってかけがえのない癒しの時間であり、時に大きな知的刺激やインスピレーションを与えてくれる。本書を何とか上梓することができたのも、こうした家族の多方面からの支えのお陰である。あらためて感謝の意を伝えたい。

激動の時代を生き抜き、多くの艱難辛苦に直面しながら家族を養ってくれたことに感謝して、本書を祖父・常吉と祖母・タヨに捧げたい。

小樽市の自宅から水平線を見ながら

佐々田　博教

参考文献

日本語文献

秋吉貴雄・伊藤修一郎・北山俊哉（二〇一五）『公共政策学の基礎』新版、有斐閣。

浅田喬二（一九七七）「満州移民史研究の課題について」『一橋論叢』七八巻三号、三〇九―二六頁。

荒幡克己（二〇一三）「公共選択論の視点から見た農政」川野辺裕幸・中村まづる編著『テキストブック 公共選択』勁草書房、第8章、二〇一―一五頁。

蘭信三（一九九四）『満州移民の歴史社会学』行路社。

飯尾潤（二〇〇七）『日本の統治構造』中公新書。

飯島大邦（二〇一三）「官僚制」川野辺裕幸・中村まづる編著『テキストブック 公共選択』勁草書房、一五五―八一頁。

飯沼二郎（一九八一）『思想としての農業問題』農山漁村文化協会。

石黒忠篤（一九三四）『農林行政』日本評論社。

――（一九五一）『農政落葉籠』岡書院。

石田信隆（二〇一四）『農協改革をどう考えるか』家の光協会。

石田正昭（二〇一四）『JAの歴史と私たちの役割』家の光協会。

伊藤淳史（二〇一三）『日本農民政策史論』京都大学学術出版会。

伊東勇夫（一九七七）「解題」近藤康男編（一九七七）『明治大正農政経済名著集4 信用組合・産業組合論集』農山漁

村文化協会、四―一二二頁。

伊東勇夫（一九九二）『協同組合思想の形成と展開』八朔社。

今田幸枝（一九九〇）「農村経済更生運動の政策意図と農村における展開」『歴史研究』二八号、一―三六頁。

今西一（一九九一）「石黒農政の成立」後藤靖編『日本帝国主義の経済政策』柏書房、二六九―九〇頁。

エッゲルト、ウドー（一八九一）「日本振農策」近藤康男編（一九七五）『明治大正農政経済名著集3 日本振農策・日本農民ノ疲弊及其救治策』農山漁村文化協会、一八―一四二頁。

大内力（一九五二）『日本資本主義の農業問題』改訂版、東京大学出版会。

――（一九六〇）『農業史』東洋経済新報社。

――（一九七六）「解題」近藤康男編（一九七六c）『明治大正農政経済名著集13 小農保護問題』農山漁村文化協会、三―二四頁。

大門正克（一九八三）「第一次世界大戦後の農村振興問題と諸勢力」『一橋論叢』八九巻五号、六八四―七〇六頁。

大竹啓介（一九七八）「農地改革と和田博雄（一〜二）」『農業総合研究』三二号二〜三号、一三九―一六四頁、二二七―七二頁。

――（一九八一）『幻の花』上巻、楽游書房。

――（一九八四）『石黒忠篤の農政思想』農山漁村文化協会。

大田原高昭（二〇一四）『農協の大義』農山漁村文化協会。

岡崎哲二・奥野正寛編（一九九三）『現代日本経済システムの源流』日本経済新聞社。

岡田知弘（一九八二a）「経済更生運動と農村経済の再編」『経済論叢』一二九巻六号、四〇九―二九頁。

――（一九八二b）「救農土木事業の生成と展開」『財政学研究』第六号、五三―六四頁。

岡本重明（二〇一〇）『農協との三〇年戦争』文藝春秋。

奥和義（一九九〇）「明治後期の日本の関税政策」『山口経済学雑誌』三九号三・四号、三一九―三九頁。

小倉武一（一九五一）『土地立法の史的考察』農業総合研究所。

――（一九六五）『日本の農政』岩波書店。

――（一九八七）『日本農業は生き残れるか』上巻、農山漁村文化協会。

小田義幸（二〇一二）『戦後食糧行政の起源』慶應義塾大学出版会。

小野耕二編著（二〇〇九）『構成主義的政治理論と比較政治』ミネルヴァ書房。

ガーゲン、K・J（二〇〇四）『社会構成主義の理論と実践』永田素彦・深尾誠訳、ナカニシヤ出版。

加藤房蔵（一九二七）『伯爵平田東助伝』平田伯伝記編纂事務所。

加藤雅俊（二〇一二）『福祉国家再編の政治学的分析』御茶の水書房。

川越俊彦（一九九三）「食糧管理制度と農協」岡崎哲二・奥野正寛編『現代日本経済システムの源流（シリーズ現代経済研究6）』日本経済新聞社、第8章、二四五―七一頁。

川野辺裕幸・中村まづる編著（二〇一三）『テキストブック 公共選択』勁草書房。

木寺元（二〇一二）『地方分権改革の政治学』有斐閣。

楠本雅弘編著（一九八三）『農山漁村経済更生運動と小平権一』不二出版。

黒澤良（二〇一三）『内務省の歴史』藤原書店。

黄楚群（二〇一六）「米穀調査会における米価調整論」『日本語・日本研究』第六号、六五―一〇八頁。

神門善久（二〇〇六）『日本の食と農』NTT出版。

小平権一（一九四八）「農山漁村経済更生運動を検討し標準農村確立運動に及ぶ」楠本雅弘編著（一九八三）『農山漁村経済更生運動と小平権一』五七―一六八頁。

――（一九六二）『石黒忠篤』時事通信社。

近藤康男編（一九七五）『明治大正農政経済名著集3 日本振農策・日本農民ノ疲弊及其救治策』農山漁村文化協会。

――編（一九七六a）『明治大正農政経済名著集1 興業意見・所見他』農山漁村文化協会。

――編（一九七六b）『明治大正農政経済名著集5　最新産業組合通解・時代ト農政』農山漁村文化協会。

――編（一九七六c）『明治大正農政経済名著集13　小農保護問題』農山漁村文化協会。

――編（一九七七a）『明治大正農政経済名著集2　日本地産論・日本農業及北海道殖民論』農山漁村文化協会。

――編（一九七七b）『明治大正農政経済名著集4　信用組合・産業組合論集』農山漁村文化協会。

――編（一九七七c）『明治大正農政経済名著集24　地租・土地所有論』農山漁村文化協会。

斎藤淳（二〇一〇）『自民党長期政権の政治経済学』勁草書房。

酒匂常明（一九〇八）『日清韓実業論』実業之日本社。

佐々田博教（二〇一一a）『制度発展と政策アイディア』木鐸社。

――（二〇一一b）「統制会・業界団体制度の発展過程」『レヴァイアサン』四八号、一三一―四九頁。

清水唯一朗（二〇一三）『現代日本の官僚』中公新書。

庄司俊作（二〇〇三）『近現代日本の農村』吉川弘文館。

ジョンソン、チャルマーズ（二〇一八）『通産省と日本の奇跡』佐々田博教訳、勁草書房。

曽我謙悟（二〇一六）『現代日本の官僚制』東京大学出版会。

武田共治（一九九九）『日本農本主義の構造』創風社。

千田航（二〇一六）「フランス半大統領制における家族政策の削減と再編」『日本比較政治学会年報』一八号、一二三九―六〇頁。

辻唯之（一九九五）「明治期農政の展開と香川県農業」『香川大学経済論叢』六七巻三・四号、六七―九七頁。

綱沢満昭（一九九四）『日本の農本主義』紀伊国屋書店。

暉峻衆三（一九七九）「皇国農村確立と自作農創設政策」『一橋論叢』八二巻五号、五四九―六九頁。

――（二〇〇三）『日本の農業150年』有斐閣。

伝田功（一九六九）『近代日本農政思想の研究』未來社。

東畑四郎・松浦龍雄（一九八〇）『昭和農政談』家の光協会。

東洋経済新聞社編（一九二七）『明治大正国勢総覧』東洋経済新聞社。

友田清彦（一九九五）「米欧回覧実記と日本農業」『農業史研究』二八号、四〇―五二頁。

――（二〇〇六ａ）「明治初期の農業結社と大日本農会の創設（一）」『農業研究』一〇二号、一―一四頁。

――（二〇〇六ｂ）「明治初期の農業結社と大日本農会の創設（二）」『農業研究』一〇三号、二五―四四頁。

――（二〇〇八）「老農たちが果たした役割」『新・実学ジャーナル』四九号、六―七頁。

中河伸俊・赤川学編（二〇一三）『方法としての構築主義』勁草書房。

中原准一（一九七二）「産業組合法の制定経過について」『北海道農経論叢』二八号、九四―一一〇頁。

並松信久（二〇〇五）「農村経済更生と石黒忠篤」『京都産業大学論集』二二号、一一一―一二六頁。

――（二〇一〇）「柳田国男の農政学の展開」『京都産業大学論集』二七号、八三―一二五頁。

――（二〇一五）「平田東助と社会政策の展開」『京都産業大学論集 社会科学系列』三二号、四七―八二頁。

日本学術振興会編（一九三五）『日満経済統制と農業移民』岩波書店。

日本銀行統計局編（一九六六）『明治以降本邦主要経済統計』日本銀行統計局。

日本農業研究所編（一九六九）『石黒忠篤伝』岩波書店。

日本農業新聞編（二〇一七）『協同組合の源流と未来』岩波書店。

農地制度資料集成編纂委員会編（一九七二）『農地制度資料集成 第10巻 戦時農地立法に関する資料』御茶の水書房。

「農林水産省百年史」編纂委員会編（一九七九）『農林水産省百年史』上中下巻、農林水産省百年史刊行会。

野田公夫編（二〇〇三）『戦後日本の食糧・農業・農村 第1巻 戦時体制期』農業統計協会。

荷見安（一九三七）『米穀政策論』日本評論社。

――（一九六一）『米と人生』わせだ書房。

原口泉（二〇〇九）『世界危機をチャンスに変えた幕末維新の知恵』ＰＨＰ新書。

ハラリ、ユヴァル・ノア（二〇一六）『サピエンス全史』上下巻、柴田裕之訳、河出書房新社。

平田東助・杉山孝平（一八九一）「信用組合論」近藤康男編（一九七七ｂ）『明治大正農政経済名著集4　信用組合・産業組合論集』四三―一四六頁。

平賀明彦（一九九三）「農家簿記基調運動と分村移民論」『白梅学園短期大学紀要』第二九号、九七―一〇九頁。

――（二〇〇三）『戦前日本農業政策史の研究』日本経済評論社。

フェスカ、マックス（一八九〇）「日本地産論」近藤康男編（一九七七ａ）『明治大正農政経済名著集2　日本地産論・日本農業及北海道殖民論』農山漁村文化協会、三三―三一四頁。

藤井隆至（一九九〇）「柳田国男『農政学』の体系的分析」『新潟大学経済論集』四九・五〇巻一・二号、一五―五五頁。

藤原辰史（二〇一二）『稲の大東亜共栄圏』吉川弘文館。

本位田祥男（一九三二）『農村更生の原理』日本評論社。

本間正義（二〇一〇）『現代日本農業の政策過程』慶應義塾大学出版会。

マイエット、ペ（一八九三）「日本農民ノ疲弊及其救治策」近藤康男編（一九七五）『明治大正農政経済名著集3　日本振農策・日本農民ノ疲弊及其救治策』農山漁村文化協会、一四三―三二四頁。

前田正名（一八八四）『興業意見』近藤康男編（一九七六ａ）『明治大正農政経済名著集1　興業意見・所見他』農山漁村文化協会、三三―四二〇頁。

松方正義（一八七九）「勧農要旨」大内兵衛ほか編（一九六二）『明治前期財政経済史料集成　第1巻』明治文献資料刊行会、五二二―三二頁。

松村謙三（一九五〇）『町田忠治翁伝』東洋経済新報社。

真渕勝（二〇〇九）『行政学』有斐閣。

――（二〇一〇）『官僚』東京大学出版会。

宮崎隆次（一九八〇ａ）「大正デモクラシー期の農村と政党（一）」『国家学会雑誌』九三巻七・八号、四四五―五一一頁。

――(一九八〇b)「大正デモクラシー期の農村と政党(二)」『国家学会雑誌』九三巻九・一〇号、六九三―七五〇頁。

――(一九八〇c)「大正デモクラシー期の農村と政党(三)」『国家学会雑誌』九三巻一一・一二号、八五五―九二三頁。

村松岐夫(二〇一〇)『政官スクラム型リーダーシップの崩壊』東洋経済新報社。

森邊成一(一九九〇)「一九二〇年代農政指導の検討(一)」『広島法学』一四巻二号、六一―一〇一頁。

――(一九九三a)「一九二〇年代農政指導の検討(二)」『広島法学』一六巻三号、一四七―六五頁。

――(一九九三b)「一九二〇年代農政指導の検討(三)」『広島法学』一七巻一号、一八一―二一八頁。

――(一九九四a)「一九二〇年代農政指導の検討(四)」『広島法学』一七巻四号、一七五―二一〇頁。

――(一九九四b)「一九二〇年代農政指導の検討(五)」『広島法学』一八巻一号、八九―一三三頁。

――(一九九六)「政党政治と農業政策」『広島法学』一九巻三号、九九―一四九頁。

八木芳之助(一九三五)「肥料配給統制と産業組合」『経済論叢』四一巻四号、四七九―九八頁。

柳田国男(一九〇二a)*「産業組合通解」近藤康男編(一九七六b)『明治大正農政経済名著集5 最新産業組合通解・時代ト農政』農山漁村文化協会、二五―一六六頁。

――(一九〇二b)「産業組合」『柳田国男全集1』筑摩書房、一九九九年に所収、三―一八六頁。

――(一九〇四)「農政学」『柳田国男全集1』筑摩書房、一九九九年に所収、一八七―二八二頁。

――(一九〇八)「農業政策学」『柳田国男全集1』筑摩書房、一九九九年に所収、二八三―四二五頁。

＊ 以下、柳田の著作については、正確な発行年が不確かなものがあるが、ここではそれらを所収した著書の編者などによる推定に基づいて発行年を記載している。

――（一九一〇）「時代ト農政」近藤康男編（一九七六b）『明治大正農政経済名著集5 最新産業組合通解・時代ト農政』農山漁村文化協会、一六七―三五四頁。

――（一九一二）「農業政策」『柳田国男全集1』筑摩書房、一九九九年に所収、六三一―七〇六頁。

山形県農業協同組合沿革史編纂委員会編（一九六〇）『山形県農業協同組合沿革史』山形県農業協同組合中央会。

山下一仁（二〇〇九）『農協の大罪』宝島社。

横井時敬（一九〇八）『現今農業政策』成美堂（国立国会図書館デジタルコレクション：http://dl.ndl.go.jp/info:ndljp/pid/802204）。

ローゼンブルース、フランシス&ティース、マイケル（二〇一二）『日本政治の大転換』勁草書房。

外国語文献

Beach, D. and Pedersen, R.（2013）. *Process-Tracing Methods*, University of Michigan Press.
Béland, D. and Cox, R.（eds.）（2011）. *Ideas and Politics in Social Science Research*, Oxford University Press.
Bennett, A. and Checkel, J.（eds.）（2014）. *Process Tracing*, Cambridge University Press.
Blyth, M.（2002）. *Great Transformations*, Cambridge University Press.
――.（2011）. "Ideas, Uncertainly, and Evolution," in Béland, D. and Cox, R.（eds.）（2011）. *Ideas and Politics in Social Science Research*, Oxford University Press, pp. 83–101.
Dunleavy, P.（1991）. *Democracy, Bureaucracy and Public Choice*, Prentice Hall.
George-Mulgan, A.（2000）*The Politics of Agriculture in Japan*, Routledge.
――.（2005）*Japan's Interventionist State*, Routledge.
――.（2006）*Japan's Agricultural Policy Regime*, Routledge.
Gofas, A. and Hay, C.（eds.）（2010）. *The Role of Ideas in Political Analysis*, Routledge.

Goldstein, J. and Keohane, R. (1993). *Ideas and Foreign Policy*, Cornell University Press.

Haas, P. (1992). "Banning Chlorofluorocarbons," in *International Organization*, Vol. 46, No. 1, pp. 187–224.

Havens, T. (1974). *Farm and Nation in Modern Japan*, Princeton University Press.

Hay, C. (2008). "Constructivist Institutionalism," in Binder, S. et al. (eds) *The Oxford Handbook of Political Institutions*, pp. 56–74.

Hudson, D. and Martin, M. (2010). "Narratives of Neoliberalism," in Gofas, A. and Hay, C. (eds.) (2010). *The Role of Ideas in Political Analysis*, Routledge, pp. 97–117.

Johnson, C. (1982). *MITI and the Japanese Miracle*, Stanford University Press.

Katznelson, I. and Weingast, B. (eds) (2007). *Preference and Situation*, Russell Sage Foundation.

Kessler, O. (2010). "Beyond the Rationalist Bias?," in Gofas, A. and Hay, C. (eds.) (2010). *The Role of Ideas in Political Analysis*, Routledge, pp. 118–43.

Lieberman, R. (2011). "Ideas and Institutions in Race Politics," in Béland, D. and Cox, R. (eds.) (2011). *Ideas and Politics in Social Science Research*, Oxford University Press. pp. 209–27.

Mahoney, J. and Thelen, K. (2010). *Explaining Institutional Change*, Cambridge University Press.

Niskanen, W. (1971). *Bureaucracy and Representative Government*, Transaction Publishers.

Parsons, C. (2011). "Idias, Position, and Supranationality," in Béland, D. and Cox, R. (eds.) (2011). *Ideas and Politics in Social Science Research*, Oxford University Press, pp. 127–42.

Pierson, P. (2004). *Politics in Time*, Princeton University Press.

Ramseyer, J.M. and Rosenbluth, F. (1993). *Japan's Political Marketplace*, Harvard University Press.

———. (1995). *The Politics of Oligarchy*, Cambridge University Press.

Rosenbluth, F. and Thies, M. (2010). *Japan Transformed*, Princeton University Press.

Sasada, H. (2008). "Japan's New Agricultural Trade Policy and Electoral Reform," in *Japanese Journal of Political Science*, Vol. 9, No. 2, pp. 121–44.

———. (2012). *The Evolution of the Japanese Developmental State*, Routledge.

———. (2013). "The Impact of Rural Votes in Foreign Policies," in *Asian Journal of Political Science*, Vol. 21, No. 3, pp. 224–48.

———. (2015). "'Third Arrow' or Friendly Fire?," in *Japanese Political Economy*, Vol. 41, Nos. 1–2, pp. 1–22.

Schmidt, V. (2008). "Discursive Institutionalism," *Annual Review of Political Science*, Vol. 11, pp. 303–26.

Wendt, A. (1992). "Anarchy is What States Make of It," *International Organization*, Vol. 46, No. 2, pp. 391–425.

事項索引

ア 行

カ 行

サ　行

タ　行

ナ　行

ハ　行

マ　行

ヤ 行

ラ 行

人名索引

ア　行

カ　行

サ　行

タ　行

ナ　行

ハ　行

マ　行

ヤ　行

ラ　行

ワ　行

アルファベット（外国人名）

著者紹介

佐々田 博教（ささだ ひろのり）

1974年生まれ。ワシントン大学でPh.D.（政治学）を取得。
立命館大学准教授などを経て、
現在：北海道大学大学院メディア・コミュニケーション研究院准教授。専門は比較政治、政治経済、日本政治。
主著：『制度発展と政策アイディア――満州国・戦時期日本・戦後日本にみる開発型国家システムの展開』（木鐸社、2011年）、*The Evolution of the Japanese Developmental State: Institutions locked in by ideas* (Routledge, 2012)、『通産省と日本の奇跡――産業政策の発展 1925-1975』（C. ジョンソン著、佐々田訳、勁草書房、2017年）など。

農業保護政策の起源
近代日本の農政 1874〜1945

2018年11月20日　第1版第1刷発行

著　者　佐《さ》々《さ》田《だ》博《ひろ》教《のり》

発行者　井　村　寿　人

発行所　株式会社　勁《けい》草《そう》書　房

112-0005 東京都文京区水道2-1-1 振替 00150-2-175253
（編集）電話 03-3815-5277／FAX 03-3814-6968
（営業）電話 03-3814-6861／FAX 03-3814-6854
理想社・松岳社

農業保護政策の起源
近代日本の農政 1874～1945

2024年9月20日 オンデマンド版発行

著 者 佐々田博教

発行者 井 村 寿 人

発行所 株式会社 勁《けい》 草《そう》 書 房

112-0005 東京都文京区水道 2-1-1 振替 00150-2-175253
（編集）電話 03-3815-5277／FAX 03-3814-6968
（営業）電話 03-3814-6861／FAX 03-3814-6854
印刷・製本 （株）デジタルパブリッシングサービス

AM271

ISBN978-4-326-98612-5 Printed in Japan